普通高等教育"十三五"规划教材

# 标准 C++程序设计
## （第 2 版）

牛连强　马广焜　任　义　张　刚　编著

电子工业出版社

Publishing House of Electronics Industry

北京·BEIJING

## 内 容 简 介

本书系统介绍了 C++语言的语法规则和面向对象程序设计技术。一方面，本书对众多知识点利用合理的线索进行组织、分散，力求从基本思想和存在的问题入手，逐步引入解决问题的技术和方法，再用通俗的方式阐明道理，而不是简单地用代码代替。同时，对解决问题的核心技术给予总结、概括和突出，并选取有代表性的工程应用实践问题作为设计案例，使学习更靠近应用，激发课程学习和解决实际问题的兴趣。

学习本书之前，最好对 C 语言程序设计知识有初步了解。全书共分 10 章，包括 C++语言与面向对象程序设计概述，C++语言基础，类、对象与封装，类的静态成员、友元与指针访问，继承与重用，虚函数与多态性，运算符重载，流与文件操作，类模板、容器与泛型算法，异常处理。每章最后配备了若干思考题和相当数量的习题，且部分重点章节安排了若干有实际背景的设计案例。

本书可作为大专院校程序设计课程的教材，也可作为软件开发技术人员的参考书。

**图书在版编目 (CIP) 数据**

标准 C++程序设计 / 牛连强等编著. —2 版. —北京：电子工业出版社，2017.2

ISBN 978-7-121-30663-1

I. ①标… II. ①牛… III. ①C 语言－程序设计－教材 IV. ①TP312

中国版本图书馆 CIP 数据核字 (2016) 第 308421 号

策划编辑：王羽佳
责任编辑：周宏敏
印　　刷：北京捷迅佳彩印刷有限公司
装　　订：北京捷迅佳彩印刷有限公司
出版发行：电子工业出版社
　　　　　北京市海淀区万寿路 173 信箱　邮编：100036
开　本：787×1092　1/16　印张：16　字数：473 千字
版　次：2017 年 2 月第 1 版
印　次：2021 年 12 月第 3 次印刷
定　价：39.90 元

# 前　言

C++是计算机软件领域中覆盖面最广的编程语言，得到了极为广泛的关注并有大量使用 C++开发的应用系统。以介绍 C++编程为目的的图书数量众多，包括国内外学者撰写的各种设计类、教材类书籍，其中不乏学习和研究 C++语言程序设计的经典，如《C++ Primer 中文版》、《C++语言程序设计（特别版）》和《Effective C++》等。不过，因为 C++语言本身的内容多，也有很多技术和概念较为复杂，还有部分技术甚至脱离了开发者的范畴，所以，如何对内容进行取舍，以什么样的方式讨论所涉及的技术，怎样有效地结合工程实践，都是值得思考的问题。事实上，各类学校开设 C++课程的时间、先期的课程安排、教学大纲的要求等都不尽相同，而多数学习者也不是以成为 C++语言的专家为目标，注重的是掌握必备的知识，能更好地从事软件开发工作。基于这些观点，我们编写了《标准 C++程序设计》的第一版，力图以有限的篇幅透彻讲解标准 C++语言的核心内容。

本书在第一版的基础上，结合教学要求的变化和教学过程反映出来的问题，对原书做了较大幅度的调整，对结构化的程序设计内容进行压缩，扩展对面向对象分析与设计方法的讨论，并增加了项目案例以强化对工程实践的要求。总体上，本书继承了第一版的特色，同时又彰显了一些新的特点：

- **简洁通俗、平实透彻讲解**　从过程化程序设计过渡到面向对象意味着对问题的看待和处理方法的转变，甚至要花相当的精力来转变观念。因此，将重点问题进行概括、展开，用通俗的语言讲清道理，而不是用代码代替。
- **概括、突出问题核心**　对解决一类问题的核心内容给予总结、概括和突出，说明此类问题的实质和解决方法的关键而不是一个具体题目的解法。
- **由浅入深、循序渐进展开问题**　在对相关知识点进行铺垫的基础上，从基本思想和存在的问题入手，边引导边展开，逐步说明解决问题的技术和方法，避免突兀和跳跃，增强沉浸感。
- **适当引入工程问题**　选取领域中有代表性的工程应用实践问题作为设计案例，使学习更靠近应用，激发课程学习和解决实际问题的兴趣。
- **突出重要理念和思想**　作为教材，对于重要的核心问题、关键技术和应该遵循的理念给出特殊提示，这些提示贯穿于各主要知识点，对应重点掌握的核心知识进行强化。同时，这些提示可作为注意事项，对程序设计者积累经验、养成良好习惯具有很好的警示作用。

本书可作为第二门程序设计课程的教材，最好应在学过 C 语言之后使用。本书内容由过程化设计和面向对象两部分构成，但对过程化设计只以很少篇幅做提要式介绍。全书共分 10 章。第 1 章介绍 C++语言的预备知识，并用简单示例比较了过程化程序设计与面向对象程序设计在思考问题上的差异，介绍面向对象程序设计的主要特点，基本的面向对象问题分析和程序设计方法。第 2 章介绍 C++语言的过程化语法，并对 C++语言中的基本对象做了引导性的介绍。第 3、4 章介绍 C++语言的封装特性，第 5、6 章分别介绍继承和多态性。第 7、8 章分别讨论运算符重载和流技术。第 9 章简要说明了建立在类模板基础上的泛型编程技术。第 10 章介绍了 C++的异常处理机制。

本书每章开始以精炼的语言扼要说明其主要内容，难点被适当地分解在各章里。部分重点章节安排了若干有实际背景的设计案例。每章最后配备了若干思考题和相当数量的习题。思考题有助于理解语言的语法现象，值得认真对照教材去分析，或者构造适当的例子去实验，而通过完成这些习题，有助于对知识点的透彻掌握。

书中所有的完整程序代码都由作者在 C++ Builder 6.0 环境下调试通过，它们都可以在其他环境下正常运行。为了帮助学习者顺利进行编程实践，书后以附录形式对 C++ Builder 6.0、DEV C++和 Visual C++ 6.0 这几种环境的编程甚至程序调试方法都给出了适度介绍。

对于学习者，掌握程序设计技术最好的途径就是上机实验。为此，本书每章末给出了大量的实践性题目，它们都有不同程度的应用背景。我们认为，它们是使学习者经过自身动手实践并最终掌握利用 C++设计程序的不可跳跃的阶梯。

另外，本书注重程序设计的理念和实际编程技术，目标是努力提高学生的编程能力，摆脱计算机专业毕业生不会编程的现象。

本书由牛连强组织编写工作，并进行统稿；马广焜、任义和张刚分别主要参与了第 5、6 章、第 3、4 章和第 8、9 章的编写工作。

还应该说明，这是一本可以用作 48～64 学时教学的教材。我们努力从实用的角度来介绍标准 C++语言的基本内容和技术精华，但限于篇幅，若进行更深、更详细的研究时可参考书后列出的参考文献，其中不乏一些经典的著作。

本书为授课教师提供电子课件等较为全面的学习辅助资源，有需要者请登录华信教育资源网（www.hxedu.com.cn）免费下载。

我们希望本书能够高质量地满足工科学校计算机相关专业的教学需要，也特别希望读者能够不吝指出书中的缺点和错误，以便再版时能够得到改进。

作者的电子邮箱：niulq@sut.edu.cn。

# 目 录

# 第1章　C++语言与面向对象程序设计概述

C++语言是以 C 语言为基础发展起来的面向对象程序设计语言，但二者是相互独立的。本章简要说明 C++语言的发展历程，以及 C++程序的一般结构和主要成分。同时，概括说明面向对象程序设计的思想、问题分析和基本设计方法，以期使读者建立起面向对象程序设计的初步印象。

## 1.1　C++语言概述

C++是一种以 C 语言为基础开发的高级语言，保留了 C 作为它的一个子集。与 C 语言的面向系统和底层程序开发的目的不同，C++的设计目标是面向大型应用程序的开发与设计。虽然 C++基本包含了 C 语言的所有主要特性，但更趋向于对数据结构的表述，这使得 C++的核心由支持过程化程序设计转向以类为基础的面向对象程序设计，这种转变导致了程序分析、设计方法的重大改变。

考虑到目前多数读者都有学习 C 语言的经历，而且 C++本身所包含的内容、技术较多，本书的写作是以假设读者具有一些 C 语言编程知识为前提的，同时也有选择地忽略或淡化了某些不太常用或复杂的内容，以使其易于作为教材使用。

### 1.1.1　标准 C++语言的产生与发展

C++的发明者是 AT&T 贝尔实验室的 Bjarne Stroustrup 博士，他给出了 C++的第一个定义。首先，C++保留了 C 作为一个子集，使其具有 C 语言的处理复杂底层系统程序设计工作的能力。其次，为了增加面向对象特性，C++从 Simula 语言引入了类的概念，包括派生类和虚函数。此外，C++还借鉴了 Algol 语言的运算符重载等特性，形成了 C++的早期版本，被称为"带类的 C"，这种转变是因为引入事件驱动机制所导致的，对面向对象的支持还不够完善。早期的 C++编译系统只是一个将 C++代码翻译成 C 代码的预编译系统。

随后，C++的语法经过了若干次审查和修订，主要包括对重载的解析、连接以及存储管理，并在 static 成员函数、const 成员函数、protected 成员、多重继承、模板、异常处理、运行时类型识别和名字空间等方面进行了扩充，还增加了一些重要的数据结构和算法，目的是使 C++程序更容易编写。1988 年诞生了第一个真正的 C++编译系统。对于容器和泛型算法的支持，最初以标准模板库 STL 形式提供，目前也已正式纳入 C++标准，通常称为 C++标准库。同时，C++标准化的工作也在推进。

1991 年，C++标准化 ANSI 委员会的 C++标准化工作正式成为 ISO 的 C++标准化工作的一部分。1998 年，ISO/ANSI C++标准正式通过并发布。鉴于 C++产生和应用的实际状况，C++标准保留了对 C 及早期 C++版本的兼容，利用文件名的不同体现它们之间的差异，并容忍一些早期的语言现象如函数声明等。

总体上，C++是一种混合语言，或者说 C++是一种集过程化设计、面向对象、基于对象和泛型算法等多种技术于一体的编程语言。

本书以标准 C++为基准，重点介绍语言对面向对象程序设计的支撑技术，以及面向对象程序的分析和设计方法，体现在对数据结构（类）以及建立在此基础上的程序处理、组织技术。在学习 C++语言时，最重要的是集中关注概念和思想，不要迷失在语言的技术细节中，因为对于程序设计内涵和设计技术的理解远比对细节的理解更重要。

### 1.1.2　编写简单的 C++语言程序

最简单的 C++程序由如下代码给出，它不做任何工作，仅是一个程序框架：

```
int  main( )                            //主函数定义
{
  return  0;
}
```

与 C 程序类似，一个完整的 C++程序必须且只能有一个名字为 main 的函数，称作"主函数"，而这个面向过程的主函数是使 C++被称为混合语言的象征。但 C++的程序只依靠 main 函数作为程序入口，供操作系统调用，其他成分以类而不是函数形式构成。main 函数负责组织、协调类的对象共同协作而不是函数调用来完成既定任务。

在细节上，C++的 main 函数的声明类型为 int 而非 C 语言常见的 void，此时，需要在函数末尾加上"return　0;"语句。

这里给出了一个简单的 C++程序示例，功能是计算两个字符串的"和"并将结果输出到屏幕上。

```
/* 示例程序 Example1_1.cpp */
#include <iostream>                    //头文件包含
#include <string>
using namespace std;                   //名字空间声明
int  main( )
{
  string  x("Hello"), y("world.");    //对象生成（变量定义）
  string  z;
  z = x + " " + y;                     //消息驱动（运算）
  cout << z << endl;                   //消息驱动（输出）
  return  0;
}
```

程序运行时的输出结果为：

```
Hello world.
```

### 1．程序结构

在整体框架上，C++程序的外观结构与 C 较为类似，主要包括预处理指令部分、声明部分和定义部分，包括 main 函数定义。

预处理指令用于指定编译器的某些操作，包括文件包含、宏定义和条件编译等。声明部分包括函数声明、类型声明和变量声明等，它们存在的主要目的是供编译器进行语法检查，以发现设计中存在的错误。函数定义是指规定函数的格式和要执行的代码。这些代码放在一对花括号"{}"内，称为"函数体"。函数体一般包括变量和对象定义、输入、运算和输出等内容。

### 2．头文件包含与名字空间

程序中的"#include <iostream>"和"#include <string>"是用于包含头文件的预处理指令。程序包含<iostream>和<string>分别是因为使用的对象 cout、常量 endl 和 string 类型定义在这两个头文件中。这里的 string 是一个 C++的字符串类（类型），用于替代以'\0'结尾的 C 字符串。在没有头文件被包含时，编译器不能识别 cout、endl 和 string 的含义。应注意在指定头文件时没有使用文件扩展名.h 或.hpp。

语句"using namespace std;"的作用是说明使用名字空间 std。这是一种 C++为了减少程序中的名字冲突而引入的技术。名字空间用于规划程序中的空间范围，不同的定义归属不同的名字空间，程序通过指定名字空间来表明所使用的名字的来源。标准 C++的所有定义都属于名字空间 std。该语句的作用是向编译器表明，以下程序中出现的定义如果不是局部的，应属于名字空间 std。只要使用 C++标准库，就应该说明使用 std 名字空间。

说明一个名字的所属名字空间有几种不同的方式，这里采用了一种统一说明的方法，即将使用名字空间语句"using namespace std;"加在程序开头。当然，也可以不统一说明，在使用每个名字时将 std 直接放在它的前面，如：

```
std::cout << z << std::endl                          //输出
```

这种方式更明确地表明了一个名字的所属关系。

### 3．注释

程序注释是对程序中的代码、变量等所做的说明，在程序编译时对注释不做任何处理。程序中添加注释有助于提高程序的可读性，是非常必要的部分。在一些特殊程序中，注释可达整个篇幅的 1/3 以上。

C++支持两种注释，其一是继承自 C 的"/* 注释 */"，一般称为"注释对"形式的注释；另一种是由//引导的"//注释"形式。前者是段落形式的注释，可以包含连续的任意多行，可以在任何允许插入空格的地方插入。后者称为"行式注释"，标志着从"//"开始到本行结束的内容均为注释。

示例程序 Example1_1.cpp 中包含了上述两种注释。

通常，可以这样对程序进行注释：

（1）在程序头，用于说明程序名、功能、作者、目的、用途、修改史等；

（2）在函数或方法声明前，用于说明它们的功能、参数、返回值和副作用等；

（3）在变量定义前（或后），说明变量的含义和作用；

（4）在函数体开头，用于解释算法思路；

（5）在类定义前或类定义中添加注释，用于说明类和成员的功能。

限于篇幅，本书通常只在行末添加少量、必要的注释，这些注释以中文形式给出，多用于解释所在行代码的功能、含义和应注意的事项。

 注释是程序的重要组成部分，必须养成及时添加注释的习惯，且尽量使用 C++的行式注释，因为//可以嵌套在/\*\*/中，但/\*\*/不可以嵌套。不过，应注意位于宏末尾的行式注释有可能被看作宏的一部分。

### 4．输入/输出对象

程序中通常要从键盘接收用户的输入，并将运算结果输出到显示器上。与 C 语言的函数式输入/输出技术不同，C++借助标准库中定义的对象来实现。输入数据需要使用的对象是 cin，语法形式示例如下：

```
int x;
double y;
cin >> x >> y;                              //也可写成: cin>>x; cin>>y;
```

上述语句可以将用户输入的数据保存到变量 x 和 y 中。

输出数据使用对象 cout 实现，语法形式示例如下：

```
int x = 10;
cout << "x is " << x << '.' << endl; //输出 x is 0.
```

上述语句连续输出 4 部分的值。语句末端的 **endl** 是一个 std 空间中定义的常量，含义是刷新输出缓冲区，其作用与字符'\n'基本相同，可以将光标转移到下一行的开头。

### 5. 编码习惯

C 和 C++的程序都以书写格式自由著称，这是指程序的书写几乎不受什么限制，可以在一行上书写几个语句，或者把一个语句写在多个行上，但正确的做法一般是一个语句占用一行。应该说，尽量保持好的书写风格是必须养成的习惯。因此，应尽量注意程序的书写"格式"，如缩进格式和成对符号的对齐排列等。本书所提供的示例程序将尽量给读者提供一种可借鉴的规范，偶尔（如习题中）可能将相近的代码写在同一行内，这纯粹是出于篇幅的考虑。

 程序的良好格式（如一致的缩进编排风格）是使程序具有可读性、使设计者能与他人合作的基础，有时比解决问题本身还重要。

# 1.2　由过程化到面向对象程序设计

作为一种设计技术，面向对象对软件研发、应用甚至日常生活的影响都是巨大的，且这种作用仍在扩大并发展。互联网上大量的应用和功能也都以对象的方式呈现，我们每天都面对着各种各样的对象，了解面向对象程序设计技术已成为学习软件开发者的必然，这意味着设计思想由面向过程向面向对象的转变。本节仅通过一个简单的应用来比较一下两种技术和思想的差别，具体技术细节将在后文中展开。

## 1.2.1　过程化程序设计

用计算机解决问题时总要设计程序，即以某种语言为工具编写控制计算机执行的动作序列，每个动作规定了一定的基本操作。自计算机问世以来，人们不断地实践并总结着有效的程序设计方法。当然，这种变革是以简化编程和提高软件生产率为目的的。

由于编程问题起源于最初的科学计算，因此，在相当长的时间里，程序都是围绕着数据的组织与算法（处理、操作）的切分展开的。面对一个具体问题，首先要"建立需求分析和系统规格说明"，即"建立一系列规则，根据它判断任务什么时候完成，以及客户怎样才能满意"。如同现实社会中的一个大型项目或产品开发一样，先将一个很大的"产品"分成适当的部件，再由这些部件组合成整个产品，而程序员的职责就是考虑如何更好更快地实现这些部件，一般称为"过程"或"模块"。这样的处理方式被认为是基于或面向过程的。在这里，数据和算法是问题的中心，程序设计的中心工作是研究数据的描述、存储和数据间的关系，以及作用在数据结构上的算法，每个算法通过一个或几个过程来体现，完整的程序由算法（模块）之间互相调用组成，如图 1-1 所示。此时，人们认为"算法+数据结构=程序"（N. Wirth 的观点）。

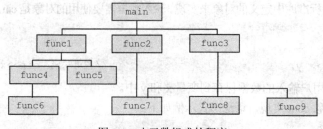

图 1-1　由函数组成的程序

过程化的问题处理思路形成了一套有效的程序设计方法，称为结构化方法，它体现在以下三个方面。

（1）程序设计采用自顶向下、逐步细分的方法展开。

（2）模块化。这是指程序中的过程体和组成部分应以模块表示，模块还可以称为过程、子程序或函数。每个模块应具有较高的独立性，即强内聚性和弱外联性。这里的内聚性是指模块内部功能的单一性，而外联性是指同其他模块的联系。这样做的目的是使对一个模块的修改不致于对其他模块造成太大的影响。

（3）使用三种基本控制结构。这是指描述任何实体的操作序列只需要"顺序、选择、循环"这三种基本流程控制结构，参见图 1-2。从整体上看，模块中的指令（语句）总是由上到下按顺序逐个执行的，但局部可能有选择或循环。三种基本结构的共同特点是每种结构只有一个入口和一个出口，这使程序更容易理解和维护。

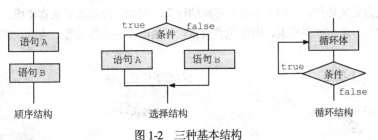

图 1-2    三种基本结构

这里考虑一个五子棋游戏的设计示例。采用过程化方法可以将整个问题按处理过程分解如下：

开始函数 start( )；

绘制棋局画面函数 drawChess（棋局数据）；

走棋函数 play（选手）；

判断输赢函数（棋局数据）；

输出结果函数 judgeWinner（棋局数据）；

结束函数 stop( )。

实现游戏的程序可以按下述简化流程实现：

```
int  main( )
{
  drawChess(初始棋局);          //绘制棋局
  start( );                     //初始化工作，如启动计时器，假定黑棋先走等
  do                            //重复执行下述操作
  {
   play(执黑选手);              //执黑选手走棋
   drawChess(棋局);            //刷新棋局
   if(judgeWinner(棋局))       //判断，已定出输赢
     break;                     //停止重复
   play(执白选手);              //执白选手走棋
   drawChess(棋局);            //刷新棋局
   if(judgeWinner(棋局))       //判断，已定出输赢
     break;                     //停止重复
  }while(未超时);              //达到预定时间时停止重复
  showResult(棋局);            //输出胜负结果等
  stop( );                      //终止
}
```

由于过程化设计中的数据与过程是分离或者说相互独立的，且数据（如棋局）有时是全局的。一

个过程完全可以作用到并不相关的数据上，也不能保证对数据操作的合理性，数据对于算法（操作）完全是被动的。这种操作是一种"谓语＋宾语"结构。

## 1.2.2　面向对象的程序设计

面向对象设计方法将客观世界看成是由对象组成的。对象是一种实体，具有自己的属性和行为。一个程序由对象及其相互间的协作来实现。

例如，对于五子棋游戏，完成一次比赛应由两个选手、一个裁判和一个组织者组成。选手只负责走棋，裁判负责判定输赢和确定比赛是否结束，组织者提供场所和设施。这里的每个人是一个对象，对象之间通过消息实现协作。不同对象具有不同的行为。例如，比赛选手负责走棋，裁判负责确定比赛开始、判断输赢、确定比赛结束，而组织者负责绘制画面和输出结果等。为此，首先要定义如下数据结构（类）：

```
class  Player                        //选手描述
{
    string  piece;                   //执黑或执白
 public:
    Player(string  p);               //构造器
    play( );                         //走棋
}
class  Referee                       //裁判描述
{
 public:
   start();
   judgeWinner(棋局);
   judgeTime();                      //判断超时
   stop();
}
class  Playmaker                     //组织者描述
{
   ChessInfo  chessInfo;             //棋局信息
 public:
   drawChess();
   showResult();
   announceInfo();                   //公布棋局
}
```

于是，可以按如下方式组成程序：

```
int  main( )
{
   Player  player1("执黑"), player2("执白");    //初始化，生成对象
   Referee  referee;
   Playmaker  playmaker;
   playmaker.drawChess();
   referee.start( );                 //初始化工作，如启动计时器，假定黑棋先走等
   do
   {
```

```
    player1.play();
    if(referee.judgeWinner(playmaker.announceInfo()))
        break;
    playmaker.drawChess();
    player2.play();
    if(referee.judgeWinner(playmaker.announceInfo()))
        break;
    playmaker.drawChess();
}while(referee.judgeTime());
playmaker.showResult();                          //输出胜负结果等
referee.stop();

return 0;
}
```

在程序中，Player、Referee、Playmaker 和 ChessInfo 分别是对参赛选手、裁判、组织者和棋局这些概念的简化描述（ChessInfo 的定义未给出），可以理解为是一些数据类型。每种概念所生成的实例（变量）称为"对象"。棋局信息由组织者维护，并可以向外界公布。其中，棋手对象 player1 和 player2 负责走棋，并告知组织者对象 playmaker 有关棋子布局的变化。组织者对象接收到这些信息后负责在屏幕上显示这种变化，裁判对象 referee 负责对棋局以及比赛时间进行判定。程序实现时，组织者先显示棋局，裁判宣布比赛开始，执黑和执白选手交替落子。每次落子后，裁判确定是否该选手已获胜，一旦获胜或比赛时间到则终止比赛。否则，组织者刷新棋局。

尽管上述程序还不能全面解释面向对象程序设计的所有特性，但可以明显看出，面向对象是以功能而不是步骤来划分问题的，这种方式与人的日常思维方式吻合。不同对象维护着自身的相关信息（数据、属性），并具有一定的功能（函数、方法）。所有对象各司其职。对象自身属性和行为方式的改变不会影响到其他对象，因为对象间仅通过互通消息实现合作，如图 1-3 所示。

图 1.3 中的接口就是指一个对象能够对外提供的服务（方法）。从实现上看，对象的每次操作都是在该对象接收到一定消息（用"对象.函数名"形式表示）后的自主行为，具有"主语＋谓语"的形式。

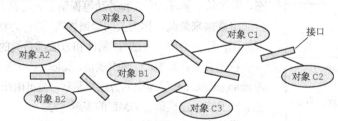

图 1-3　面向对象运行模式

在采用面向对象技术解决问题时，首先要考虑整个项目的求解是由哪些对象组成的，再分析对象应具有什么样的行为，最后考虑对象之间应怎样协作。

总之，过程化与面向对象是两种分析和解决问题的不同方法，对于一些简单的问题，基于过程的解决方法是十分有效的，而对于大型、复杂的系统，采用面向对象方法更能显示出优势，有利于采用对象构成软件"积木插件"，进而在一定程度上解决软件重用的难题。

## 1.3　面向对象程序的主要特征

客观世界是由对象组成的，这是面向对象程序设计（Object Oriented Programming，OOP）的基础和出发点。例如，考虑"我看电视"这样一个场景。"人"、"遥控器"、"电视"是问题中所涉及的概念，每种概念在 C++ 中用一个数据类型来描述，称为"类"（class），而客观存在的实体对象都是某种概念的一个具体实例，有形体特征和具体行为。这里有一个"我"，是"人"类的一个对象。一个具体的电视机，是"电视"类的一个对象，还包括一个"遥控器"类的对象。在实际工作时，对象"我"操纵遥控器对象，遥控器对象向电视机对象发送开机、关机和调换频道等消息（指令），电视机对象响应这些消息，执行相应的操作。

### 1.3.1　抽象与封装

尽管一些简单的数据如整数、字符等可以由系统提供的基本数据类型来刻画，但更一般的概念必须自己来描述，其结果就是定义一个类。下述代码给出了对电视的一种概略描述：

```
class  TV
{
  public:                                   //实际设计时应采用 private 关键字
      int color;                            //颜色属性
      int size;                             //尺寸属性
      //...                                 //其他属性
  public:
      TV(参数列表);
      void open();                          //打开
      void close();                         //关闭
      void changeChannel(int channel);      //调换频道
      virtual void display(int channel);    //显示频道
      //...                                 //其他方法
};
```

通常，任何概念都会包含两方面的内涵，其一体现事物的状态，其二是其行为。例如，"人"是一种概念，通过身高、体重、性别、年龄和肤色等体现了人的自然状态，而生长、学习、吃饭和劳动等说明了人可具有的行为。这种状态特征用数据来刻画，称为类的"属性"，而行为特征用函数（算法）来体现，称为类的"方法"，属性和方法都是类的成员。

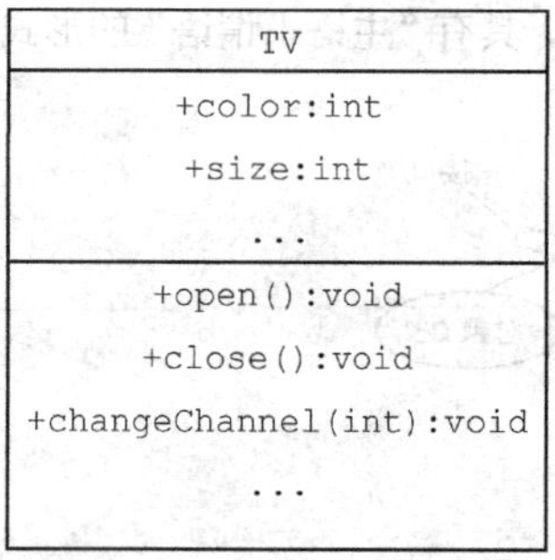

图 1-4　类 TV 的图形描述

在定义中，类 TV 有两类成员，color、size 等为属性，open、close 和 changeChannel 等为类的方法。通常，类可由图 1-4 所示的图描述，它来自于统一建模语言 UML 的表示方法。

类的定义是一种数据类型定义，因此，可以像 C++ 的内置类型那样生成变量，这种变量就称为一个类的实例或对象。例如，下述代码生成了类 TV 的一个对象：

```
    TV  tv(参数列表);                        //对象定义
```

生成对象时，参数列表被传递给类的一个特殊方法 TV，它与类的名字相同，称为"构造器"。因为构造器的存在，使我们能够生成具有各种各样状态而非千篇一律的对象。可见，类是一种用来生产对象的"模板"。

一个类定义所达到的最重要的效果是实现了对数据和函数的封装（encapsulation），而封装的主要目的是数据隐藏。这不仅是对客观实体的一种合理完整的刻画，也使对象本身所包含的内部数据不致于被无意中破坏。对电视机的使用者来说，如果需要调换频道，可以通过遥控器向电视机 tv 发送调换频道信号（消息）。电视机可以接收和响应此消息，但如何调换频道是电视机本身的能力，由电视机而不是人或遥控器来实现。使用者不必关心和改变电视机的内部结构，也不必知道其内部工作原理。

　　类的所有实例具有相同的行为，但不同的属性使每个对象的行为也会体现出与自身属性相关的特点。例如，每个人都有劳动行为，但因为自然条件如体力、智力的不同，其劳动所体现的结果也存在差异。

　　访问对象的属性或方法一般采用"对象名.成员名"表示。例如，下述代码设置 tv 对象的尺寸为100，并执行它的 open 方法，使电视机打开：

```
tv.size = 100;
tv.open();
```

　　不过，由于类定义时允许指定成员对外界的公开程度，如 public 或 private 等，因此外界有可能无权访问类的某些特殊成员。

　　应该说，将概念用类来刻画是一种设计方法。为了能对类进行合理规划，正确反映出问题领域中的概念，必须对各种对象进行细致观察、分析和分类，以总结出它们的共性和差异，最终用正确的属性和方法实现对概念的描述。这种过程称为"抽象"。

## 1.3.2　由继承实现重用

　　如果考虑制造新的电视机，可以有如下两种方法：

　　（1）从底层全新设计，即从勾画电视机的原始草图开始；

　　（2）在原设计基础上进行改造、提高和增添新的功能。

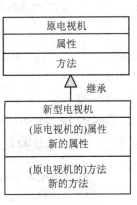

图 1-5　类的继承

　　很明显，除非极特殊的情况，现实生活中很少采用第一种方法，因为后一种方法会得到更多好处，不仅可以降低工作的难度，也能大幅度减少工作量。事实上，不仅人类生活，自然界的物种进化也遵循着类似的规则。为了适应新的情况变化，物种会增加和改变某些能力或特性，但主要的属性和行为仍从祖先继承（inheritance）而来。

　　面向对象设计采取了类似的方法，即从已有的类派生新类，并将其作为重要的支撑技术之一。这种技术使得新类继承了已有类的所有属性和方法，但又可以增加必要的成员，以体现新的功能和适应新的要求，这种技术可以由图 1-5 来描述。

　　例如，我们以前述的电视机 TV 为基础，生产一种能够支持网络访问的新型电视机 NetTV，可以在原设计基础上增加网络访问器件和网络访问能力，通过如下方式实现：

```
class NetTV : public TV
{
    NetDevice netDevice;          //NetDevice 为网络访问器件结构
  public:
    NetTV(...);
    setNetDevice(...);
    connect();
    disconnect();
}
```

　　设计中增加了一个描述网络访问设备的 netDevice 属性，并添加了调整该属性的一个方法setNetDevice，重要的是，新型电视机增加了网络连接功能 connect 和断开连接功能 disconnect。

　　代码的继承性体现在": public　TV"，它说明类 NetTV 继承自类 TV，也可以说由 TV 类派生了

NetTV 类，TV 类与 NetTV 类之间形成了"父类"与"子类"的关系。NetTV 类从 TV 类得到了全部属性和方法，并进行了适度扩充。对于新类来说，继承得到的成员与自己新增的成员在地位和使用方法上是一致的。

支持继承可以使已经设计好并经过考验的类得到最大限度的重用，不仅减少了新设计的工作量，也使新类更健壮和容易调试。可以说，继承的主要目的就是代码重用。

### 1.3.3 由多态反映变革

多态（polymorphism）是指多种形态，或者说不同对象在相同概念下能够表现出各自的特殊行为。例如，一个技术部经理和一个销售部经理是不同的对象，都有"工作"的行为，但目标和方式都不相同。作为对象，一个矩形和一个圆都可能有"绘制自身"的行为，但所得结果完全不同。这是一种"低级的"多态行为，C++用"函数名相同，但函数体不同"的函数重载来体现。

"高级的"多态是指在具有继承关系的类中，父（祖先）类和子（孙）类之间行为上的差异，采用虚函数方法实现。例如，为了实现一种支持 3D 显示的电视机，需要改造原电视机的显示方式，可以按如下方式由 TV 派生新类：

```
class  TV3D : public  TV
{
    //此处增加必要的新属性
  public:
    TV3D(...);
    void  display(int  channel);
    ...;                        //其他
}
```

生成这两类电视机的对象，并按如下方式执行显示功能：

```
TV  tv(参数);
TV3D  tv3d(参数);
tv.display(channel);
tv3d.display(channel);
```

对象 tv 和 tv3d 都有相同的行为 display，但两个类中各自有具体的实现，执行方式各异。更为重要的是，如果采用一个父类指针来指向不同对象并调用对象的方法，系统仍能够支持这种不同的行为：

```
TV *ptv = &tv;
ptv->display(channel);          //调用 tv 的 display
ptv = &tv3d;
ptv->display(channel);          //调用 tv3d 的 display
```

当指针分别指向父类对象和子类对象时，程序中采用完全相同的代码但调用了不同的方法，创造这种"奇迹"的就是"虚函数"机制。注意到 TV 类的 display 方法声明时增加了一个关键字"virtual"，它的作用就是说明 TV 及其派生类的 display 方法处于一种"虚"的关系，要在程序运行时根据指针或引用所指向的对象决定应该执行的方法。由于第一次调用 display 时 ptv 指向 TV 的对象，应该调用 TV 的方法，而第二次调用 display 时 ptv 指向 TV3D 类的对象，故调用 TV3D 类的方法。从程序编译的角度说，这种编译方法称为"动态联编"。

抽象、封装、继承和多态构成了 OOP 的最基本特征，而抽象是其他特征的基础。通常，如果一种程序设计技术仅支持对象封装行为，则被认为是基于对象而非面向对象的。

# 1.4　面向对象的问题分析

与传统的按功能进行分析和设计方法不同，面向对象的程序分析、设计和实现都是围绕对象模型进行的。其中，分析阶段的目的就是找出和建立对象模型，设计阶段则是修改、细化和补充完善对象模型，最终用支持面向对象的语言如 C++对模型进行编码并投入运行。学习和建立用对象观点看待和分析问题是学习 OOP 的关键。为此，需要在深入理解用户需求的基础上，先确定问题领域中的类，也包括确定类的属性和方法，再确定类之间的联系，即对象模式。通常，确定类与对象模式是结合在一起的。

## 1.4.1　确定类

面向对象程序是由对象的协作实现的，必须先规划出类，才能生成对象。通常，客观世界中的类包括以下三类：

（1）问题领域中可感知的实体和抽象的事物所体现的概念。例如，学校、企业、汽车、大桥、教科书等是实体，而思想、规定、运动等是抽象的事物。

（2）问题领域中的人或组织的角色，如教师、学生、教练、裁判、运动员、医生和病人等。

（3）问题领域中所涉及的重要事件，如教师教课、顾客购物、一次自动化生产过程、一次交通事故等。这里的事件是指一个状态的改变或一个活动的发生。

从类的功能上说，一种是最常见的用于生成对象的类，可简称为"对象类"。另一类是用于规定多个子类或多层继承关系的公共属性和方法的"抽象类"。例如，为了描述矩形 Rect、圆 Circle 和三角形 Triangle，可以定义一个"形状"抽象类 Shape，规定三个对象类 Rect、Circle 和 Triangle 的基本方法如 draw，并使其从形状类 Shape 派生，参见图 1-6。

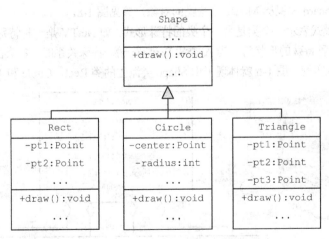

图 1-6　作为公共父类的抽象类

抽象类通常用于规定派生类的公共接口。在图示中，类表示为一个矩形，但也可以将抽象类表示为单边矩形，而对象类表示为一个加双边框的矩形或单边矩形。

## 1.4.2　确定类的属性

一个类可以包含多个属性，这些属性描述了类所具有的性质、特征和状态。

通常，类的每个对象都有不同或相同的属性值，这样的属性称为实例属性。例如，圆类可以有圆心和半径属性，且每个圆都可以有不同的圆心和半径值。一个类中还可以含有公用属性，此时，所有对象都有相同的属性值，称其为类属性。例如，一个卖场有若干台自动收款机，收款机类可以维持一张价格表属性，所有对象将使用唯一的价格表。这种属性类似于所有对象都可以访问的公共变量。

在 C++中，对象属性定义为类的普通数据成员，而类属性定义为类的静态（static）成员，且它们只允许由静态的方法访问。

### 1.4.3　确定类的方法

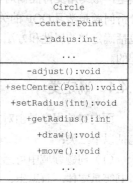

图 1-7　Circle 类

类的方法用于描述类所具有的功能，也说明了该类能为其他类提供的服务。虽然类可以包含仅供自身调用的方法，但在分析问题时，重要的是确定类的外部方法，它们规定了类与外部进行交互的接口。图 1-7 中的圆类 Circle 描述了这两类接口。

一般情况下，类总有一些方法与属性有关，用于实现对属性的读写访问，如设置圆心 setCenter、取得半径 getRadius 等，另一些则提供了对外服务，如绘制 draw。同样，类 NetTV 中的 setNetDevice 是属性访问方法，connect 和 disconnect 则是对外服务方法。

在图示中，每个属性和方法之前用"+"和"−"表示其对外界公开还是隐藏。

### 1.4.4　确定对象模式

对象模式是指对象之间的联系方式，主要包括整体-部分模式、一般-特殊模式和消息模式。

（1）整体-部分模式是指一个表示整体概念的类由若干表示部分概念的类（对象）组成。例如，计算机由主机、显示器、键盘和鼠标组成，那么，计算机类 Computer 将包括主机 Mainframe、显示器 Displayer、键盘 Keyboard 和鼠标 Mouse 这些类的对象，参见图 1-8。

（2）一般-特殊模式表示一个类是另一个类的特殊形式，如 NetTV 是一种特殊的 TV，轿车是一种特殊的汽车，圆是一种特殊的形状等。当 A 类和 B 类有一般-特殊关系时，B 类由 A 类派生，B 类对象是 A 类对象的特殊实例。图 1-6 就体现了由 Shape 类派生的类 Rect、Circle 和 Triangle 的情形。

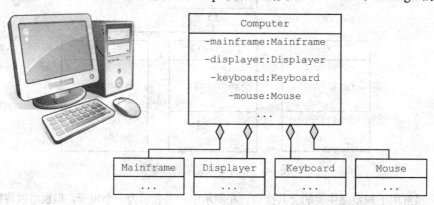

图 1-8　整体与部分关系

（3）消息模式是指类的实例（对象）之间如何通过发送和响应消息进行联系。面向对象的程序是由对象组成的，对象之间需要通过消息传递来协调工作。这是非常普遍的关系，一般称为"关联关系"。

消息是对象之间进行通信的一种规格说明，或者说消息是指希望一个对象执行某种操作的请求，而对象执行操作称为对消息的响应。如果对象 A 的某个方法中调用了对象 B 的方法，就意味着 A 向对象 B 发送消息并请求响应，这种响应可能引发一定的操作并得到某些返回值。从实现代码看，消息就是通过一个对象对类方法的一次调用。例如，以下代码向 tv 对象发送了一条消息：

```
tv.changeChannel(5);              //一条消息
```

可见，一条消息包括接收此消息的对象名、消息名和必要的参数，此例中分别是 tv、changeChannel 和 5。上述消息的含义是请求对象 tv 执行调换频道操作，但不涉及返回值。

在"我看电视"问题中，"我"对象向遥控器对象发送消息，遥控器对象响应这些消息，产生向电视机对象发送的消息，电视机对象响应消息，完成打开电视或替换频道等操作。以上三个类之间存在关联关系。

UML 图示中互相关联的类之间用直线相连。

通常，很难一次将问题域中所有对象及其模式分析清楚，因此，设计过程是一个不断精炼、修改和完善的过程，甚至在设计阶段也需要不断反复才能建立正确的模型。简言之，得到正确的类设计需要一个迭代过程。

# 思考与练习 1

1．OOP 有哪些主要特点？简述每种特点的含义。

2．什么是类？本章介绍的类的 UML 图示中主要包含哪些部分？类的继承关系用什么符号表示？

3．什么是对象？对象包含哪些部分？如何表示？

4．有哪些主要的对象模式？在 UML 图中如何表示？

5．什么是消息？一条消息中包含哪些成分？

6．如何理解结构化程序设计的"谓语＋宾语"结构和 OOP 的"主语＋谓语"结构？

7．假定有一个网络公司，由总经理室、副总经理室、开发部、测试部、营销部组成，人员有一个总经理和两个副总经理，其他每个部门各有 5 名员工，且其中一个是部门经理。采用面向对象方法时各种部门和人员的类应如何描述？用 UML 图示如何表示公司的组成？

# 实　验　1

1．使用附录所述环境验证示例程序 Example1_1.cpp，体会程序的编辑、编译、连接和运行过程。

2．按本章中的说明为示例程序 Eample1_1.cpp 增加注释，体会允许插入注释的位置并理解应该如何添加注释。

3．编写一个 C++程序，从键盘读入两个整数 a 和 b，交换它们的值并输出。

4．编写程序并构造适当的测试数据，体会并说明'\n'与 cndl 用在 cout 对象中有何异同。

# 第 2 章　C++语言基础

C++语言是由 C 语言扩充而来的混合型语言。这种扩充体现在基本的语言特性和面向对象技术两个方面。本章主要浏览组成语言的基本成分，是利用 C++语言实现过程化程序设计的基础性语法。这些内容有很大部分与 C 语言基本一致，本章重点说明有关性能的扩充和改良，主要包括数据、语句、流程控制、代码的基本组织单位——函数、指针与引用、预处理指令、简单的输入与输出技术、内存管理以及与程序组织相关的技术。

## 2.1　标识符与关键字

程序需要用约定的字符集来描述，C++语言基本上采用 ASCII 码中的可见字符构成字符集。

### 2.1.1　标识符

程序中的"标识符"（identifier）是设计者指定的一个字符序列，用来作为符号常量、变量、函数、数组和数据类型等的名字。一个标识符由字母、数字或下画线组成，但不能用数字作为首字符，且大小写字母是不同的字符。程序设计中需要认真设计标识符，尽可能使其能够反映出名字的意义而非实现方式，做到见文知意。

存在一些著名的有效命名方法，如 pascal 命名法、骆驼命名法（驼峰命名法）和匈牙利命名法等。在局部代码中，可以采用一些简单的标识符如 k、m 等作为循环控制变量标识符。本书的数据类型名一般采用 pascal 命名法（组成名字的各单词首字母大写），变量、对象主要采用骆驼命名法（除第一个单词小写外，组成名字的其他单词首字母大写）。

 命名习惯最重要的是保持风格一致，string_value 和 stringValue 是不应该同时出现的不同命名风格。

### 2.1.2　关键字

关键字也称为"保留字"，是 C++语言预先约定的用于固定用途的名字，不能作为用户自定义标识符，如 char，它有着固定的含义，表示字符类型。表 2-1 列出了 C++语言的关键字。

除了表 2-1 中的关键字外，标准 C++还保留了一些单词作为某些运算符的替代名，如 and、not 和 or 等，尽量不要使用这些单词作为自定义标识符。

表 2-1　C++语言的关键字

| asm | auto | bool | break |
|---|---|---|---|
| case | catch | char | class |
| const | continue | default | delete |
| do | double | else | enum |
| extern | false | float | for |
| friend | goto | if | inline |
| int | long | namespace | new |

续表

| operator | private | protected | public |
|---|---|---|---|
| register | return | short | signed |
| sizeof | static | struct | switch |
| template | this | throw | true |
| try | typedef | typename | union |
| unsigned | using | virtual | void |
| volatile | wchar_t | while | |

# 2.2　数据与数据类型

程序中的数据主要分为常量和变量。常量包括直接常量（称为"字面值"）和符号常量，都是直接书写在代码中的数据，而变量需要明确定义。C++是一种强类型语言，所有数据都必须有一个固定的数据类型。常量的类型由书写形式确定，变量则需要在使用前明确给出类型说明。

应该说，由于在面向对象技术中的大量数据都是对象，因此更贴切的名称应该是常量对象和变量对象，只是 C++中简单类型的常量或变量并不能构成"包装完整"的真正对象，故仍称其为常量或变量。

## 2.2.1　基本数据类型

C++的数据类型可以分为基本类型（也称为内置类型，built_in type）、构造类型、指针类型和 void（空）类型，不同类型数据的存储方式、占用的内存空间大小、数据的取值范围以及数据所能参与的运算都有一定差异。表 2-2 列出了基本类型的长度及值域。

表 2-2　部分基本类型的长度及值域

| 类　　型 | 含　　义 | 位　　长 | 值域（最小） |
|---|---|---|---|
| bool | 布尔型 | 8 | {true，false} |
| char | 字符型 | 8 | −128～127 |
| wchar_t | 宽字符型 | 16 | −32768～32767 |
| short | 短整型 | 16 | −32768～32767 |
| int | 整型 | 32 | −2147483648～2147483647 |
| long | 长整型 | 32 | −2147483648～2147483647（至少） |
| float | 浮点型 | 32 | $3.4\times10^{-38}$～$3.4\times10^{38}$（负值尾数略有差异） |
| double | 双精度浮点型 | 64 | $1.7\times10^{-308}$～$1.7\times10^{308}$（负值尾数略有差异） |
| long double | 长浮点型 | 128 | $1.7\times10^{-4932}$～$1.7\times10^{4932}$（负值尾数略有差异） |

wchar_t 称为双字节的扩展字符型，用于存储双字节的字符，如汉字、韩文等。void 类型用于声明函数的返回值、表示函数没有参数或定义空类型的指针变量。C++还使用了一些限定词如 signed（有符号的）和 unsigned（无符号的），可以将其与基本字符类型（char）和整型（short、int 和 long）组合以衍生另一些基本类型，如 unsigned short。

## 2.2.2　字面值

字面值就是前文提到的直接常量，主要分为如下四类。

### 1．整型常量

包括普通整型常量、长整型常量和无符号整型常量，以定点方式存储。普通整型常量可以用十进制、八进制（以数字 0 开头，如 032、–027）和十六进制（以 0x 或 0X 开头，如 0x23、–0xA0、0x2bf）三种进制形式来表示。可以通过加 L（或 l）或 U（或 u）后缀说明其为长整型或无符号整型常量，如 30L、–0x23aL、20U 等。

### 2．浮点型常量

或者称为实型常量，书写形式为 aEb，指数部分（Eb，b 必须是整数）可以没有，a 为十进制实数，如 2.、.3、32.1、5E–6、25.3E4。浮点常量是 double 类型的常数。可以在浮点数后加 F 或 L 说明其为 float 型或 long double 型的常数，如 2.3F、312.1178L。

### 3．字符型常量

用一对单引号限界，可以只含有一个字符，或一个转义字符，或一个八进制或十六进制的转义序列。可以直接从键盘输入的字符一般采取第一种形式表示，如'A'、'8'、'&'和'␣'，而那些处于 ASCII 码表较前位置的非图形字符不能直接从键盘输入，通常起控制作用，采用转义字符'\x'形式表示，如表 2-3 所示。

表 2-3　转义字符

| 常　　量 | 功　能　说　明 | 常　　量 | 功　能　说　明 |
|---|---|---|---|
| '\a' | 响铃符（BEL） | '\t' | 水平制表符（HT），光标向右跳格 |
| '\b' | 退格符（BS），光标左移一字符位 | '\v' | 垂直制表符（VT） |
| '\f' | 换页符（FF） | '\\' | 反斜线字符 |
| '\n' | 换行符（LF），光标移到下行首位置 | '\'' | 单引号字符 |
| '\r' | 回车符（CR） | '\"' | 双引号字符 |

还可以将一个字符的 ASCII 码值转换成不超过两位的十六进制整数加“\x”前缀，或转换为不超过三位的八进制整数加“\0”前缀来表示，称为“转义序列”。例如，字母 A 的 ASCII 码为 65，可用转义序列'\x41'或'\0101'来表示。当数值的位数不足时前面可补 0，也可不补。例如，'\x08'与'\x8'含义相同。

注意，在上述两种表示方法中不能直接采用十进制整数构成转义序列。

 优先使用 double 类型而非其他浮点型，优先使用 int、char 而非无符号数据，并尽量避免无符号运算。

### 4．字符型常量

若干个字符连在一起作为整体并用双引号限界构成一个字符串常量，如"Hello World!"。双引号中的所有内容都是该字符串的一部分，允许使用转义字符，如"\nInput\tdata:"。

一个字符串占用的字节数等于它所包含的字符个数加 1，对应于每个字符的字节中存放该字符的 ASCII 码值，而多余的一个字节中存放字符串结束符'\0'。

扩展字符型字符串常量需要采用 L 作为前缀，如 L"a wide string example"。

## 2.2.3　符号常量

C++中可以使用符号来表示常量，目的是使代码的含义更清楚，容易阅读和维护。

### 1．宏定义

由 C 语言延续下来的符号常量表示方法是宏定义，语法如下：

```
#define 宏名  [宏体]
```

例如，下述定义中的 PI 和 fmt 分别代表常量 3.14 和字符串"The roots are %lf, %lf"：

```
#define PI  3.14
#define fmt  "The roots are %lf,%lf"
```

程序中的宏名在真正编译前被替换成实际值（宏体）。由于宏不能体现数据类型，无法在编译时进行检查。因此，C++用 const 类型的常量替代它。

## 2．用 const 定义的常量

使用 const 定义常量的语法如下：

**const type** 常量名**(初始值);**
**const type** 常量名 **=** 初始值**;**

例如，下述语句定义后的 YES 代表整型常数 1，且不能被修改。

```
const int  YES(1);
```

使用 const 定义常量的优点是可促使编译器对数据类型进行核查，以消除潜在的错误。

定义中的 type 可以是任何一种内置类型或自定义类型，若省略表示 int 类型。从语法上说，"初始值"部分可以是一个含有其他常量或外部变量的表达式，关键字 const 也可以置于数据类型之后，如：

```
const FLAG 1;                   //FLAG 为 int 类型的常量 1
const int FLAG2(FLAG+1);        //初始值为常量表达式
double const PI = 3.14;         //不良习惯：const 被置于数据类型后
```

不过，这样的用法较少见，也不值得提倡。

语法中的两种形式在简单使用时差别不大，但前者更能体现对象初始化的思想。同时，如果一个复杂类型的常量对象需要不止一个初始值，创建时只能按第一种方式初始化，如：

```
const  Point  pt(10, 20);       //点对象 pt 需要两个坐标值
```

这里的 Point 是一个在后文中讨论的类。初始化点常量 pt 需要两个初始值，分别表示 x 坐标和 y 坐标。

## 3．用 enum 定义的枚举常量

如果需要描述一组相关的状态或属性，如若干种颜色、一周中的每天以及文件的打开状态等，可以定义枚举数据类型，语法如下：

**enum** 枚举类型名 **{** 枚举值列表 **};**

与 C 语言不同的是，枚举类型名就可以作为数据类型名使用，仅在存在冲突时需要加上 enum 关键字。例如，以下是对一周中各天的描述：

```
enum Week { sunday, monday, tuesday, wednesday, thursdat, friday, saturday };
```

此语句定义了一种新的数据类型 Week 或称为 enum Week，以及枚举值列表中的 7 个常量 sunday~satday。这些常量规定了一个 Week 类型的变量或常量的取值范围，如：

```
Week  day = wednesday;          //day、DAY 的值只能是 sunday~saturday 之一
const  Week  DAY(saturday);
```

枚举类型所定义的常量被分配一个整数序号，第一个枚举名 sunday 为 0，以后每个枚举名得到的序号逐个增 1。因此，可不严格地视其为整型数据，属定点数范畴。如果需要，还可以改变枚举名的缺省序号，例如：

```
enum Color { blue=1, green, cyan, red, brown, yellow = 14, white };
```

在 Color 类型定义中，常量 blue~white 被分配的序号值分别是 1、2、3、4、5、14 和 15。

枚举是用户参与定义的数据类型，每个枚举类型都是整数集的一个子集。通过列举出来的枚举名可以禁止对其他值的使用，并使一个值的意义更明确，增加程序的可读性。枚举类型的量不能进行增减运算。

> ⚠ 尽量不使用意义不明的直接常量，代之以符号常量。

### 2.2.4 变量

在程序运行过程中值可以被改变的数据称为"变量"。变量必须先定义后使用，可以将变量定义理解为申请一块内存并用一个名字来标识。变量定义的基本形式如下：

> **type 变量名 (初始值)；**
> **type 变量名 = 初始值；**

其中，type 为任意一种数据类型，变量名是一个用户定义标识符。初始值是一个与 type 类型相同的表达式，有时可省略。类型相同的变量可用逗号分隔放在一起。例如：

```
int begin = 1, end = 10, step = 1;    //定义 3 个 int 型变量
double value;                         //一个没有初始值的变量
char c('A');                          //字符型变量
```

在面向对象环境中，除了内置类型的变量外，其他用户定义类型的变量应称为对象。

通常，定义变量时最好为其提供有意义的初始值，且变量应尽量定义在离使用处较近的局部，以使代码容易阅读和维护，还可以减少名字冲突。

> ⚠ 尽量在使用之前定义变量，以保持较小的作用域，并在定义变量时进行合理的初始化。

# 2.3  基 本 运 算

## 2.3.1  运算符和表达式

C++语言所提供的运算比 C 语言略多，包括算术运算、关系运算、逻辑运算、位运算、增减运算、赋值运算等，两种语言中相同运算的功能基本一致。

由运算符、常量和变量组成的有意义的式子称为"表达式"。一个可以被"寻址"（即被分配内存空间或寄存器）的表达式称为"左值"。或者说，左值是可出现在赋值运算符左边、值能被修改的表达式。相对地，"右值"是仅能出现在赋值运算符右边、值不可更改的表达式。左值表达式主要包括变量名、前自加和自减运算表达式、指针间接访问表达式和引用，其他表达式都是右值表达式。

一个表达式后加分号就成为语句，也就构成了一个组成程序的基本语法单元。

### 1. 算术运算

算术运算包括作为单目算术运算符的取正（+）和取负（-），以及作为双目运算的加（+）、减（-）、乘（*）、除（/）和取余（%）。这些运算遵循着数学上的规律。不过，当至少有一个为浮点型操作数时，/代表除法，而操作数都为定点数（包括整数、字符和枚举）时，表示取两数相除的整数部分，即商。例如，表达式 3/2 的值为 1 而非 1.5。

取余运算%的操作数只能是定点数，结果为两数相除的余数，符号与被除数符号相同。

## 2．赋值类运算

包括赋值运算符"="和自反的赋值运算"@="，语法形式为：

> 左值 = 表达式
> 左值 @= 表达式

这里的@是一个双目算术运算符、关系运算符、逻辑运算符或位运算符。例如：

```
int  x = 5;
x = x+3;                    //将 x 的值 5 加上 3 重新赋值给 x，x 为 8
x += 1;                     //x 为 9
```

表达式"左值 @= 表达式"与"左值 = 左值 @ 表达式"的含义相同。

与 C 语言不同的是，C++的赋值表达式等同于被赋值后的变量，即赋值表达式是左值。例如：

```
int  x = 1;
(x = 2) = 3;               //相当于 x=2；x=3
```

赋值运算是修改一个变量值的主要手段，且通常作为单独的语句使用。

> 尽量避免连续赋值，也尽量避免使用复杂的表达式。

## 3．自加和自减运算

C++语言从 C 语言继承了使变量值增 1 的运算符++和使变量值减 1 的运算符--，称为"自加运算"和"自减运算"。这里仅扼要说明自加运算。

前置自加++x 和后置自加 x++对 x 的作用完全相同，都使变量 x 的值增 1，但表达式"++x"与"x++"的值不同，分别是 x 加 1 之后的新值和加 1 之前的旧值。

C++对表达式++x 和 x++的处理方法不同，表达式++x 与增 1 后的 x 等同，故仍是左值，如：

```
++x = 10;                   //相当于 x=x+1；x=10
```

不过，后置表达式 x++等同于 x+0，不是左值。

从处理方法上来理解，前置自加是"增加然后取回"，后置自加则是"取回然后增加"。

## 4．关系运算和逻辑运算

C++语言提供了如下 6 种关系运算符和 3 种逻辑运算符：

> <（小于）、>（大于）、<=（小于等于）、>=（大于等于）、==（等于）和!=（不等于）
> !（逻辑非）、&&（逻辑与）和||（逻辑或）

逻辑非也称为否定。关系运算表达式和逻辑运算表达式的值为逻辑值，即 bool 类型，其值为 true 或 false。这些运算的操作数可以是定点或浮点表达式。在逻辑运算中，操作数表达式本身被作为逻辑量对待，即非 0 的值表示逻辑真，只有 0 表示逻辑假。

本质上，逻辑常量 true 和 false 的值为整数 1 和 0。因此，关系表达式和逻辑表达式均是整型表达式。

> 因为误差的存在，不要将浮点数用"=="或"!="进行比较。

## 5．位运算

这是专门以二进制位方式处理定点数据的运算，可以实现其他运算难以实现的操作，并且具有较快的执行速度。共有如下 6 种位运算符：

　　～（取反）、&（与）、|（或）、^（异或）、<<（左移）、>>（右移）

　　在执行位运算时，只要将操作数的每个二进制位的 0 和 1 分别视为逻辑值 false 和 true，再按同种逻辑运算规则进行逐位运算即可。

### 6．sizeof 运算

　　用于测试一个数据类型或表达式 expression（实质是表达式的数据类型）存储时所占用的内存字节数，语法形式如下：

```
sizeof(type)
sizeof(expression)
```

　　sizeof 运算的主要用途是增加程序的可移植性。在需要用到某个类型或表达式的存储空间大小时，采用 sizeof 表达式而不是固定值，可以使代码能够自动适应不同硬件或版本的变化。

### 7．逗号运算符

　　逗号运算符的主要作用是将两个小表达式组合成一个大表达式，语法形式如下：

```
expr_1, expr_2
```

　　上述表达式称为逗号表达式。在处理逗号表达式时，系统按由左到右的顺序对两个表达式求值，但逗号表达式的值等于 expr_2 的值。

　　逗号运算符的主要用途是在 for 语句中将表达式连接起来，以满足语法要求。

## 2.3.2　数据类型转换与造型

　　在不同类型的数据进行混合运算或赋值时，系统可按类型相容性规则进行适当的数据类型转换。但在数据类型差异较大或有特殊需要时，只能进行"强制类型转换"，也称为"显式类型转换"。

　　C++中的类型转换技术有两类，分别是继承自 C 语言的类型转换运算符和新增的数据造型。

### 1．强制类型转换运算符

　　将一种数据类型加上括号就构成了一个类型转换运算符，语法形式为：

```
(type)(expression)
type(expression)
```

　　此运算的功能是将表达式 expression 转换为 type 类型的表达式。这两种形式功能上没有什么区别，后一种形式称为"函数式转换运算符"。例如，下述表达式通过类型转换得到值 1.5，而没有转换前的值是 1：

```
int  x(3), y(2);
cout << x/y << ',' << (double)(x)/y;          //输出为 1,1.5
```

　　强制类型转换被认为是"不安全的"，因为即使不应该发生转换，编译器也不会进行检验并给出声明。

### 2．数据造型（cast）

　　C++将类型转换情况进行了更详细的分类，并提供了 4 种相应的转换运算，称为"数据造型"，它们都遵循如下的语法形式：

```
X_cast<type>(expression)
```

其中的 X 可以换成 const、static、dynamic 或 reinterpret。

这 4 个运算符都能将表达式 expression 转换为 type 类型的表达式,但应用对象不同。

(1) const_cast<type>主要用于 const 常量向非常量的类型转换。例如:

```
const int x(1);
int *px = const_cast<int*>(&x);
```

const_cast 的作用就是去掉常量指针&x 的 const 属性,但这样的转换并不常见。

(2) static_cast<type>用于实现相容类型之间的静态转换,所有可隐式转换的类型都能用 static_cast 进行转换。例如:

```
int x = static_cast<int>(3.8);        //x 的值为 3
```

可以用 static_cast<type>将 void*类型的指针转换为其他类型的指针。例如:

```
int y = 2;
void *p = &y;
double *q = static_cast<double*>(p);
```

在程序编译时,造型技术会促使编译器进行类型匹配检查。因此,使用 static_cast 比强制类型转换运算更安全。

(3) reinterpret_cast<type>的作用和功能与强制类型转换运算符完全相同。

(4) dynamic_cast<type>用于在派生类与基类之间进行数据类型转换,参见第 6 章。

使用 C++的造型进行类型转换,避免依赖强制类型转换的习惯。

# 2.4　语句与流程控制

语句是 C++程序中的基本功能单元,一条语句意味着完成某一任务所需要进行的处理动作。若非人为改变流程,程序执行时按照物理顺序逐条执行每条语句。

## 2.4.1　简单语句与复合语句

C++中的语句包括简单语句和复合语句。简单语句主要由定义语句、声明语句、表达式语句和流程控制语句组成,任何简单语句必须以分号结束。例如,以下是常见的定义和声明语句:

```
int x(10);           //变量(对象)定义
class Point          //类型定义
{
    //...
};
void func(int);      //函数声明
extern int x;        //外部变量声明
class Matrix;        //类的超前声明
```

严格地说,变量定义和声明是不同的,定义涉及到空间的分配和初始化,但声明只是说明变量的特征。同时,因为声明不对应机器指令,可以认为其只是声明而非语句。

表达式语句是在表达式之后加分号形成的语句,如赋值语句和函数调用语句等。流程控制语句主要包括分支语句和循环语句以及与其相关的流程转向语句。

有时,语法上要求在某个结构中只能使用一个语句,而从功能上又应该使用多个语句。此时,可以将多个语句放在一对花括号"{ }"里,构成一个复合语句。复合语句也称为"块"或"分程序结构",形式为:

```
{
    //可以有 0 条以上的语句，包括复合语句
}
```

复合语句在流程控制语句中十分常见。

### 2.4.2　分支语句

分支语句是一种选择结构，作用是根据条件是否满足决定程序执行的流程。有 3 种与选择有关的结构，分别是条件运算、if 语句和 switch 语句。

#### 1.　条件运算符和条件表达式

条件运算符是 C++中唯一一个三目运算符，由?、:和三个操作数组成，形式为：

```
<expr_1> ? < expr_2> : < expr_3>
```

此表达式称为"条件表达式"。若表达式 expr_1 的值为真，则条件表达式的值等于表达式 expr_2 的值，否则等于表达式 expr_3 的值。

例如，若 cx 表示一个存储英文字母的字符变量，则表达式'A'<=cx && cx<='Z' ? cx+'a'-'A' : cx 的值为其对应的小写英文字母；若 x 是一个数，则表达式 x>0 ? x : -x 为其绝对值。

#### 2.　if 语句

这是最典型的条件语句，基本形式如下：

```
if(expression)
    statement_1
[else
    statement_2]
```

if 结构中的 else 部分可以省略，即可以只有 if 子句。

如果条件表达式 expression 为真，执行语句 statement_1，否则结束，或执行语句 statement_2（如果有 else 子句）。

为了便于阅读和理解，应尽量将 statement_1 和 statement_2 写在一对花括号内，即写成复合语句形式，尤其是要执行的语句多于一个时必须采用复合语句，才能满足语法要求。

例如，下述代码计算并输出一个数的绝对值：

```
double  x;
cin >> x;
if(x > 0)
    cout << x << endl;
else
{                                              //复合语句
    cout << "Nagative." << endl;
    cout << -x << endl;
}
```

#### 3.　switch 语句

switch 语句通常被称为"开关语句"，专门用来处理存在多种可能分支的问题，以避免 if-else 的多层嵌套，一般形式如下：

```
switch(expression)
{
    case 常量表达式1: statements_1
                      [break;]
    case 常量表达式2: statements_2
                      [break;]
    ⋮
    case 常量表达式n: statements_n
                      [break;]
    [default: statements_n+1]
}
```

switch 语句中的每个 case 和 default 都表示一种"情况"，而 statements_k 是指若干条语句。switch
语句的执行过程是：

首先计算表达式 expression 的值，然后从上到下将其逐个与 case 子句后的常量表达式值相比较。
若与常量表达式 k 相等，则执行 case 之后的语句序列 statements_k，执行到一个流程转移语句或 switch
语句末尾结束。若 expression 与任何一个常量表达式 k 都不相等，则执行 default 之后的语句（如果有）
并结束 switch 语句。

switch 语句中的 expression 必须是定点数，且 case 之后必须是定点常量表达式。

这里需要注意的问题是，在与某种情况吻合后，其他"case 常量表达式"及 default 都失效，只要没
有流程转移，将一直执行到 switch 语句结束。因此，在各 case 之后语句序列的最后，通常要用 break
语句控制结束，或采用其他语句进行跳转。

　认真检查每个 case 之后是否存在 break 语句。

### 2.4.3　循环语句

循环语句的功能是在指定条件满足时重复执行一段代码。C++中有 3 种循环语句，分别是 while
语句、do-while 语句和 for 语句。

#### 1. while 语句

while 语句的一般格式如下：

```
while(expression)              //出口
    statement                  //循环体
```

while 语句首先计算并判断表达式 expression 的值，若 expression 为真，执行循环体 statement 并重
复对表达式 expression 的测试，若为假则结束。

#### 2. do-while 语句

do-while 语句的一般形式如下：

```
do
    statement                  //循环体
while(expression);             //出口
```

do-while 语句先执行循环体 statement，然后测试表达式 expression 的值，若为真则重新执行循环
体 statement 并再次测试 expression 的值，直到条件为假结束。

### 3. for 语句

for 语句的一般形式如下：

```
for(expr_1; expr_2; expr_3)
  statement
```

for 语句中含有 3 个表达式，为理解其流程，可以改写成如下的等价形式：

```
expr_1;
for(; expr_2; )                //出口，也可以换成 while(expr_2)
{
  statement                    //循环体
  expr_3;
}
```

由此，可以清楚地说明 for 语句的流程：

（1）计算表达式 expr_1 的值；

（2）计算 expr_2 的值，若为假，循环结束，否则执行循环体语句 statement；

（3）计算 expr_3 并转（2）。

通常，表达式 expr_1 处理一些初始化的事务，表达式 expr_2 是循环终止条件，决定了循环体是否被执行。

while、do-while 和 for 循环的共同特点是都在循环终止条件为真时反复执行循环体，为假时循环结束，但 while 语句和 for 语句先测试终止条件，do-while 先执行一次循环体而后测试终止条件。

 在多重循环中，尽量将长循环置于内层，短循环置于外层，以提高效率。

例如，考虑设计一个程序，根据如下公式计算 $e$ 的值，要求满足计算精度为 $10^{-6}$：

$$e = 1 + \frac{1}{1!} + \frac{1}{2!} + \frac{1}{3!} + \cdots + \frac{1}{n!} + \cdots$$

这是一个简单的循环程序，每次循环将一个值 $1/n!$ 累加到一个变量上。这里的技巧是，如果第 $k$ 次循环累加的值是 $t = 1/k!$，下一次应累加的值就是 $t/(k+1)$。

```cpp
#include <iostream>                    //Example2_1.cpp
using namespace std;
int main( )
{
  double e = 1.0, t = 1.0;
  int k = 1;
  do
  {
    t = t/k++;                         // 计算 1/k!，然后递增 k
    e += t;                            // 累加
  }while(t > 1.0E-6);
  cout << "e is " << e << endl;
  return 0;
}
```

当 for 语句的 expr_1 或 expr_3 处需要使用几个表达式时，要使用逗号运算将其组合成一个，以满足语法要求，这是逗号运算的主要用途。

尽量不在 for 循环体内修改循环控制变量。

### 2.4.4　流程转向语句

流程转向（或称转移）语句用于实现流程转移，通常置于循环语句中与条件语句配合使用。主要的流程转移语句是 break 和 continue，特殊情况下还可以使用 goto 语句。

#### 1．break 语句

break 语句的语法形式如下：

```
break;
```

break 语句用在 switch 语句和循环语句的循环体中，功能是终止当前的 switch 语句或循环语句，使程序流程转移到后续的语句。

#### 2．continue 语句

continue 语句的语法形式为：

```
continue;
```

continue 语句只用于循环语句的循环体中，使循环"短路"，即跳过 continue 以后的语句，立刻开始下一次循环。对于 while 和 do-while 语句，流程转移到循环终止条件处进行表达式测试，对于 for 语句则转移到 expr_3 处继续执行。

### 2.4.5　数据输入与输出

通常，程序总需要与用户进行数据交流，一般是在运行之初或中间输入数据，而在数据处理结束时输出数据。C 和 C++都属于内核很小的语言，没有专门的输入/输出语句，所有的输入和输出工作都由预定义的库函数或对象来完成。C 语言中各种输入/输出库函数均在 C++中采用，如格式化输入/输出函数 scanf 和 printf 等，但这些函数缺乏可扩展性，不支持对象，故不建议使用，应采取 C++引入的面向对象的输入/输出机制。

基本的输入和输出操作由"iostream"头文件中定义的两个对象 cin 和 cout 完成。cin 和 cout 对象具有数据类型的自动识别功能，对于所有内置的简单类型，不需要用户做任何设置，即可实现数据的正确输入与输出。通常，这些对象都以语句的形式使用，构成输入/输出语句。本质上，它们仍是表达式语句。

#### 1．cout 对象与数据输出

使用 cout 对象实现控制台的数据输出，一般形式如下：

```
cout << expr_1 << expr_2 << … << expr_n;
```

这里的 expr_k 是内置类型或重载了<<运算符的类类型的表达式。例如，下述程序将产生 "x=10,y^2=4" 的输出结果：

```
int  x = 10;
double y = 2.0;
char *s = "C++ world. ";
cout << s << " x=" << x <<','
     << "y^2=" << y*y << endl;
```

多个输出表达式可以连续输出，还可以单行或多行书写。

## 2. cin 对象与数据输入

使用 cin 对象从键盘接收数据并存储到变量中，一般形式如下：

```
cin >> var_1 >> var_2 >> … >> var_n;
```

这里的 var_k 是内置类型或重载了>>运算符的类类型的变量。例如，下面的代码可以从键盘接收数据，分别赋值给变量 x、y 和数组 s：

```cpp
#include<iostream>                          //Example2_2.cpp
using namespace std;
int  main( )
{
  int  x;
  double  y;
  char  s[20];                              //s 是一个字符串
  cin >> x >> s >> y;                       //连续书写可读性不好，应分行书写
  cout << x << ',' << y << endl;
}
```

由示例可见，使用 cin 对象时也可以连续输入多个变量的值，单行或多行书写均可。

输入数据时主要应注意的问题是将数据用回车或空格分隔开。如果连续输入的数据是整数或实数，可以采用空格或回车分隔；如果连续输入整数（或实数）和字符（或字符串），应采用按回车键的方法分隔。无论如何，输入数据的最后总需要按回车键（或 Ctrl+Z）才表示输入结束。

虽然<<和>>分别表示左移和右移位运算，但用于 cout 和 cin 对象时，它们表示输出和输入运算，一般称之为"插入运算符"和"提取运算符"，也可以统称为插入运算符。

完整的输入/输出技术在第 8 章中介绍。

# 2.5　指针、数组与引用

## 2.5.1　指针

指针是一种增加了数据类型特征的内存地址，用于指向对象。或者说，指针是内存地址与其中存储数据的类型相结合的产物，而利用指针可以读取或修改内存中存储的值，即实现不借助变量的间接访问。

## 1. 内存地址与指针变量

在程序运行时，各种对象如变量、常量、数组及函数等都存储在内存中，通过一定的方法可以得到它们的地址，并称为指向该对象的"指针"。例如，定义如下变量：

```cpp
int  x(10);
```

于是，就得到了一个指向变量 x 的指针&x，这里的&称为"取地址运算符"。

之所以称&x 为指针而非地址的原因是编译器不仅可以从&x 得到一个地址，还包括此地址中存放对象的类型，如 int。因此，指针包含着两种信息而不仅是一个表示位置的整数值。

为了存储指针，需要使用指针变量，一般定义形式如下：

```
type  *变量名 [= 地址表达式];
```

例如，下述代码定义了两个指针变量 px 和 py，并利用初始化使其指向不同变量：

```
int  x =10;
double  y =3.14;
int  *px = &x;                      //&x 与&y 的类型不同
double  *py = &y;
```

指针变量前的类型 int 和 double 通常称为指针的"基类型"，它们说明了 px 和 py 应分别指向内存中的一个整数和一个浮点数。正因为指针类型中含有基类型成分，因此，只要基类型不同，指针的类型就不相同。

### 2. 指针运算

通过指针访问其指向的内存是引入指针的主要目的，这种运算称为"间接访问运算"。若一个指针 p 的基类型为 type，则*p 代表一个 type 类型的变量，可以作为左值。例如，有如下定义：

```
char  x, *px = &x;                  //&x 和 px 都是指向 x 的指针
int  y, *py = &y;                   //&y 和 py 都是指向 y 的指针
```

那么，*(&x)和*px 都等同于变量 x，*(&y)和*py 都等同于变量 y。

> 使用指针的重要目的之一是借助指针修改或引用"其他对象"而不是指针本身。

如果要将一个类型不匹配的指针保存在指针变量中，必须经过类型转换。例如，若要将前述的指针&y 存入指针变量 px 以及利用 px 访问 y，必须进行适当的类型转换：

```
px = (int*)&y;
*((double*)px) = 10;                //等同于 y = 10;
```

对于简单类型的指针，可以采用强制类型转换，而对于有继承关系的类指针之间的转换，应采用对指针的造型。

指针还可以进行加减算术运算以及比较。就像间接访问一样，这些运算的结果受指针基类型支配，即指针的算术运算是按基类型为单位计算和移动的。

> 使用指针时必须保证其指向正确的位置，一般可以将没有明确指向的指针变量初始化为 0 或 NULL，表示其是一个空（悬）指针。

### 3. 使用 const 限定指针的可访问性

为了保证通过指针引用数据的安全性，可以使用 const 关键字为指针变量定义加上限制。一般形式如下：

```
[const] type [const] *指针变量名;
```

主要可以形成如下 3 种定义范例：

```
char* const p1;                     // p1 是指针常量
const char *p2;                     // p2 是指向常量的指针或称常量指针
char const *p3;                     // p3 与 p2 同义
const char* const p4;               // p3 是指向常量的指针常量
```

使用 const 对指针变量定义进行限制的目的是表明 p 或*p 是否允许被改变。上述定义表示的含义分别是 p1 为常量、*p2 为常量、p3 和*p3 都是常量。

有一个简单办法可以帮助理解而不是硬性记住究竟什么是常量：除去定义中的数据类型等无关成分，位于 const 后面的就是常量。例如，观察前述定义，第一个定义的 const 之后仅有 p1，表示 p1 为

常量，第二、三行定义效果相同，在 const 之后的成分为 *p，说明 *p（包括 *(p+k)、p[k]）是常量。第四个定义的 p4 和 *p4 都在 const 之后，说明它们都是常量。

例如，下述代码显示了因为 const 的位置不同对变量产生的不同限定：

```
const char  *p;                    //*p 是常量
p = "hello";                       //合法
*(p+1) = 'E';                      //错误
char  *const q = "hello";          //q 是常量
*q = 'H';                          //合法
q = "tom";                         //错误
```

在 C 和 C++ 语言程序中经常会用到以'\0'结尾的字符串常量。为此，可以将字符串的首地址存储到一个指针变量中：

```
char  *p = "a string";
```

这样做的好处是字符串常量可以被作为整体使用，也可以逐个元素访问。例如：

```
cout << p;                         //整体输出字符串"a string"
for(k=0; *p != '\0'; p++)
  cout << *p;                      //逐个访问元素
*(p+2) = 'S';                      //将字符串中的 s 修改为 S
```

最后的语句利用指针 p 修改了字符串常量的值，这与常量的概念是矛盾的。可用如下的定义借助 const 关键字的限制作用来防止类似现象发生：

```
const char  *p = "a string";
```

大量的字符串操作函数都采用此方式来限制指针参数以避免误操作。例如，字符串复制函数 strcpy 所采用的原型如下：

```
char  *strcpy(char  *dest, const char  *src);
```

因为 *src 为常量，这就防止了字符串 src 在 strcpy 函数的内部被修改。

 尽量减少使用以'\0'结尾的 C 风格字符串，代之以 C++ 的 string。

### 4. void* 类型的指针

void 类型不能用于定义变量（对象），但可以定义指针，且任何一种指针都能赋值给它，这意味着它可以指向任意类型的对象，反之不可。例如：

```
int  x(10);
double  y(2.5);
void  *p;
p = &x;
cout << *((int*)p);                //利用类型转换访问 x
p = &y;
cout << *((double*)p);             //利用类型转换访问 y
```

void 类型的指针 p 丢失了数据类型信息，仅保留了地址数据，只有经过强制类型转换或造型才能实现间接访问。

 尽量避免使用 void* 类型的指针。

## 2.5.2　数组

数组是同类型数据的有序集合，整体上用唯一的名字来标识，数组的元素可以通过下标形式访问。

### 1. 数组的定义与访问

数组的一般定义形式为：

> **type 数组名[size_1][size_2]…[size_n] [= {初始值序列}];**

本质上，数组由若干个具有相同类型的变量所组成，每个变量是数组的一个元素，用数组名和一个整数下标来表示：

> **数组名[index_1][index_2]…[index_n]　　//n 维数组元素的下标表示**

这里的每个下标最小为 0，最大为该维的长度减 1。为数组提供初始值就是按顺序用列表形式为数组的每个元素提供初始值，形式与数学中的集合表示相同。例如：

```
int  a[5] = {2,5,6,9,4};
int  b[3][2] = {{1,2}, {3,4}, {5,6}};
```

> 数组的下标从 0 而不是 1 开始，不要让下标超出数组的界限。

### 2. 数组的指针访问

数组元素存储在连续的内存中，这为借助指针访问数组提供了便利。尤其是，任何数组名都是指向其第一个元素的指针。

例如，下述代码利用指针的间接访问输出数组的所有元素。

```
int  x[ ] = {2, 5, 6, 9, 1, 1, 7, 8}, *ptr = x;
for(int k=0; k<8; k++)
    cout << *ptr++;
```

这里通过一个二分检索问题说明数组的使用方法。二分检索法也称折半查找，是指在一个已经按升序排序的数组 a 中查找某个指定的数据 x 是否存在，基本思想是每次将 x 与 a 的中间元素进行比较，若恰好相等则结束。否则，根据二者关系确定下一次应在前一半还是后一半继续折半查找，方法不变。

```
#include<iostream>                                //Example2_3.cpp
using namespace std;
int  main( )
{
  int  a[10], x, begin = 0, end = 9, mid;
  cout << "Input 10 integers in ascending order:" << endl;
  for(int k=0; k<sizeof(a)/sizeof(a[0]); k++) //输入数组元素
    cin >> a[k];
  cout << "Input x:" << endl;
  cin >> x;                                  //输入 x
  while(begin < end)
  {
    mid = (begin + end)/2;                   //取中间位置
    if(a[mid] == x)                          //已经找到
      break;
```

```
    else
      if(x < a[mid])                              //若存在，x 必在前一半元素中
        end = mid - 1;
      else
        begin = mid + 1;                          //若存在，x 必在后一半元素中
    }
    if(x == a[mid])
      cout << "Index is " << mid <<endl;
    else
      cout << "Not found." << endl;
    return 0;
  }
```

在程序运行后会显示"Input 10 integers in ascending order:"提示。先输入 10 个由小到大排序的整数（用空格分隔），再在"Input x:"后输入一个整数，则系统输出该数在 10 个数中出现的位置索引（如果有），或输出"Not found."提示，表示没查到。

理解数组是一个集合对正确使用高维数组是至关重要的。C++在本质上只有一维数组，任何二维以上的数组都是由集合作元素组成的集合。例如，对于下述定义：

```
  int  a[3][2] = {{1,2}, {3,4}, {5,6}};
  int  b[3][2][4];
```

这里的数组 a 是由一维数组为元素构成的集合，b 是由二维数组为元素构成的集合。作为指针，a 与 b 的基类型都是集合，其间接应用*a 和*b 代表着对应的集合，分别是一维和二维数组。

C++并不推荐使用数组，主要原因是数组的大小必须事先确定，不能随需要而动态增大或减小，且有超出数组边界使用的风险，取代它的是一些用类模板定义的容器，如 vector。

 少使用内置数组，代之以 C++的 vector。

### 2.5.3　引用

引用（reference）是建立一个变量的"别名"，它与原变量是同义词，标志着同一存储空间，基本形式为：

**[const]  type  &引用名 = 变量名;**

例如，下述定义建立了变量 x 的一个引用 xref，二者是完全等同的变量：

```
  int  x(10);                 //变量定义
  int  &xref = x;             //引用声明，表明 xref 是 x 的一个引用
  xref = 20;                  //等同于 x = 20;
  int  *p = &xref;            //等同于 int *p = &x;
```

引用是一种声明而不是定义。在声明 xref 是变量 x 的引用时，系统将 xref "绑定"到变量 x 的存储空间上，这就要求引用在声明时必须被初始化，而且引用一旦被初始化后，将永远维系在原对象上，无法再绑定到其他对象。当然，如果需要，可以建立一个变量的多个引用。

可以按如下形式建立一个指针的引用：

```
  char  *p;
  char* &pref = p;
```

这里建立的是指针变量 p 的引用，p 和 pref 是两个完全相同的指针变量。

不能建立引用的引用，或者说，引用的引用仍是原变量的引用。例如，下面的代码建立的 r1 和 r2 都是变量 x 的引用，都等同于 x：

```
double  x;
double  &r1 = x;
double  &r2 = r1;                        //等同于 double &r2 = x;
```

建立普通变量的引用并没有实际作用，其价值主要体现在作为函数的形式参数和返回值。

const 修饰的引用有一定特殊性，主要包括可以建立相容类型、不可寻址的值或表达式的引用。例如：

```
double  data = 3.14;
const  double  &fr = data + 2.1;
const  double  &pi = 3.14159;
const  int  &ir = data;
```

这样的引用仅对 const 类型才是合法的。对于此类引用，编译器会先建立一个临时对象，再将引用指向此对象，如：

```
double  temp = 3.14159;
const  double  &pi = temp;
```

在第 7 章的运算符重载部分可以体会 const 类型引用在处理函数参数时的作用。

# 2.6　函　　数

函数（模块）是过程化程序设计中对复杂功能进行分解的产物。一个系统被划分为功能单一的独立函数后，程序就通过函数之间的相互调用来实现。每个函数被独立地"封装"，通过形式参数和返回值构成对外交互的"接口"，从而使一个函数内部的修改与其他调用部分无关。

## 2.6.1　函数的定义与声明

### 1．函数定义

将一部分代码独立封装成函数时遵循如下格式：

```
type  函数名(形式参数说明表)
{
    //函数体（body）代码
}
```

函数定义的目的是规定一个函数的名字和参数等信息，并给出实现它的完整代码，称为"函数定义"或"函数实现"。

例如，数学上的一个函数 $y = f(x, y) = x^2 + xy + y^2$ 可定义为如下的函数：

```
double  f(double  x, double  y)
{
    return  x*x+x*y+y*y*y;
}
```

对函数的封装包括第一行的函数描述和由尖括号限界的函数体。在函数描述中涉及到如下问题：

（1）除 main 外，所有函数名都是一个用户自定义标识符，如 f。

（2）函数的类型（此例为 double）标志着函数的返回值类型，即函数调用表达式的数据类型。如果没有返回值，应将其类型指定为 void。

（3）函数之后的括号中所列称为形参说明表，其中的每个形参都要单独说明类型，这些形参在函数被调用时得到具体值，除此之外与定义在函数体内的普通变量相同。没有参数时可空或指定为 void。

在一些特殊情况下，可以只包括参数类型而不指定参数名。例如：

```
    int  getFlag(int)                    //函数描述中说明需要有一个 int 类型的参数
```

这种设计的目的是要求在语法上应给函数填上一个任意的整数，以区别于类似的函数，但指定的数值本身没有实际用处。

函数体是一个复合语句结构，描述了函数执行的操作和计算结果。每个函数需要单独定义，不能嵌套。

 函数的功能要单一，规模要小，函数的名字应使用"动词"或者"动词 + 名词"（动宾词组）形式。

### 2. 函数声明

在调用一个函数之前要进行"函数声明"，目的是让编译器了解函数的类型和参数信息，找到对应的函数并进行检查，以免产生错误调用。

函数声明应采取"原型声明"，包括下述两种形式，效果相同：

> **type** 函数名 **(**形式参数说明表**)** ;
> **type** 函数名 **(**形式参数类型说明表**)** ;

例如，前述的函数 f 可以有如下两种声明方式：

```
    double  f(double x, double y);
    double  f(double, double);
```

声明是为了说明函数的格式，参数名无关紧要。

函数声明是一个说明语句，语法上允许多个类型相同的声明放在一起，但合理的做法是独自声明，置于程序的开头或按功能分类组成单独的头文件。

C++ 语言的库函数是预先设计的函数，其原型声明被置于某个头文件内，通过添加#include<头文件>指令进行声明。目前，标准 C++ 的头文件和继承自 C 语言的头文件以及旧版本 C++ 的头文件都在标准 C++ 中得到支持，但要在指定文件名时体现使用的头文件种类。

（1）C 的头文件：应在原来的 C 头文件前加"c"，如#include <cstdio>；

（2）旧版 C++ 头文件：文件名带".h"，如#include <iostream.h>；

（3）标准库 C++ 头文件：文件名不带扩展名，如#include <iostream>。

标准 C++ 已经将函数声明重新在 std 名字空间中做了定义，但#include <stdio.h>形式所指定的 C 函数没有包装在 std 名字空间里。

### 3. 函数签名

为了叙述方便，一般称函数的形式参数说明表为函数签名。两个形参列表中，如果形参个数不同，或者类型不同，或者类型相同但顺序不同，则意味着函数签名不同。在 C++ 中，两个具有不同签名的同名函数被认为是不同的函数。但是，函数返回值不属于签名的一部分。例如，如果同时定义如下两个函数 func，编译器将通知重复定义函数的错误信息：

```
    double  func(double, char);
```

```
void func(double, char);
```

这说明函数类型不足以作为区分函数的标志。

## 2.6.2  函数调用与参数匹配

在函数调用发生时，调用函数通常要向被调用函数传递"信息"，即确定形式参数的实际值，这种实际值称为"实际参数"或"实参数"。根据实际参数的作用不同，可以将函数参数分为输入型参数和输出型参数。

### 1.  值参数

仅需要从调用函数接收数据时，可以将参数定义为普通变量，这样的参数属于输入型参数，或理解为值参数。例如，考虑在屏幕上输出一个由某个字符组成的矩形图形的函数，假设其函数名为 printImage。因为要由调用函数指定组成图案的字符、矩形图案的宽和高，被调用函数要有对应的 3 个形参变量，可按如下方式定义：

```
void printImage(int  h, int  w, char  cx)
{
    int  k, m;
    for(k=0; k<h; k++)                    //共 h 行
    {
        for(m=0; m<w; m++)                //每行输出 w 个 cx
            cout << cx;
        cout << endl;                     //各行之间换行
    }
}
```

在以一个变量（包括指针变量）作为形式参数时，C++采用传值方式实现参数的传递，这称为"参数传递规则"。在一次调用发生时，系统为形式参数分配空间，并将实参数表达式的值复制给形式参数。实参数可以是任何常量、变量及一般的表达式，如：

```
int  x = 10, y = 20;
char  cx = '@';
printImage(8, y, '@');         // 输出由@字符组成的 8×20 图形
printImage(x-5, y-10, cx);     // 输出由@字符组成的 5×10 图形
printImage(x, y+10, 'A'+1);    // 输出由 B 字符组成 10×30 图形
```

传值的参数处理规则导致形参变量的改变与实际参数无关，即形参的变化不会影响实参变量的值。下述程序体现了这种处理方法。

```
#include <iostream>                       //Example2_4.cpp
using namespace std;
void  setData(int  a)
{
    a++;                                  //形参变量 a 的值为 11
}
int  main( )
{
    int  a = 10;
    setData(a);
```

```
    cout << a << endl;                        //实参变量a 的值仍为 10
    return 0;
}
```

main 函数和 setData 函数中的变量 a 是不同的变量，各有自己的存储空间。在函数调用发生时，实参变量 a 的值 10 被复制给形参变量 a。函数 setData 内的 a++运算与实参变量 a 无关，参见图 2-1。

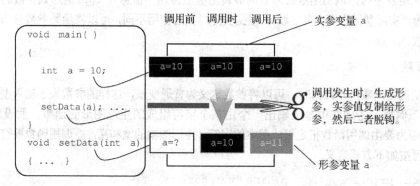

图 2-1　值方式的参数传递过程

以值方式传递的复杂对象最好改用"const &"方式而不是对象方式传递，以提高效率。

### 2. 指针参数

指针作参数符合值传递调用规范，但由于指针具有间接访问能力，从而表现出了输入型参数和输出型参数两种特性，且可以提高代码的效率。

如果我们在调用函数中定义实参变量，实质是准备好了存储空间。只要在被调用函数通过指针参数接收此实参变量的地址，再以间接引用方式访问，将值写入调用函数的实参变量中，就起到了输出值的作用。下述程序中的函数 swap 和 main 利用此方法交换了变量 a 和 b 的值：

```
#include <iostream>                           //Example2_5.cpp
using namespace std;
void  swap(int  *x, int  *y);
int main( )
{
  int  a = 10, b = 20;                        //定义实参变量，准备存储空间
  swap(&a, &b);                               //实参变量地址作实参数
  cout << a << b << endl;
  return 0;
}
void  swap(int  *x, int  *y)                  //准备接收地址的形参变量
{
  int t = *x;                                 //将 x 指向的值（不是 x 的值）存入 t
  *x = *y;                                     //将 y 指向的值存入 x 指向的内存单元
  *y = t;                                      //将 t 存入 y 指向的单元
}
```

这样的设计使被调用函数 swap 将数据输出到调用函数 main 的变量 a 和 b 中。

在将连续存储的多个数据或一个复杂对象传递给函数时，可通过传递数据区的起始地址来提高效率，常见的应用是传递数组或字符串。例如，下述代码给出了求字符串长函数 strlen 的实现方式：

```
int  strlen(const char  *s)
{
    const  char *t = s;
    while(*t++);
    return  t-s-1;
}
```

在调用函数时，只需要传递字符串的起始地址而不是整个字符串：

```
char  s[] = "This is a string";
cout << strlen(s);
```

传递数组的典型实例是 main 函数。完整的 C++语言的 main 函数至少包含两个参数，具有如下原型：

```
int  main(int argc, char  *argv[]);
int  main(int argc, char  **argv);              //等效的原型
```

这里的 argv 是一个指针数组（字符串数组），argc 是数组 argv 的长度，即元素个数。main 函数的实参数来自于命令行而不是程序运行时的输入，即数组 argv 的值是执行该程序时在命令行给出的所有字符串，其中 argv[0]指向所执行的命令（程序）本身。

不过，考虑到安全性等因素，可以用传递引用代替指针。

### 3. 引用参数

用引用作函数参数是建立引用的主要目的之一。如果采用引用作函数参数，C++不建立形参副本，即形式参数是对实参数的引用，没有自己的存储空间，此时的形参与实参是同一个变量。因此，采用引用作参数有着与指针参数相同的功能和效率，不过，引用比指针更安全和直接。

下述代码利用引用参数重新实现了前文的 swap 函数：

```
void  swap(int &a, int &b)               //引用参数
{
    int  t = a;                          //a、b 就是实参数变量 x、y
    a = b;
    b = t;
}
int  main( )
{
    int  x = 10, y = 20;
    swap(x, y);                          //直接使用变量作实参数
    cout << x << ',' << y << endl;       //输出结果是 20,10
    return 0;
}
```

调用 swap 函数时，a 与 x 代表同一个变量，b 与 y 也代表同一个变量。

在传递一个复杂对象时，引用参数是一种既经济又安全的方式。

## 2.6.3　函数返回值与函数调用表达式

用适当的实参数调用一个函数构成了函数调用表达式。根据函数类型不同，表达式的使用方法也有差异。

### 1. void 类型的函数

void 类型的函数是自然结束或用一个不携带表达式的 return 语句结束的函数，这种函数调用表达式不代表任何值，故通常被用作语句。例如：

```
printImage(2, 8, '#');
```

### 2. 普通数据类型的函数

这里的普通数据类型指除指针与引用之外的任何内置类型或用户自定义类型，函数调用表达式代表了一个一般的右值，可以参加不涉及修改其本身的运算或作为语句，如：

```
int len = strlen("This is a string");
cout << strlen("This is a string");
width = strlen("This is a string") + 10;
strlen("This is a string");                    //语法正确，但属于无效代码
```

### 3. 返回指针的函数

返回指针的函数一般具有如下原型：

**[const] type *函数名(形式参数说明表);**

函数返回指针的主要目的是提高效率和灵活性。例如，定义下述函数将一个字符串中的小写字母都转换为大写字母：

```
#include <iostream>                             //Example2_6.cpp
using namespace std;
char *toupper(char *s)
{
  for(char *t=s; *t; t++)
    if(*t>='a' && *t<='z')
      *t += 'A' - 'a';
  return s;                                     //返回参数传入的指针
}
int main( )
{
  char s[] = "Hello Tom";
  cout << toupper(s) << endl;
  return 0;
}
```

由定义可知，表达式 "toupper("Hello Tom")" 是一个 char*类型的指针，其值与参数 s 相同，代表了被处理之后的字符串。由于函数调用表达式代表一个指针，表明*toupper("Hello Tom")是左值（但toupper("Hello Tom")不是左值）。例如，下述代码调用 toupper 函数后再将第一个字符修改为'A'：

```
char s[] = "Hello Tom";
*toupper(s) = 'A';                              //使字符串第一字符为 A
cout << s << endl;                              //输出为 AELLO TOM
```

这样的应用并不多见，从安全性考虑，一般需要禁止这种访问，可以在函数原型的开头使用 const 进行限定。事实上，继承自 C 语言中的字符串操作类函数 strcpy 和 strcat 等都是典型的返回指针类型的函数。

不要返回非 static 局部变量的指针或引用。

#### 4．返回引用的函数

返回引用的函数一般具有如下原型：

> **type** **&函数名(形式参数说明表)；**

返回引用的函数带回对某个变量的引用，相当于只带回变量的地址（但本身并不是地址，不能作地址使用），其效率方面的优势是明显的。

例如，下述程序中的函数 invoke 通过引用参数将一个整数转换成不小于它的偶数。

```cpp
#include <iostream>                  //Example2_7.cpp
using namespace std;
int& invoke(int& a)
{
  a = (a%2? a+1: a);                 //值为奇数时加1
  return a;                          //返回引用a
}
int main( )
{
   int  x = 3;
   invoke(x)++;                      //x加1，即4加1
   cout << x << endl;                //输出5
   return  0;
}
```

由于引用维系在某个变量上，因此，在发生函数调用时，形参 a 就是实参 x，返回引用 a 意味着表达式 invoke(x)等同于变量 x 而不仅是代表 x 的值。所以，函数调用表达式是左值。程序中有意安排了一个语句来说明此问题：

```cpp
invoke(x)++;
```

在函数返回大型对象时，采用引用作为返回值有着与指针相同的效率，但比指针更安全。

仅用作输入（提供值）的指针参数，应在类型前加 const，以防止指针指向的对象在函数体内被意外修改。

### 2.6.4　形式参数的默认值

对于一些常用的实参数值，可以说明其为形参的默认值（缺省值），含义是如果调用函数时没有给出对应的实参，则使用声明或定义中的默认值作实参数。此时，函数具有如下形式：

> **type 函数名(type para1 = 值1, type para2 = 值2, ..., type paran = 值n)**

例如，对于前文的 printImage 函数，如果通常使用*号组成图形，可按如下方式声明函数：

```cpp
void printImage(int h, int w, char cx = '*');
```

如下的两个语句是等效的，都可以显示出由*号组成的 5×6 图形：

```cpp
printImage(5, 6);
printImage(5, 6, '*');
```

如果经常要显示的是由*组成的 10×8 图形，可声明函数为：

```
void printImage(int  h = 10, int  w = 8, char  cx = '*');
```

这样，不必指定实参数就可以实现函数调用：

```
printImage( );                        //10×8 的*图形
printImage(8);                        //8×8 的*图形
```

在不能为所有参数指定默认值时，必须按由右至左的顺序提供默认值（此规定与 C++的参数处理方式有关）。相应地，在实参数没有全部给出时，这些实参数由左至右与形式参数匹配，缺少实参时即采用默认值。因此，上述代码中的第二次调用时的唯一一个实参数 8 与形参 h 匹配。

值得注意的问题是，在同时有函数定义和声明时，要在函数声明中指定参数的缺省值而不是在定义中，否则会引起语法错误。

### 2.6.5　内联函数

对于一些简单操作或计算，C 语言采取的方法是将其定义为一个带参数的宏，但由于编译器不能进行数据类型检查，不如定义成一个函数更安全。不过，在发生一次函数调用时，需要进行环境保护、参数交换、执行被调用函数代码和恢复调用前环境等一系列操作，这些额外开销使得调用函数比直接执行函数体代码的效率要略低一些。如果调用函数的额外开销不容忽视，C++中采用内联函数来得到一种折中的解决方案。

内联函数的定义方法是将 inline 加在函数定义和声明之前。例如：

```
inline int max(int  x, int  y)
{
  return x > y ? x : y ;
}
```

如果一个函数被指定为内联函数，其函数体代码将在程序中每个调用点上被内联地展开，这就消除了函数调用时的额外开销。

在定义内联函数时应注意如下两方面的问题：

首先，inline 只是对编译器的建议而非命令。因此，内联函数应是结构简单、语句短小的函数，不能在内联函数中使用流程控制语句，也不能含有递归调用。否则，编译器会忽略 inline 说明而将其处理成普通函数。inline 机制主要用来优化经常被调用的只有几行的小函数。

其次，内联函数必须在调用该函数的每个代码文件中定义，第一次调用前必须有冠以 inline 的声明或定义。因此，在有定义和声明时，保险的做法是都加上 inline 关键字。事实上，在由多文件组成的程序中，内联函数应直接定义在头文件（.h）而不是程序文件（.cpp）中。

### 2.6.6　函数重载

很多运算都有适应不同数据类型的能力，如 2+3 和 1.0+3.0 中的加法，编译器能正确地处理它们。为了使函数也能适应不同的数据类型，需要依赖 C++语言支持的另一种函数特性——函数重载（function overloading）。函数重载允许多个函数共享同一个函数名，其主要目的是针对不同参数类型提供相同的操作。

仍以计算几个数的最大值问题为例。传统的方法是定义如下一些函数，每个函数必须给出一个唯一的名字，如：

```
int  imax(int, int);
int  imax3(int, int, int);
```

```
double  fmax(double, double);
char  *smax(const char*, const char*);
```

借助函数重载技术，可以用相同的函数名定义出不同的函数，只是重新"装载"了函数体：

```
int  max(int  x, int  y) { return  x>y? x: y; }
int  max(int  x, int  y, int  z)
{
  int  m = x>y? x: y;
  return  m>z? m: z;
}
double  max(double  x, double  y) { return  x>y? x: y; }
const  char  *max(const char  *s1, const char  *s2)
{
  return strcmp(s1, s2)>0? s1: s2;
}
```

通过函数重载，可用同一个函数名定义不同签名（含有不同数据类型及参数）的函数。当然，调用函数时，需要根据形式参数准备好匹配的实参数：

```
int  a = max(10, 20);
int  b = max(2, 8, 4);
double  c = max(2.0, 3.0);
const  char  *p = max("a string", "A String");
```

对于一种调用形式，编译器会尽力按函数签名寻找一个适当的函数版本来匹配，在没有完全对应的匹配时会尝试类型转换，例如：

```
int  x = max('A', 70);              //char 转换到 int，与 max(int, int)匹配
```

如果转换后仍不能找到适当的匹配则产生"无合适匹配（no match）"的错误。

尽管用一个函数名可以定义不同的函数体，但编译器必须能通过函数的形式不同来区分开它们，这就要求重载的函数必须具有不同的函数签名。仅是返回类型不同不能作为区分函数的依据，即不能重载参数表相同而只有返回值不同的函数，例如：

```
void  func(int  x, int  y);
int  func(int  a, int  b);          //错误的重载
```

这里的原因可利用如下的调用语句来解释：

```
func(10, 20);                       //不知应调用哪一个函数
```

在遇到这样的语句时，编译器不能定位应该调用哪一个函数版本。

在编译器内部，重载的函数被重新表示为内部编码形式，以使其得以区分。

应该说，支持重载函数的最主要目的是为了应付不同的数据类型，各重载函数应该执行一致的操作。如果仅是参数个数不同，可以借助参数的缺省值来处理而不是进行函数重载。例如，对于如下的重载函数：

```
void  setData(int);
void  setData(int, int);
```

可以考虑用一个具有缺省参数值的函数代替：

```
void  setData(int, int = 0);
```

函数重载减少了用户必须记忆和仔细区分功能相近的不同函数的负担，也使其不必关心重载函数的内部实现。由于函数重载使一个名字具有"多种功能"，执行时可体现多种形态，故被认为是一种"多态性"。这是 OOP 中的一个十分重要的特性。

分清是否构成重载需要经过认真思考，不要滥用重载。例如：

```
typedef int Integer;
int func1(Integer y), func2(int z), func2(const int z);
void func1(int x), func3(int x), func3(int x, int y = 10);
```

因为 int 和 Integer 是相同的类型，函数 func1 不能构成重载关系。因为 z 不是引用，两个 func2 都可以接收 const 或非 const 参数，所以 func2 也不能构成重载（但 const 与非 const 引用参数构成重载）。func3 虽然含有不同的形参，但使用表达式 func3(5)时无法分清应该调用哪个版本，从而产生错误。总之，不应该过分地使用重载。

### 2.6.7 函数模板

函数利用形式参数处理可能变化的数据，但它不能解决对数据类型的适应性，为此，才有了函数重载技术。不过，当需要处理更多的数据类型时，给出针对所有数据类型的重载函数版本是非常麻烦甚至是不现实的。如果能够将形式参数的类型也参数化，用一个既包含类型参数又包含数据参数的更通用的函数定义来代替一组重载函数，可以使编程得到大幅度简化。这样的定义称为"函数模板"。

与函数不同，函数模板提供一种用来自动生成各种类型函数实例的算法，或者说，函数模板是一种描述函数特性的蓝图，是一种用来生成函数的"通用函数"，使得程序能够对函数参数和返回类型中的全部或者部分数据类型进行参数化，而函数体保持不变。因此，可以认为函数模板是一种包含了数据类型参数的函数，在指定不同的类型实参数后，能够生成不同类型的函数版本，即函数实例。

#### 1. 函数模板定义

以 max 函数为例，通常按如下形式定义函数模板：

```
template <typename T>              //或 template <class T>
T max(T x, T y);                   //可以是函数模板定义或声明
```

第一行用于说明紧跟着它的函数模板中用 T 表示一种模板类型参数，称为"模板形参"。T 是用户自定义标识符，人们喜欢用 T 来表示仅是因为 T 是单词 type（类型）的第一个字母，关键字 typename 也可以换成 class，作用相同。

如果使用多个模板形参，需要用逗号分隔成列表并置于尖括号内，构成模板形参表。例如：

```
template <typename T1, typename T2>
void func1(T1 a, T2 b);
template <typename T1, typename T2>          //必须重新声明模板类型参数
T1 func2(T1 x, T2 y, int z);
```

即便使用与其他函数模板同名的模板形参，如 T1 和 T2，每个函数模板也都需要自己声明而不能借用以前的声明。在同时包含声明与实现时，二者均需重新声明模板形参（名字可以不同，当然，这并不可取）。

```
template <typename T1, typename T2>          //声明
void func(T1 a, T2 b);
template <typename P1, typename P2>          //实现
```

```
void  func(P1  a, P2  b)
{
  ⋮
}
```

如果函数模板符合内联函数特性，也可以说明其为内联的。例如：

```
template  <typename  T>
inline  T  max(T  x,  T  x);
template  <typename  T> inline  T  max(T  x,  T  y);      //与分行声明等同
```

如果使用 template 声明一个标识符 T 是模板形参，则 T 可以在函数模板的任何地方使用，包括表示函数类型、函数参数类型以及函数体中变量的类型等，而 T 的实际值要在调用函数模板时才能确定。例如，下述代码定义了一个计算数据序列平均值的模板：

```
template  <typename  T>
T mean(T *data,  int  count)
{
    T  sum = 0;                    //直接用 double 代替这里的 T 可能更合适
    for(int  i=0; i<count; ++i)
      sum += data[i];
    return  sum/count;            //注意：代码缺少对 count<=0 的测试
}
```

### 2. 函数实例化与参数推断

由于函数模板并不是真正的函数，因此编译器必须能够使用类型实参生成具体的函数版本。那么如何指定模板中的类型实参呢？这有两种可能，一种是让编译器根据函数的实际参数去自己推断，但通常应在程序中显式指定。

对于一个简单的模板函数，其调用方法可以与普通函数无任何差别，如：

```
double  x = max(1.0, 3.0);
```

此时，编译器先检查函数调用中提供的函数实参类型，以便推断出函数模板中的模板形参 T 的实际值，进而产生正确的函数版本。在此例中实参数类型为 double，编译器生成的函数版本为：

```
double  max(double  x, double  y);
```

这种由编译器根据函数的实际参数实现的模板形参类型推断称为"隐式推演"。

在情况复杂时，依赖编译器进行类型推断并不总是有效的。因此，多数情况下采用显式指定模板实参的方式来调用函数模板，称为"显式推演"。此时，函数的调用形式为：

**模板函数名<type_1，type_2，…，type_n>(实参数列表)**

这里的<type_1，type_2，…，type_n>用于逐个指定模板形参的实际类型，例如：

```
int  x = max<int>(1, 3);
double  x = max<double>(1.0, 3.0);
int  value = func2<int, double>(2, 1.5, 10);
double  data[] = {2.0, 5.0, 6.0, 9.0, 1.0, 1.0, 7.0, 8.0};
cout << mean<double>(dada, 8) << endl;
```

此时，编译器利用用户指定的类型代替函数中的模板形参来生成对应的函数版本。于是，在函数 func2 中，形式参数 x 的类型为 int，y 的类型为 double，而函数的类型为 int。

简单地说，函数名后要用"< >"列出类型实参，用"( )"列出数值实参，可以将 max<int>、max<double>、func2<int, double>和 mean<double>作为一个完整的函数名来理解。

在指定模板类型参数的实参时，要注意函数中涉及的运算是否对指定的类型有效，尤其对用户自定义类型更需要认真考虑。例如，假定 max 是以如下方式定义的函数模板：

```
template <typename T> T max(T x, T y) { return x>y? x: y; }
```

如果将其作用于字符串类型 char*：

```
char *x = max<char*>("this", "This");
```

这里指定的类型实参数"<char*>"使系统产生了如下的函数版本：

```
char *max(char *x, char *y) { return x>y ? x : y; }
```

很明显，表达式"x>y"并不能代表字符串大小比较的含义。因此，不应该让编译器生成这样的函数版本。

又如，若 Point 是一个用户定义的"点"类型，如果将函数模板作用于此类型：

```
Point x = max<Point>(p1, p2);            //p1 和 p2 为点对象
```

我们必须保证点类型能够执行比较运算">"，否则会引发错误。

### 3. 模板函数重载

模板函数可以像普通函数一样重载。例如：

```
template <typename T> T max(T x, T y) { return x>y? x: y; }
char *max(char *x, char *y) { return strcmp(x, y)>0? x : y; }
```

这里的模板函数与一个普通函数构成重载关系，可以根据需要调用不同的函数版本，从而解决函数模板不能生成正确的版本问题：

```
cout << max<double>(1.2, 3.0)            //调用 max(double, double)版本
     << max("hello", "Hello");           //调用 max(char*, char*)版本
```

由于编译程序需要了解模板的具体形式，故需要将模板函数的定义置于头文件中，函数的代码实现也就随之公开了。

## 2.7　new、delete 与动态对象

在 C++中，变量（对象）可以静态生成（由编译器分配内存并建立），也可以动态生成（通过编码在程序运行时建立）。程序中定义的变量、常量和数组等对象都是静态生成的。利用静态生成方式建立对象的优点是可以用名字来标识，内存大小、内存的分配及回收（对象拆除）由系统自动完成，安全且效率较高，缺点是在程序执行前必须知道所需对象的类型和数量，缺乏灵活性，而很多应用中只能根据运行情况来决定是否应该建立新对象，这就需要采用动态生成技术。

C++语言从 C 语言继承了相关的内存管理函数 malloc 和 free 等，但它们没有支持对象的能力，取而代之的是一对运算符 new 和 delete，分别用于生成和销毁动态对象。

### 2.7.1　动态生成和销毁一个对象

#### 1. 动态生成一个对象

生成单个对象的语法形式如下：

```
new  type[(初始值列表)]
```

这里的 type 表示对象的数据类型。该表达式用于建立一个 type 类型的对象，表达式的值为指向新生成对象的指针。因此，一般需要使用指针变量来保存。例如：

```
int  *ip = new int;
```

系统为一个 int 类型对象分配空间，但对象的值是随机的。可以利用 *ip 作为变量名来使用该对象，或者说，*ip 就是新生成的 int 变量。例如：

```
cin >> *ip;                          //输入变量值
*ip = *ip + 10;
cout << *ip;                         //为变量赋值并输出变量值
```

更常见的方式是在对象建立时为其提供有意义的初始值，对对象进行初始化。例如：

```
int  *ip = new int(10);
char  *cp = new char('a');
```

这使系统在为对象分配空间后再用整数 10 和字符 a 对其分别初始化。对于 C++的内置类型，只需要提供一个初始值表达式，但对于类对象，可能需要一个具有多个初始值的列表。

在分配空间失败时，new 运算符返回空指针 0（标准 C++建议抛出一个异常），因此应该在使用前测试指针是否为 0，以确定该指针是否可用。

 绝不要使用未生成成功的对象。

### 2. 销毁动态生成的对象

与静态分配不同的是，动态对象在不使用时必须加入明确的代码释放，也称为销毁或拆除，语法形式为：

```
delete  指针变量名；
```

例如，释放指针变量 ip 记录的动态对象时，只要将指针名放在 delete 运算符之后即可：

```
delete  ip;
```

销毁对象时不需要测试指针是否为 0，因为 delete 内部已经包含了对 0 指针的测试。如果 ip 为 0，上述释放语句不会产生任何实际操作。

一定要释放动态对象。不释放动态分配的内存带来的后果是内存泄漏，影响后续的内存分配和正常使用。

## 2.7.2　动态生成和销毁对象数组

### 1. 生成一个动态对象数组

动态生成一个数组的语法形式如下：

```
new  type[size]
```

同样，也需要使用指针变量记录所建立的首对象的地址。例如：

```
double  *ps = new double[1000];
for(int k=0; k<1000; k++)
    cin >> ps[k];                    //输入数组元素的值，ps[k]可写作*(ps+k)
```

　　在使用上，这与定义一个 double 类型的数组 ps 没有什么区别，故也可以称 ps 为"动态数组"。与生成单个动态对象不同，数组的建立没有为元素进行初始化的方法。

#### 2．销毁动态对象数组

　　释放动态分配的对象数组采用了新的语法，形式为：

> **delete[]**　指向数组的指针变量名；

这里的[ ]是必需的，但括号内不需要书写长度。从技术上说，如果数组的类型是不含有析构器的类类型，缺少[ ]也不会引起错误，否则会导致对象不能被完全释放（仅第一个对象被释放）。事实上，可以认为 delete[]是一个专门用于拆除动态数组的特殊运算符。

　　总体上，动态分配对象与静态分配对象在操作上的主要差别是生成的变量没有名字，需要用指针记录其位置，同时必须自己增加代码销毁。

## 2.8　名　字　空　间

### 2.8.1　名字冲突及对策

　　C++中有多种作用域。在同一作用域内，数据名（常量和变量）和函数名属于同一类标识符，彼此不能重复，类型名（使用 class、struct、union 或 enum 定义）属于另一类标识符，彼此也不能重复。但不同种类的标识符（名字）可以相同（如变量名和类型名可相同），不同作用域内的名字也可以相同。同一种类的名字在其中必须唯一的作用域称为"名字空间"。这样的规定可能因引用一个名字时指代模糊，不能确定其"身份"而产生冲突。

#### 1．名字查找

　　当一个函数中出现某个名字时，按以下顺序确定名字的含义。

　　（1）首先检查名字引用处之前的局部作用域，若不存在名字的声明或定义，再逐渐扩大局部作用域，直到检查完整个函数。

　　（2）如果在函数内找不到名字的声明或定义，且该函数为类的方法，则检查所有类成员的声明。

　　（3）如果类中找不到名字的声明或定义，检查此函数定义之前的作用域中出现的声明和定义。

　　如果在某一层次上找到了名字声明或定义，则采用对应的声明和定义。简单说，名字查找采用的是"局部就近"规则，并以此方法解决不同范围之间重复定义的冲突。

#### 2．数据名和类型名冲突

　　在局部定义的数据或函数名屏蔽了外部类型名时，应使用类型名的全名（类名之前加 class、struct、union 或 enum 关键字）来表示类型名；在局部定义的类型名屏蔽了外部数据或函数名时，以域解析符"::"进行区分。例如：

```
class X { };              //外部类型
class Y { };              //外部类型
int Y = 1;                //外部变量
void func(int X)          //形参变量 X
{
  class X x1;             //形参变量 X 屏蔽了类型名 X，采用类型全名
  X++;                    //形参变量 X
```

```
    class Y y1;                          //必须用全名与外部变量 Y 相区别
    ::Y = 2;                             //用域解析符::引用外部变量 Y
}
```

## 2.8.2   定义和使用名字空间

虽然前面的方法在一定程度上解决了名字冲突问题，但在大型程序中来自多个文件内的、不同厂商的全局定义仍有产生冲突的可能，这种问题称为"全局名字空间污染"。为此，可以将不同归属的名字定义在自己的名字空间里。

### 1．名字空间的定义

定义名字空间的语法如下：

**namespace**  名字空间名
**{**
　各种定义和声明；
**}**                                                    **//此处无分号**

例如，下述代码定义了两个名字空间 MFC 和 VCL，每个空间中都包括了一些类型、变量等的定义。尽管不同空间中的名字重复，但可以通过名字空间进行区分：

```
namespace  MFC
{
    class  X
    {
        int  x;
      public: int  getx( );
    };
    const  int  y(1);
    void  func();
}
int  MFC::X::getx()                     //名字空间外的实现要加前缀
{
    return  x;
}
void  MFC::func()                       //名字空间外的实现要加前缀
{
    cout<<"spaceA::func";
}
namespace  VCL
{
    double  y = 1.5;
    class  X { ... };
    enum  Z { ... };
    int  func(int  x);
}
int  VCL::func(int  x){ ... }           //名字空间外的实现要加前缀
```

名字空间可以将不同类别、不同目的以及不同作者的定义集合在一起，只要名字空间名不重复，就可以有效地分开这些定义，消除同名的冲突。

### 2．名字空间的使用

定义在名字空间中的名字不能直接使用，必须对其所属的名字空间进行说明。这类似于有几个都叫"小宝"的孩子，如果要想清楚地表明其中的一个应知道他的姓氏。

说明名字空间主要有以下 3 种方法：

（1）在一个对象前加名字空间名前缀。这是指在引用时直接说明名字所属的空间，例如：

```
int  y = 10;
double  a= y + VCL::y;           //无前缀的 y 是局部变量 y
class  MFC::X x;                 //可以省略 class，除非存在其他冲突
```

（2）在每次对象引用之前进行所属名字空间声明。这是指说明一个名字及其所属空间，为后续的多次使用做好准备，如：

```
using  namespace VCL::y;         //此说明之后出现的 y 都是 VCL 中定义的 y
double  a = y;
```

（3）在所有对象引用前统一加名字空间声明。例如：

```
using  namespace  VCL;
```

在此语句后，如果出现了一个名字又不能找到适当的定义，就在名字空间 VCL 中查找是否定义了此名字。

表面看，第一种方式最为烦琐，因为每次使用名字时都需要附加名字空间名前缀，但它彻底杜绝了全局名字冲突问题；后面的两种方法虽然简单，但又不同程度地将全局名字污染问题"捡拾"了回来。

## 2.9　预处理指令

C++语言中允许使用很多以#开头的预处理器指令，包括常见的宏定义、文件包含和条件编译指令。这些指令不是 C++语句，在源程序被真正编译之前，由一个预处理器将其替换成标准 C++程序，故称为预处理（器）指令或命令。

### 2.9.1　宏定义

C 语言中最常见的预处理指令是本章已经提及的宏定义，或称宏替换，具有如下基本形式：

**#define　宏名　[宏体]**

指令中的宏体部分可以没有，宏名中也可以携带参数。例如：

```
#define  _STRING_H
#define  FLAG  1
#define  abs(x)  ((x)>0?(x):-(x))
```

第一种没有宏体的宏定义主要用于条件编译，目的是说明常量_STRING_H 已经被定义过；第二种形式定义一个常量 FLAG，其值是 1，主要目的是提高程序的可读性；第三种定义设置了一个带参数的宏，可以使 abs 能像函数一样携带实参数。

宏替换中不会发生任何计算行为，只是在预处理时"忠实地"用内容替换掉名字。

### 2.9.2　条件编译

条件编译指令使预处理器能够有选择地取舍参加编译的代码，是为了提高程序的可移植性而设置的指令，最常用的条件编译指令格式为：

```
#ifdef  宏名
statements_1
[#else
statements_2]
#endif
```

这里的#else 部分是可选的。条件编译的含义是：如果已定义了宏，编译语句组 statements_1，否则编译语句组 statements_2（如果有#else 部分）。

如果把#ifdef 换成#ifndef 就构成了否定形式，含义是"如果未定义宏……"。

应注意 if 语句和条件编译的区别：整体 if 语句（包括 if 部分和 else 部分）都编译成可执行代码，只是程序运行时可能执行不同的部分，但条件编译只使一部分代码（或#if 部分或#else 部分）参与编译，形成可执行代码。

条件编译指令会出现在每一个 C++语言的头文件中。

## 2.9.3　文件包含

C++程序是一种多文件结构，文件主要包括头文件（.h）和程序文件（.cpp）。通常，有大量的代码要被重复使用。例如，如果两个程序文件中都使用了函数 print 或类 AClass，那么，每个文件中都需要插入函数 print 的声明和类 AClass 的定义。如果利用头文件将函数声明、类型定义等集中起来，再以头文件包含指令插入程序开头，就可以用一条指令代替重复代码，减轻声明的负担。

### 1．文件包含指令

文件包含指令有如下两种格式：

```
#include <文件名>
#include "路径名"
```

例如：

```
#include <iostream>
#include "d:\user\x.h"                    //注意这里的\不能写成\\
```

第一种格式一般用于包含系统头文件，后者则多用于包含用户自定义头文件。在预处理时，系统将用查找到的文件内容替换掉文件包含指令。因此，包含指令中的文件可以是任何一种 C++程序文件（.h、.hpp 或.cpp）。

### 2．定义（声明）与实现的分离

函数声明、类定义等与实现部分通常总是分离的，类的定义和函数声明构成.h 文件，类和函数的实现形成.cpp 文件。这是因为，为了使用类的定义或函数声明，.h 文件必须对使用者公开，而.cpp 文件一般编译成机器代码，使源程序代码受到保护。

头文件中的基本内容是各种"声明"。下述示例说明了这些内容以及将其组织成一个头文件 example.h 的方法：

```
#ifndef  _EXAMPLE_H              //如果未定义宏_EXAMPLE_H，下面内容参加编译
#define  _EXAMPLE_H              //定义宏_EXAMPLE_H
#include <iostream>              //函数或类定义中使用的头文件
void  print(int);               //函数声明
class  AClass;                  //类型声明，说明 AClass 是一个类
```

```
extern  int  m, a[];            //全局数据声明,注意不是定义
inline  void  func(){ ... };    //内联函数定义
template<typename T>  class  X  { ... };  //类模板定义
class  Y  { ... };              //类型定义
enum  Z  { ... };               //类型定义
const  double  pi = 3.14;       //全局常量定义
namespace  S  { ... }           //名字空间定义
#endif                          //条件编译结束
```

头文件中可以包含预处理指令和注释等成分，但不能包含外部变量定义等内容，以免在头文件被两次包含时产生冲突。

看起来有点儿"古怪"的宏名_EXAMPLE_H 是利用文件名变形得到的，目的是为了防止与其他名字重复。条件编译的作用是使得第二次（及以后）包含此头文件时，所有内容不再参加编译，因为_EXAMPLE_H 宏会在第一次包含时被定义出来。

# 思考与练习 2

1．C++有哪些内置类型的直接常量？表现形式有哪些？有几种符号常量？如何定义？

2．为什么不能使用==和!=比较两个浮点数是否相等？

3．为什么 switch 语句中要求所有表达式均为定点型？什么样的多分支条件语句可用 switch 结构描述？

4．for 语句中的 3 个表达式各有什么作用？省略时是什么含义？

5．指针与整数有什么不同？指针的类型是什么？指针的基类型有什么作用？

6．两个指针的差是什么含义？

7．使用 delete 释放单个对象和数组在语法上有什么不同？

8．new int(10)与 new int[10]有什么不同？

9．什么是引用？引用与指针有什么不同？

10．采用 const 定义的引用与普通引用有什么差别？

11．函数的原型和签名是指什么？何为函数的原型声明？函数声明与函数定义有什么不同？

12．何时采用值传递规则？此时对实际参数有什么要求？何时传递引用参数，此时对实际参数又有什么要求？

13．默认的函数参数值应该在声明还是定义中指明？不能提供所有缺省值时，缺省参数值应按怎样的次序提供？

14．为了使函数调用表达式可作左值，函数应返回什么？

15．内联函数的 inline 应在声明还是定义中标明？内联函数与普通函数有什么区别？

16．什么是函数重载？它有什么优点？编译器通过什么区分重载的函数？

17．函数模板是一个函数吗？函数模板的模板形参是如何得到具体类型的？

18．定义如下变量：

```
int  x = 2, y = 3, z = 4;
```

试说明下列表达式的值以及表达式计算后变量 x、y 和 z 的值。

（1）(x++)*(—y)　　　　　　（2）(++x)*(—y)　　　　　　（3）(++x)-(y—)

（4）(x++)*(y++)　　　　　　（5）x*=2+3　　　　　　　（6）x/=x+x

（7）x%=y%=2　　　　　　　（8）x*=x-=x+=y—　　　　（9）x=++y%z--^x

（10）!(x=y)&&(y=z)||0　　　（11）!(x+y)+z-1&&x++　　（12）x<y||y&(++z)

19. 写出下述程序或程序片段的输出结果。

（1）
```cpp
unsigned char a=15, b=1, c=41, d;
cout << ((a<b)&c) << ';';
cout << (c>>b|a) << ';';
cout << (a^b&~c) << ';';
cout << int(~(c>>b|a)) << endl;
```

（2）
```cpp
int  y = 4;
while(y-- != 0); cout << y << ';';
y = 10;
do{ cout << '*'; y--; } while(y+2);
```

（3）
```cpp
int i=0,a=0;
while(i<20)
{
  for(;;) {  if(i%10 == 0) break; else i--;  }
  i+=11; a+=i;
}
cout << a <<endl;
```

（4）
```cpp
int m = 7,n = 5,i = 1;
do
{
  if(i%m == 0)
    if(i%n == 0){ cout << i; break;}
  i++;
}while(i != 0);
```

（5）
```cpp
char  ch = 'A';
 int  k = 0;
do
{
  switch(ch++)
  {
    case  'A': k--;        break;
    case  'B': k++;
    case  'C': k %= 2;  break;
    case  'D': k += 2;  continue;
    case  'E': k *= 5;  break;
    default:   k /= 2;
  }
  k++;
}while(ch < 'G');
cout << "k=" << k << endl;
```

（6）
```cpp
char  s[] = "Hello World!", *cp = &s[11];
cout << s+2 <<endl;
while(--cp >= s)  cout << *cp;
```

```
(7)  char  *courses[] = {"Java", "C++","PHP", "C"};
     char  **p = courses;
     for(int i=0; i<4; i++)  cout << (*p)[i];
(8)  void  getn(int*  n){ while((*n)--); }
     int  main( )
     {
       int  a = 12;
       getn(&a);
       cout<< ++a <<endl;
       return 0;
     }
(9)  int  func(int *a,int n)
     {
       int  sx = 1;
       for(int i=0; i<n; i++)  sx += *a++;
       return sx;
     }
     int main()
     {
       int a[] = {2, 5, 6, 9, 4, 9, 4, 8, 1, 2, 3, 4};
       cout << (func(&a[4],3)+func(a, 4)) <<endl;
       return 0;
     }
(10) int fn(int num)
     {
       static int a[] = {1, 2, 3}; int k;
       for(k=0; k<3; k++) a[k] += a[k]-num;
       for(k=0; k<3; k++) cout << a[k];
       return a[num];
     }
     int  main( )
     {
       int  x = 1;
       fn(fn(x));
       return 0;
     }
```

# 实  验  2

1. 输入一个圆的半径 $r$，计算并输出圆的面积。
2. 实现一个整数的循环左移 3 位。
3. 以直角三角形方式打印"九九表"（乘法口诀表）。
4. 按下述公式计算圆周率π的值，要求误差小于 $10^{-6}$。

$$\frac{\pi}{2} = 1 + \frac{1}{3} + \frac{1}{3}\times\frac{2}{5} + \frac{1}{3}\times\frac{2}{5}\times\frac{3}{7} + \frac{1}{3}\times\frac{2}{5}\times\frac{3}{7}\times\frac{4}{9} + \cdots$$

5. 输入一个字符串，统计其中的单词个数。假定一个单词是由连续的英文字母组成的序列。

6. 有一个整型数组，其元素已按由小到大的次序排列。现在输入一个整数，要求将其插入到数组中的适当位置以维持数组元素仍然有序。

7. 有 12 个人围坐一圈，可用序号 0~11 表示。从第一个人开始做 1 至 3 报数（顺时针排座并报数），凡报到 3 的人离开座位。此过程一直进行到只剩下一人为止，输出此人的序号。

8. 不使用库函数，实现与 strlen、strcpy、strstr 和 strcmp 函数具有相同原型和功能的函数 strLen、strCpy、strStr 和 strCmp。

9. 编写函数 char　*trim(char *s)，功能是删除字符串 s 前后的连续空格。例如，s=" hello tom "，函数的返回值是"hello tom"。

10. 编写函数 bool syntaxCheck(const char *s)，功能是检查字符串 s 中的{和}、[和]、(和)是否匹配，即是否符合 C++语言的语法要求。

11. 定义一个函数模板，计算一个数的绝对值。

12. 定义一个函数模板，将一个数组按升序排序。

13. 定义一个函数模板，利用二分检索法在一个已按升序排序的数组中查找某个指定的数据是否出现。若出现，返回所在位置的下标，否则返回–1。

# 第 3 章　类、对象与封装

在 1.2 节中以面向对象观点描述了一个五子棋游戏，游戏由两个选手对象、一个裁判对象和一个组织者对象组成。为了刻画这些对象，必须先了解选手、裁判和组织者的概念，因为对象只是这些概念的特定实例。因此，程序的首要工作是完成对概念的描述，其结果称为类。本章从类的概念入手，说明类的定义方法和引用规则，包括类对属性和方法的封装、隐藏和引用等语法现象。通过为类添加适当的构造器和析构器，解决类对象的构建与拆除问题。此外，本章还简要介绍了其他类类型的构造技术，以及标准 C++的一个字符串类 string。

## 3.1　类

面向对象的程序是由对象之间的协作实现的。因此，程序设计的主要工作是分析清楚问题领域中的对象，并建立起相应的对象模型。随之，要用语言对模型进行描述，其方法是先建立对各种对象进行分类刻画的模板，称为"类"，再由类按模型生成"对象"并实现对象间的协作。

### 3.1.1　类的含义与表述

一个类是对某种概念的描述，或者说是对某一类具体事物的抽象。例如，通过观察具体的人的共同特征抽象出"人"的概念：一个长有耳鼻四肢、能制造工具改造自然并使用语言的高等动物。又如，"桌子"也是根据大量的具体桌子抽象出来的概念，含义是由光滑平板、腿或其他支撑物和连接件固定起来的家具。

程序设计中对概念的描述由来已久。整数、浮点数、字符都是一种概念，不同概念的内涵不同，有些概念较为简单（如内置类型），而更多的概念比较复杂。例如，以下是 C 语言中用结构体（名称来自于关键字 struct）对"点"的描述：

```
struct Point
{
    int x, y;                        //一对坐标
};
```

上述描述说明了点由两个坐标组成这样的概念。不过，这种描述是粗糙的，仅说明了点的数据属性或者说形态属性，并没说明它的操作特性，即允许施加什么操作，本身又有哪些功能以及能对外界提供怎样的服务。例如，对于"人"的概念，除了描述出耳鼻四肢的形体特征之外，还应该说明其具有能制造工具改造自然和使用语言的"操作"能力，这样的概念描述才是完整的。

C++丰富了 C 语言的结构并称之为"类"，使其能够描述出完整的概念。例如，以下是在 C++中改造后的点类描述：

```
struct Point
{
    int x, y;
    void show()                      //显示功能
    {
```

```
    cout << x << ',' << y << endl;
  }
  void move(int dx, int dy)              //移动功能
  {
    x += dx;  y += dy;
  }
};
```

这里所做的假定是点具有显示（show）和移动（move）两种行为（功能或操作）。定义表现出来的含义是：Point 是一种由数据（x 和 y）以及函数（show 和 move）组成的聚合体。这种聚合实现了对数据和函数的封装，是 OOP 的最基本特征。

类中封装的数据和函数称为"类的成员"，也可以细分为数据成员和函数成员（或称为成员函数），更常用的表述名词是"属性"和"方法"。属性描述了类具有的"形体"（或者说"状态"）特征，方法则描述了类具有的"行为"特征。

## 3.1.2  类定义的语法规则

类定义包含类头和类体两部分，一般使用 class 关键字，形式为：

```
class 类名                              //类头
{
  [访问限定符:]
     数据成员声明                        //类体
  [访问限定符:]
     函数成员声明或实现
  //...
};
```

类名是一个自定义标识符。定义的基本成分包括变量定义和函数定义（或声明），对应着类的所有属性和方法，且方法可以仅在类体中声明，在类体外实现。

例如，任何一个简单矩形都可以由高度和宽度来确定，且我们认为矩形本身有计算自己面积的功能，可以按下述方式定义一个矩形类 Rect：

```
class Rect
{
  double  height;                        //矩形的高
  double  width;                         //矩形的宽
 public:
  void setRect(double h, double w)       //设置矩形的高度和宽度
  {
    height = h;  width = w;
  }
  double getArea();                      //计算矩形面积方法的声明
};
```

类 Rect 封装了两个数据成员和两个函数成员，习惯上将两者分别集中放在一起。

一个类定义是一种数据类型定义，它的语法作用是为 C++增加一种新的数据类型。

### 1. 类的数据成员

类的数据成员称为类的"属性"，可以是任何数据类型的对象，包括类的对象。因为类定义是数

据类型定义，不涉及存储空间分配。因此，所有属性不能在类定义中初始化。例如，下述定义是错误的：

```
class  Person
{
   int  age = 24;                      //错误的初始化
   //...
};
```

### 2. 类的函数成员

类的函数成员称为类的"方法"。方法一般在类体中声明，在类体外实现，以使定义与实现分离。类方法的定义与普通函数类似，差别是当一个类的方法在类体之外实现时，必须将类名和域解析符"::"置于方法名之前，形式为"类名::"。下述代码给出了 getArea 方法的实现：

```
double Rect::getArea()                //必须使用 Rect::前缀
{
   return  height * width;
}
```

这里的"Rect::"前缀说明了函数 getArea 是类 Rect 的方法而不是一个普通函数。这种做法犹如在一个名字前加上姓氏的作用。

### 3. 访问限定符

类对概念的封装不仅体现于将数据和函数集合在一起，还包括可以对其成员的公开程度进行限制，这需要采用访问限定符来表示。访问限定符包括 public、protected 和 private，含义分别为公开的、受保护的和私有的。例如，定义一个表示直线的类 Line，包括三个属性和两个方法：

```
class Line
{
   protected:                          //仅对后代公开，对其他外部限制
     int  color;
   private:                            //对一切外部限制
     Point  p1, p2;
   public:                             //对一切外部公开
     double  getColor();
     void draw(Point  &from, Point  &to);
   protected:                          //仅对后代公开，对其他外部限制
     double  getLength();
};
```

通常，访问限定符将成员声明划分成若干块，可以重复，如 Line 中的 protected 就重复了两次。一个限定符的修饰作用直到遇到下一个限定符结束。

当一个成员受到某一类访问限定符作用时，通常就称之为"某一类成员"。例如，称 getColor 和 draw 是类 Line 的公有成员，p1 和 p2 是类的私有成员，而 color 和 getLength 是类的受保护成员。

为了清楚地说明三种访问限定符的作用，我们将类的成员可能出现的空间分为三类，其一是"类内"，就是指类定义和类方法的函数体内；其二为"后代"，指有派生关系时，由当前类派生的类，也直接说成子类或派生类；其三为"外界"，指除了类内和后代之外的空间，如普通函数的函数体中。后代和外界均属于"类外"。

类的所有成员在类内都可以直接访问，不受访问限定符的限制。或者说，类的所有成员在类内总是可见的。因此，访问限定符是限制成员对非类内的可见性：

（1）私有成员。以 private 限定的私有成员仅在类内可见，不对类外公开。因此，私有成员在类外是不可访问的，如 Line 类中的 p1 和 p2。

（2）受保护成员。以 protected 限定的受保护成员仅在类内和类的后代中可见，外界空间中是不可见的，如 Line 类中的 color 和 getLength。

（3）公有成员。以 public 限定的公有成员对类内外都是公开的，如 Line 类中的 getColor 和 draw。

特别地，如果一个成员没有受到任何限制，意味着它是私有的，等同于 private 限制，如 Person 类中的 age。

将一个类的成员用 private 或 protected 限定的目的是使这些成员被"隐藏"。由于隐藏阻止了外界对成员的访问，使类的内部数据不会被外界破坏，也不会由类外调用类的私有方法（内部行为）。

类的公有成员对类外是公开的，即在类外可以访问这些成员。不过，由于类应该是一个封装的"黑盒"，公开属性很容易破坏类的内部结构，通常很少见，但一个类总有很多方法是公开的，这些公开的方法构成了类的外部接口，代表着类的功能，也是类的对象能对外提供的服务。

图 3-1 给出了 Line 类的 UML 图形描述。其中，属性置于方法的前部，属性和方法的数据类型置于名称之后，且 public、protected 和 private 成员之前分别用字符+、#和–表示。

| Line |
| --- |
| #color : int |
| -p1 : Point |
| -p2 : Point |
| +getColor() : void |
| +draw(from : Point&, to : Point&):void |
| #getLength() : void |

图 3-1 类 Line 的 UML 图形描述

**4．类定义的作用域**

类定义通常置于程序中的函数之外，但也允许在一个函数体内甚至更小的局部块内定义类。如果在函数外部公开定义，则位于类定义之后的任何空间都可以使用，而局部块内定义的类只能在定义它的块内使用，相对较少见。例如：

```
class Line
{
  enum Mode { solid = 1, dot = 3, dash = 4};   //枚举类定义
  class Point { /*...*/ };                      //局部类 Point 定义
  Point p1, p2;
  void draw(Point &from, Point &to)
  {
    Point p;
    //...
  }
  //...
};
void func( )
{
  class Root { /*...*/ };                       //局部类 Root 定义
  Root r;
  //...
}
```

Point 类定义于 Line 类内，其作用域仅限于 Line 类的定义和方法体中。Line 类内还定义了一个枚

举类型 Mode（也可以是无名的），它的主要目的是规定 3 个常量 solid、dot 和 dash，对应实线、点线和短横线 3 种线型。在类中可以任意引用这 3 个符号常量。如果希望类外能使用它们，可以用关键字 public 来限定。Root 类定义于一个函数 func 的函数体内，其作用域则仅限于此局部范围。

### 5. 类的声明

一个复杂的系统会存在大量的类定义，且通常被单独或分类保存在头文件（.h）中，不总能保证类一定在使用之前定义。此时，可以在使用前先进行类的声明，语法形式如下：

```
class 类名;                          //类声明语句
```

这种声明称为类定义的"向前引用"或"超前声明"。

借助向前引用，使得被引用类的定义和实现与引用部分分离，相互引用的类可以自由存储在不同的文件中。下述代码说明了向前引用的声明方法：

```
class  Math;                         //向前引用其他空间定义的 Math 类
class  Calculator
{
    //引用 Math
};
class  Queue
{
    class  Vector;                   //向前引用其他空间定义的 Vector 类
    //引用 Vector
};
void  func(Math&)                    //使用第一行的向前引用 Math
{
    //引用 Math
}
```

这里的类 Calculator 和函数 func 都要引用类 Math，但 Math 在其他空间定义。因此，必须进行类的超前声明，告知编译器 Math 是一个数据类型，否则会引起语法错误。类似地，Queue 类内需要引用其他空间定义的 Vector 类，故在自己的类内做了声明。

类声明只能说明 Math 和 Vector 是一个类类型，没有给出类的具体定义。因此，引用时只能使用类的名字，不能引用类的成员。

### 6. struct 与 class 的区别

在 C++ 中，定义类一般使用 class 关键字，但也可以使用 struct。使用 struct 与 class 关键字定义类时的唯一区别是 struct 类成员默认的访问限定符是 public，而 class 类成员默认的访问限定符为 private。因此，一般习惯于用 struct 描述那些只有属性而没有方法的数据结构。本书基本上采用 class 来定义类。

## 3.2 对　　象

### 3.2.1　对象定义

在语法上，类定义的目的是得到一种新的数据类型，其类型名为"类名"或"class　类名"（或"struct 类名"），如 Point、Rect、Line 和 Person 等，且仅在类名与其他名字存在冲突时才需要加前缀关键字。

尽管自定义的类类型比内置类型复杂，但二者的语法地位相同。例如，可以用同样的方法定义类类型的对象（变量）、指针或数组等：

```
Rect r1, r2, *pr, a[10];
```

类类型的对象和指针之间的运算也遵循着一般的语法要求，简单对象之间可以直接赋值：

```
pr = &r1;                        //指向对象
r2 = r1;                         //对象赋值
```

甚至可以将类定义与对象定义合二为一，如：

```
class Point
{
  //...
} p1, *pp;                       //Point 类定义、Point 对象、指针定义
```

此语句同时定义了类 Point、该类型的一个对象 p1 和一个指针 pp。允许在类定义之后直接定义对象是类定义后面必须加分号的原因，但一般应分开单独定义。

分清楚类和对象是进入面向对象世界的重要且基础性的一步。类是对一个概念的封装与描述，体现的是所有对象的共同内涵，是一个数据类型。对象是由类产生的实例。因此，类如同一个模具或称模板，而对象则是由模具生产出来的产品，如同图 3-2 中一个兔子魔法师从一个帽子底下按自己的形象不断掏出来的兔子。

由类产生对象的过程称为"实例化"。另外，类的实例一般总是称为对象而不是变量。

图 3-2 类与对象

 如果能把一个事物看成一个独立的概念，就把它定义成类；如果能看作一个独立的实体，就把它定义成对象。

## 3.2.2 成员访问

### 1. 在类的内部

在类的内部就是指在类的方法中。因为所有成员在类内都是可见的，不受访问限定符的限制。因此，访问类的成员时只要直接使用成员名即可，包括属性和方法。例如，下面的 Book 类中定义了一个内部编号、书名和借阅状态以及部分相关方法：

```
class Book
{
  public:
    bool getStatus( )                //读取借阅状态
    {
      return status;
    }
    void setStatus(bool stat)        //设置借阅状态
    {
      status = stat;
```

```
        }
        long   getNo( )                          //读取编号
        {
          return  no;
        }
        void  setNo(long  number)                //设置编号
        {
          no = number;
        }
        void  showCaption();                     //显示书名
        void  setCaption(string  str)            //填写书名
        {
          caption = str;
        }
    private:
        long  no;                                //内部编号
    protected:
        string  caption;                         //书名
        bool  status;                            //借出状态
};
void  Book::showCaption()                        //也可以在类定义中实现
{
  cout << caption << ','
       << getNo() << ','                         //getNo()可换成 no
       << (status? "true" : "false") << endl;
}
```

在类的方法中，可以直接使用类的属性和方法，不需要额外说明。程序中的 status 也可换成 getStatus()，但直接使用属性通常比调用读取属性的方法效率略高。

### 2. 在类的外部

一个类的对象通常比内置类型的数据复杂，因为每个对象都是一个聚合体。例如，Rect 类的对象都包含两个属性 height 和 width，以及两个方法 setRect 和 getArea。这些成员需要借助对象来引用，采用的运算符为圆点，即 "成员引用运算符"，表示方法为：

> **对象名.成员名**

例如，若 r 是一个 Rect 类的对象，其成员应表示为 r.width 和 r.getArea 等。下述程序从键盘输入两个浮点数，用于设置一个矩形对象的高和宽属性，并显示出它的面积。

```
double  h, w;
Rect  r;                                         //生成一个矩形对象
cin >> h >> w;
r.setRect(h, w);                                 //设定矩形 r 的高和宽
cout << "area is " << r.getArea() << endl;       //显示矩形面积
```

"对象名.成员名" 中的 "对象名." 只用于表示成员属于哪个对象，对成员本身的性质没有任何影响。

通过对象引用访问对象的成员时与访问普通对象的成员语法相同，为 "对象引用.成员名" 的形式。例如，在上述代码中增加一个引用：

```
Rect&  rr = r;                              //rr 是对象 r 的引用
rr.setRect(10, 20);                         //重新设置 r 的高和宽
cout << rr.getArea() << endl;               //输出 r 的面积
```

这里仍需要强调的是，类外不能直接访问对象的非 public 属性和方法：

```
cout << r.height * r.width << endl;         //错误地引用了非公开成员
```

这样的引用只有在 height 和 width 的访问权限为公开时才有效（protected 成员对后代有效）。

### 3. 访问对象指针的成员

当一个指针指向对象时，对指针的间接引用就得到了被指向的对象。因此，通过对象指针访问对象成员可以先以间接访问形式得到对象，再使用对象的成员。为了简化，C++提供了一个专门用于表示对象指针的间接访问成员运算符 " -> "，表示形式为：

> **对象指针->成员名**

例如，下述代码使用了两种方式调用指针指向的方法：

```
Rect  r, *p = &r;
(*p).setArea(10, 20);                       //设置 r 的属性
p->setArea(10, 20);                         //使用->运算符设置 r 的属性
```

"(*对象指针).成员名" 与 "对象指针->成员名" 是同一个成员的两种不同表示方法，但后者更加简练和清晰。

### 4. 访问类内定义的内部类

如果一个类 A 只为类 B 服务，无需在类外使用，可以将类 A 定义在类 B 的定义体内。此时，称类 A 为 "内部类" 或 "局部类"，而类 A 的公开程度仍由访问限定符决定。

当内部类 A 仅在类 B 内使用时，不需要新的语法支持，但在类 B 外访问 A 时要以 "B::A" 的形式来表示 A（如果具有访问权限），这是因为类 A 定义在 B 的空间中。

```
class  BClass
{
  class  AClass { public : int a; };
public:
  class  CClass {  AClass  ac; }           //类内访问 AClass
  void  method( )
  {
    AClass  ac;                            //类内访问 AClass 和 CClass
    CClass  cc;
  }
};
void  invoke( )
{
  BClass::CClass  cc;                      //类外访问 CClass
  BClass::AClass  ac;                      //错误: 无权限访问
  AClass  bc;                              //错误: 缺少空间 BClass 说明
}
```

上述示例代码在类外的普通函数 invoke 中利用类名 "BClass::CClass" 定义了类 CClass 的对象 cc，但类 AClass 是私有的，对外界不可见，故 invoke 中不能引用此类。

### 3.2.3 对象存储

在生成对象时，每个对象都占用包括所有属性在内的存储空间（静态属性除外，参见 4.1 节），即每个对象都保存一份所有非静态属性的"拷贝"，但所有对象的方法只有一份公用的拷贝，单独存储。因此，一个对象占用的存储空间是所有非静态属性占用的存储空间之和，不包括方法。

通过代码很容易验证这一点：

```
cout << sizeof(Rect) << endl;                    //输出 Rect 类型的占用空间
```

此语句的输出结果为 16，对应于两个 double 类型（8 字节）属性 height 和 width 的存储空间之和。不过，有时会因内部调整而多占用一些空间。

# 3.3 类 的 方 法

类总要通过实例与外界进行交互，而外界能够访问的属性或方法都属于接口。不过，典型的接口应该以方法形式提供，采用数据作接口就要公开类的属性，会将类的内部对外界暴露，是危险的行为。通常，问题的关键不是如何实现一个方法，而是确定究竟应该提供哪些公开的方法，因为它们才是类的接口。因此，合理地提供接口方法是类设计时最重要的工作之一。

为了使设计出来的类易于理解、使用和实现，又要功能强大，一个可行的建议是"为类提供完整且最小的接口"。一个类的完整接口是指对用户想完成的任何合理任务，都有一个合理的方法去实现，而一个最小接口是指这样的方法尽可能少，每两个方法都没有重叠的功能。如果能提供一个完整且最小的接口，用户就可以做任何想做的事，而类的接口又不必过于复杂。

### 3.3.1 为类提供必要的方法

一个类定义中的方法可以简单地分为两类，一类是处理属性的方法，另一类是反映对象行为和提供服务的方法。

#### 1. 处理属性的方法

由于类成员的隐藏性，类外不能直接访问对象的属性。例如，考虑下面简化的点类：

```
class Point { protected: int x, y; };
void invoke(Point &p)
{
  p.x = 10;                          //错误的访问，因为 p 的 x 和 y 是非公开的
  p.y = -1;
}
```

invoke 函数试图为一个点对象 p 赋值，尽管引用形式是正确的，但属性 x 和 y 是非公开的。因此，这种访问是非法的。

为什么不让 x 和 y 公开呢？假定这个点类只用于描述屏幕上的坐标，对于一个 1024×1024 分辨率的显示器设置，x 和 y 的取值范围都在[0, 1024)区间。如果将其公开，我们不能察觉这样的错误：

```
p.x = 1100;   p.y = -100;                //超出了坐标范围
```

对于一个复杂对象，允许随意访问内部属性可能使其被完全破坏。

然而，外界经常需要修改或了解一个点的坐标，否则，对象几乎完全不可用。一个解决问题的方案就是为它们提供公开的接口。

```
class Point
{
  protected: int  x, y;
  public:
    int  getX() { return  x; }          //与属性相关的方法
    void  setX(int  X)
    {
      if(X >= 0 && X < 1024)
        x = X;
    }
    int  getY() { return  y; }
    void  setY(int  Y)
    {
      if(Y >= 0 && Y < 1024)
        y = Y;
    }
};
```

代码中为每个属性提供了一对方法，其一为读方法 get，另一个为写方法 set。一般读方法只是简单地返回属性的值，但写方法增加了对参数的检查，只有符合要求的坐标值才会被接受（实际的设计可能是对错误的参数抛出一个异常），这就是提供属性维护接口的原因。

程序中一般要利用接口而不是属性读取和修改点的坐标：

```
Point  p;
p.setX(10);
p.setY(20);
cout  << p.getX() << ',' << p.getY() << endl;
```

## 2. 对外提供服务的方法

真正有用的类体现在对象与外界的交互能力和为外界提供服务的能力。例如，一个电视机必须能播放电视节目才有存在的价值，一架无人机必须能侦测到信息或完成其他作业才会引人关注，这些功能一般要以公开的方法进行定义，构成接口。

例如，如果 Point 类需要显示自己，还要能相对移动，应该为类增加如下两个接口：

```
class  Point
{
    //...
    public:
      void  draw( ) { cout << x << ',' << y << endl; }
      void  move(double  dx, double  dy)
      {
        x += dx;  y += dy;
      }
};
```

## 3. 内部或后代使用的方法

一个类可能还需要定义一些仅为类内其他方法服务的 private 方法以及为其派生类准备的 protected 方法。例如，Point 类的 setX 和 setY 方法具有类似的行为，可做如下调整：

```
class Point
{
  protected:
    int  x, y;
  private:
    bool  testXY(int  x)                    //私有方法
    {
      return  x >= 0 && x < 1024;
    }
  public:
    void  setX(int  X)
    {
      if(testXY(X))                         //调用私有方法
        x = X;
    }
    void  setY(int  Y)
    {
      if(testXY(Y))                         //调用私有方法
        y = Y;
    }
    //...
};
```

这里的私有方法 testXY 能够判别一个坐标值是否合法，仅服务于类的方法，对外界没有作用。

 尽量避免使用公开的数据成员，代之以提供公开访问能力的接口。

### 3.3.2　inline 方法

如果一个类的方法直接在类定义体内实现，称为"内联（inline）方法"，C++将以内联方式处理这种方法。内联方法将在程序的每个调用点上被内联地展开。Point 类中的方法 getX、getY、draw、move 和 testXY 都属于内联方法。

内联方法也可以通过 inline 关键字在类定义外实现。例如，Point 类的 getX 可以按下述语法说明自己为内联方法：

```
class  Point
{
  protected:
    int  x,  y;
  public:
    inline  int  getX();                    //方法声明
    //...
};
inline  int  Point::getX( )                 //方法实现
{
  return  x;
}
```

与定义普通内联函数一样，最好在内联方法的声明和定义处都以 inline 标明。同时，内联方法的代码和结构应足够简单，不能含有流程控制语句。否则，即便在类定义内实现或使用了 inline 关键字，系统也不会将其以内联方式处理，如 setX 和 setY。

应该说，除了极少数强调效率的简单方法外，大多数的类方法都在类内声明而在类外实现，以使类的定义与实现分离。

### 3.3.3 const 方法

如果一个类的方法仅读取而不修改对象的属性，可以将其定义成 const 方法，称为"常方法"，语法形式为：

**type** **方法名(参数列表)** **const**

这样做的优点是让用户明确知道该方法不修改对象的值，也起到了对对象的保护作用。例如，由于 Point 类的 getX、getY 和 draw 方法都不修改对象的属性，应将其定义为 const 方法：

```
class  Point
{
  protected:
    int  x, y;
  public:
    int  getX() const;              //在函数头之后注明 const
    int  getY() const;
    void  draw( ) const;
    //...
};
int  Point::getX() const           //实现时的 const 也是必要的
{
  return  x;
}
```

当然，const 方法内部不能出现任何修改属性值的操作，否则会引起语法错误。与 inline 不同的是，const 必须在方法声明和实现时都指明，即 const 属于函数原型的一部分而不仅是修饰词。因此，可以利用 const 的区分作用重载两个签名相同的方法。

对 const 方法还存在着另外一种解释，就是供 const 对象调用的方法。这是因为 const 对象的值是固定不变的。如果允许通过常对象调用类的普通方法，如 setX，就有可能使常对象的属性发生改变，这与常量的概念矛盾。相反，调用 const 方法就一定不会产生修改对象的操作。因此，标准 C++要求通过常对象只能调用类的 const 方法。当然，也包括 const 引用和指针。

不过，很多 C++环境并没有实施这种限制，只是要求必须对 const 对象进行初始化。

### 3.3.4 隐含的 this 指针

类的每个对象在内存中都维持了自己属性的一份拷贝，但这些属性在类方法中是直接通过成员名访问的。这里回顾一下 Point 类的 setX 方法：

```
void  Point::setX(int X)
{
    x = X;
}
```

从外观上，代码中的 x 并未与任何对象相关联。比较如下两个设置点对象的 x 属性操作：

```
Point p1, p2;
p1.setX(10);
p2.setX(20);
```

由于所有类对象公用类的方法，因此最后的两个语句都必然执行了同样的代码 x=X。这里的问题是，究竟是什么保证了同样的代码能够将数据正确地写入不同对象的属性呢？答案是 this 指针。

事实上，对于类的每一个普通方法，除了定义中的参数外，C++还为其自动添加了一个指针参数 this，称为"当前对象指针"。在编译时，方法中的所有成员均被改写成"this->成员名"形式，如：

```
void Point::setX(Point *this, int X)
{
    this->x = X;
}
```

在通过一个对象调用类的方法时，当前对象的地址被作为 this 指针的实际参数，即前述的方法调用代码会被编译器转换成如下形式：

```
Point p1, p2;
Point::setX(&p1, 10);              //效果是(&p1)->x = 10;
Point::setX(&p2, 20);              //效果是(&p2)->x = 20;
```

正是这种转换保证了对不同对象的成员都能正确访问。

任何类方法中都可以明确使用 this 指针，但一般有两种情况。其一是为了区分成员和非成员。例如，前述的 setX 方法使用了大写的形参 X，目的是为了与小写的属性 x 相区别，这并非是合适的做法，可将其改写得更合理一些：

```
void Point::setX(int x)            //小写的形式参数
{
    this->x = x;                   //区分成员 x 和形参 x
}
```

这里，由于定义了形参变量 x，因此，类的属性 x 必须采用 this->x 的写法来区分。

另一种使用 this 指针的场合是一个类的方法需要返回当前对象、当前对象的引用或指针。例如，当复杂的类无法使用系统提供的赋值时，需要为类增加一个拷贝方法，如：

```
Point &Point::copy(Point &other)
{
    x = other.x;
    y = other.y;
    return *this;                  //返回当前对象的引用
}
```

如果 p2 是已赋值的 Point 对象，可以按如下方式将其复制给 Point 类的对象 p1：

```
p1.copy(p2);
(p1.copy(p2)).setX(10);           //p1.copy(p2)等同于 p1
```

因为 this 指向当前对象，*this 就代表了当前对象，作为返回值时就代表了当前对象的引用。让 copy 方法返回当前对象的引用得到了一个额外的好处，就是表达式 p1.copy(p2)仍等同于 p1，可以作为左值，因为 copy 返回对当前对象的引用而不是临时拷贝。

关于 this 指针有两个值得注意的问题：其一是 this 是一个指针常量，不能对 this 重新赋值；其二是 this 是每个方法中的第一个参数，这一点将对重载运算符产生影响，参见第 7 章。

### 3.3.5　方法重载与缺省参数

一个类的方法可以被重载，也可以为其参数设置默认的参数值，这与普通函数的重载与设置参数缺省值没有任何区别。例如，对于 Rect 类，我们希望它的对象能以如下方式设置属性：

```
Rect  r1, r2;
r1.setRect();                    //将 height 和 width 都设置为缺省值 0.0
r1.setRect(10.0, 20.0);          //将 height 和 width 分别设置为 10 和 20
r2.setRect(r1);                  //将 height 和 width 设置为 r1 的对应属性值
```

那么，需要定义哪些 setRect 方法呢？显然，不需要单独提供一个没有任何参数的 setRect 方法，只要提供一个 setRect(double, double)方法并使参数具有默认值，就可以实现无参的要求。但是，要利用对象 r1 作为参数，必须提供一个以 Rect 对象或其引用为参数的方法。

```
class  Rect
{
    double  height, width;
  public:
    void  setRect(double h = 0.0, double w = 0.0)    //缺省参数
    {
     height = h;  width = w;
    }
    void  setRect(const  Rect  &r)                    //重载
    {
     height = r.height;  width = r.width;
    }
    //...
};
```

这里的两个 setRect 就是重载的方法，且第一个定义中提供了参数的默认值。第二个 setRect 采用引用作参数可以提高效率，而 const 修饰表明 r 不应在方法体内被修改。

### 3.3.6　类的模板函数方法

类方法也可以是一个函数模板。例如，Rect 的 setRect 方法可以按如下方式定义：

```
template <typename T1, typename T2>      //类定义内声明
void  setRect(T1 h = 0, T2 w = 0);       //参数缺省值在声明中指定
template <typename T1, typename T2>      //类定义外的实现
void  Rect::setRect(T1 h, T2 w)
{
 height = h;
 width = w;
}
```

这与普通函数模板没有什么不同，只要在调用方法时指定模板类型实参即可。例如：

```
Rect  r;
r.setRect<int, double>(10, 20.5);     // r.setRect<int, double>是方法名
```

就此例来说，也可以依靠编译器进行模板实参的隐式推演。应该注意模板方法的声明和实现时都应该有前置的模板声明。通常，类的模板方法主要出现在类模板而非普通类中。

# 3.4　构造与析构

## 3.4.1　初始化的难题

类封装了一个概念的属性与方法，构成了一个数据与函数的集合。在生成类的一个对象时，应该为其提供必要的属性初始值。为此，需要寻求一种合理的做法。

假定有一个描述职员的类 Employee，它有 3 个属性，分别是姓名、年龄和工资。

```cpp
class Employee
{
  public:
    char name[20];
    int age;
    double salary;
};
```

因为是一个集合，可以考虑按集合方式为属性提供初值：

```cpp
Employee tom = {"Tom", 33, 2100.0};
Employee group[3] = {   {"Tom",    33, 2100.0},
                        {"Mary",   26, 1420.4},
                        {"Jacson", 50, 3000}
                    };
```

由于 Employee 的属性都是公开的，这种从 C 的结构体继承来的初始化方式能够正常工作。当类的属性不对外公开时，这种用数据集合进行初始化的方式必然产生语法错误。当然，也可以考虑先定义对象，再调用一个设置属性或初始化的方法，类似于：

```cpp
Rect rect;                    //r 得到随机的初始值
rect.setRect(3.0, 5.0);       //或其他特别设置的初始化函数 rect.init(...)
```

这种做法缺乏合理性。容易理解，一个对象在生成时应该被初始化，它的属性不应是 0 或随机值。例如，一个工厂生产一批桌子对象，出厂时桌子的大小和形状应是固定的，很难想象这些属性需要在出厂后必须由购买者自己处理的情景。同时，对象的初始化构造应该是对象自己的事儿，不应该由外界强加到对象。因此，需要引入新的技术来解决对象初始化的难题。

## 3.4.2　构造函数与对象初始化

实现对象初始化的合理做法是为类定义一种特殊的方法，称为"构造函数"，它的工作就是保证每个类对象的属性具有合适的初始值。构造函数的语法形式为：

**类名 (参数列表);**

例如，下述代码为 Rect 类定义了一个构造函数：

```cpp
class Rect
{
    double height, width;
  public:
    Rect(double h = 10.0, w =10.0)          //构造函数
```

```
        {
          height = h;  width = w;
        }
        //...
      };
```

构造函数常被称为"构造器"，也称为"构造方法"。

### 1. 构造器的特殊性

与类的普通方法相比，构造器有一定的特殊性：

（1）构造器名必须与类名相同，且不能有返回类型和返回值，其他语法与普通方法相同，包括可以有参数列表，可以重载和设置参数的缺省值等。

（2）构造器在生成对象时由系统自动调用，而不能用普通方法形式调用。例如：

```
Rect  r(3.0, 5.0);              //生成对象时系统自动调用构造器
r.Rect(10.0, 20.0);            //错误，不能显式调用构造器
```

处理这样的对象定义时，系统先为对象 r 分配适当的存储空间，并调用一次构造器为 r 的属性填写初始值，使对象 r 被"真正地"构造出来。

（3）构造器必须是公有的，否则系统也无法在构造对象时调用它。

### 2. 缺省的构造器

在 C++中，每个类必须有构造器，否则不能生成类对象。如果用户没有定义，则系统自动生成一个构造器，称为"缺省构造器（default constructor）"。

缺省构造器没有任何参数，形式为：

**类名( );**

缺省构造器能够负责将全局、静态对象清零。事实上，它基本上什么也不做。

一个需要特别注意的问题是，只要类中已经由用户自己定义了一个以上的构造器，无论有无参数，系统将不再提供缺省构造器。通常，即便是用户自己定义的构造器，只要没有参数，也被称为缺省构造器或无参构造器。甚至，从更广泛的意义上说，不需要指定实际参数值的构造器都是缺省构造器，包括系统自动生成的或自定义的无参数及所有形式参数都有缺省值的构造器。

一般总需要为类定义构造器，且应包含一个缺省的构造器。定义缺省构造器的目的是为属性提供缺省的初始值，以表明对象是"空"的。

> 只要支持仅用对象名生成对象，就需要定义一个缺省构造器，或者说无参构造器。

### 3. 构造器的重载与对象生成

由于实际问题中可能要生成各有特点而不是千篇一律的对象，因此通常一个类中需要提供若干个有针对性的构造器。例如，我们设计一个简化的图书类 Book，只有一个书名属性。

```
class  Book
{
    char  caption[100];
 public:
    Book()  {  caption[0] = '\0';  }
    Book(const char  *caption);
```

```
        Book(long  code);                    //允许用编号作书名
        const char  *getCaption( ) const  {  return  caption;  }
    };
    Book::Book(const char  *caption)
    {
      strcpy(this->caption, caption);
    }
    Book::Book(long  code)
    {
      sprintf(caption, "%ld", code);         //long 转换成字符串输出到 caption
    }
```

这里重载了包括缺省构造器在内的 3 个构造器，用于支持不同的对象生成方法。对应地，对象定义时需要提供必要的初始值，语法形式为：

**类型名　对象名(初始值列表);**

例如，下述代码定义了 4 个不同的对象：

```
    Book  book1;                             //调用 Book()构造,Caption 为空字符串
    Book  book2("C++"), book3("Java");       //调用 Book(const char*)构造
    Book  book4(20151011);                   //调用 Book(long)构造
```

构造一个对象意味着调用一次构造器，因此，对象名后的初始值列表必须与某一个构造器的形参列表相对应，构成实参列表，这样系统才能找到匹配的构造器并调用它，否则将产生找不到适当匹配的错误。例如，如果此例中只定义了两个无缺省值的有参构造器，则上述代码中的 book1 定义将产生错误，因为系统不再自动生成无参的缺省构造器。

总之，任何一个对象定义必须与一个构造器相对应，实际调用哪个构造器生成对象由对象所携带的参数决定。

语法上的一个细节问题是，采用无参构造器定义对象时不能带有空括号，否则会与函数声明混同。例如，下述定义在语法上是错误的：

```
    Book  book1();                           //错误的定义，多了括号
```

为类提供构造器是必要的，但应仔细辨别其合理性。例如，对于 Book 的 3 个构造器来说，很少有将编号作为书名的实际需要，通常不会有 Book(long)构造器。其次，无参构造器完全可以通过为 caption 安排一个缺省值而将其合并到有参构造器中，如：

```
    Book(const char  *caption = "")          //用一个空串为缺省值模拟缺省构造器
    {
      strcpy(this->caption, caption);
    }
```

### 4. 单参数构造器的类型转换作用

只有一个参数的构造器有一个特殊作用，即为由其他类型向类类型的转换提供了依据。例如，根据初始的 Book 类版本，定义一个普通函数如下：

```
    void  print(Book  bk)
    {
      cout << bk.getCaption() << endl;
    }
```

下述代码可以借助于单参数构造器的类型转换作用而正常工作：

```
print("C++");
cout<<(static_cast<Book>(20151011)).getCaption() << endl;
```

字符串 C++和整数 20151011 本身并不是 Book 对象，但系统会查找并调用类中的一个匹配构造器，并将它们转换成一个 Book 对象，再参与其他运算。

### 3.4.3　无名对象

除了直接定义一个对象会导致系统调用构造函数外，还存在着其他一些需要调用构造函数的情况。构造无名对象的语法形式为：

**构造器名(初始值列表)**

无名对象就是没有名字的对象，是用直接指定一个构造器的形式来定义的。例如，Book("C++")、Book()都表示构造一个无名对象。单独定义一个无名对象而不参与其他操作没有什么意义，一般要将其用作函数的参数或返回值，还可以用来生成新对象。

（1）作函数的参数或返回值。假定有如下两个函数，它们分别以 Book 类的对象作为参数和返回值：

```
void  func1(Book  bk);
Book  func2()
{
  //...
  return Book("Java");          //返回一个无名对象
}
```

可以按下述形式生成一个无名对象并作为实参数传递给 func1：

```
func1(Book("JSP"));
```

如果不涉及到指针和引用，凡是需要类对象的地方几乎都可以填以无名对象。

（2）初始化对象。对于单参数的构造器，以下 3 种对象构造形式具有相同的意义，都意味着直接调用构造器构造对象 bk，而不是先构造无名对象再赋值给 bk：

```
Book  bk = Book("JSP");          //直接构造 bk
Book  bk = "JSP";
Book  bk("JSP");
```

采用 new 构造新对象时要采用无名对象的语法形式，如：

```
Book  *pbk = new  Book("JSP");
```

此外，还可以采用无名对象初始化引用，但一般没有实际用处，如：

```
Book  &bk = Book("JSP");
```

在一些特殊情况下，系统还可能自动生成一些无名的临时对象。例如，对于前述的函数 func2，若以下述方式调用它：

```
Book  b = func2( );
```

系统在函数返回时要创建临时对象保存函数的返回值，再用临时对象拷贝构造 b。在没有为类提供适当的拷贝构造器时应注意这些问题。

### 3.4.4　对象数组与动态对象

#### 1．对象数组

从形式上说，定义对象数组与普通数组并无差异，如下述语句定义了一个 Book 对象数组：

```
Book  books[10];                        //10 个 Book 对象组成的数组
```

与生成单个对象一样，系统也必须为数组中每个对象调用一次构造器去构造这些元素。然而，数组定义中是无法指定初始值的。因此，系统只能对每个 books 中的对象调用一次缺省构造器。这一点非常值得注意，如果一个类没有无参构造器，就不能定义对象数组。

#### 2．动态对象

使用 new 运算符生成动态对象时，将导致一次构造器调用，而动态生成对象数组则导致系统为每个对象调用一次缺省构造器，语法形式为：

**new　构造器名(初始值列表)**　　　　　//生成动态对象
**new　构造器名[size]**　　　　　　　//生成动态对象数组

上述表达式返回一个指向新生成对象或数组的第一个对象的指针，通常应采用一个指针变量记录它。下面的语句动态生成了 3 个 Book 类的对象和一个数组：

```
Book  *book1 = new  Book;
Book  *book2 = new  Book();              //与 new Book 相同
Book  *book3 = new  Book("C++ Programming");
Book  *books = new  Book[10];            //调用缺省构造函数构造对象
```

与普通类对象定义相同，不同的实参数列表使系统调用不同的构造器。如果要调用缺省构造器，类型名之后的空括号可有可无。因此，前两个语句的效果是一致的。同样，因为无法指定初始值，数组的所有元素都要调用无参的缺省构造器进行初始化。

当动态对象不再使用时，要明确使用 delete 和 delete[]运算释放它们。

应该说明，C++也保留了 C 的 malloc 函数和 free 函数，用来动态分配和释放内存。但它们仅是完成了对象所需空间的分配和释放，不会调用构造器和析构器，一般很少使用，更不应混合使用 malloc 和 new 动态生成对象。

### 3.4.5　初始化列表与特殊成员的初始化

#### 1．对象属性的缺省构造

如果一个类含有其他类的对象作为属性，这些属性对象应如何构造呢？这里考虑一个借用 Book 类建立的微型书店类 BookStore，它仅容纳了 3 本图书。

```
class  BookStore
{
  Book  book1, book2, book3;
  //...
};
BookStore  store;                        //生成书店类的对象
```

BookStore 没有定义任何构造器，之所以对象 store 能够生成，是因为系统会为 BookStore 类自动生成一个缺省构造器。但是，在生成 store 时需要先生成 3 个 Book 类的对象，可程序并未说明它们是如何生成的，也未提供任何初始值。因此，系统只能逐个调用 Book 类的缺省构造器来构造这 3 个对象 book1、book2 和 book3。自然地，如果 Book 类本身未提供缺省构造器，就会导致 store 对象不能被生成。更重要的是，很少有对象仅依赖缺省构造器来生成。如果需要调用有参构造器来生成这些属性对象，又应该如何构造呢？

例如，需要用一个编号来生成属性对象 book1，我们不能期望为 BookStore 提供这样的构造器：

```
BookStore::BookStore( )
{
    book1(20151101);              //错误的构造
    Book  book1(20151101);        //错误的构造
}
```

第一个语句是函数调用形式，但 book1 不是函数。第二个语句定义了一个局部对象，并非构造属性对象 book1。

### 2. 构造器的初始化列表

C++允许构造器采取一种特殊的语法形式来指出其对象属性及其他复杂成员的构造方式，就是将类的对象属性的初始化部分直接列在函数声明之后和函数体之前，称为构造器的"初始化列表"或"成员初始化列表"，形式为：

**类名(形参说明表) ：初始化列表；**

这里的初始化列表是用逗号分开的属性构造项：

**属性名 1(初始值列表 1)，属性名 2(初始值列表 2)，...，属性名 $n$(初始值列表 $n$)**

对于内置类型的属性，初始值列表仅需提供一个变量的初始值，而对象属性的初始值列表要与类的一个构造器完全对应。

例如，Rect 类的构造器可以改写成如下形式：

```
Rect(double h = 0.0, double w = 0.0) : height(h), width(w){ }
```

BookStore 类可以这样构造：

```
BookStore::BookStore(long code1, long code2, char *caption)
          : book1(code1), book2(code2), book3(caption)
{
}
```

在调用这种构造器时，首先要将初始化列表中的值传递给相应的属性，或调用对象属性的一个匹配的构造器，然后再进入构造器的函数体。

对于内置类型的属性来说，采用初始化列表与在函数体中赋值没有什么差异，但特殊成员必须采用初始化列表来初始化。

应注意的是，初始化列表只能用在构造器而不是普通方法中。

### 3. 特殊成员的初始化

一个类可以包含其他类的对象成员、const 成员和引用成员，还可以包括父类的成员，它们都属于类的"特殊成员"。产生这种称呼的原因是它们的初始化要采取特殊的处理方法，即初始化列表来实现，否则无法建立这些对象。当然，如果有无参构造器可用，一个对象属性可用缺省方式初始化，也可以不出现在初始化列表中。反过来说，如果一个对象属性不在初始化列表中出现，它的类必须提供一个缺省的构造器。

这里提供一个仅供演示语法的示例。

```cpp
#include <iostream>                          //Example3_1.cpp
using namespace std;
class Rect
{
    double  height, width;
  public:
    Rect(double h, double w)  : height(h), width(w){ }
};
class Point
{
    double  x, y;
  public:
    Point(int  x = 0, int  y = 0) : x(x), y(y) {  }
};
class User
{
    int  ua;
    const  int  ub;
    char&  uc;
    Rect  rect;
    Point  p1, p2;
  public:
    User(int  ua, int  ub, char&  uc, double  h, double  w, int  x=5, int  y=5)
        : ua(ua), uc(uc), ub(ub), rect(h, w), p2(x, y) {  }
};
int  main( )
{
    char  c('C');
    User  user(10, 20, c, 3.0, 5.0);                //构造 User 类的对象 user
    return  0;
}
```

User 类共有 6 个属性，其中的 5 个是利用初始化列表进行初始化的。在执行构造器生成 user 对象时，系统为对象分配适当的空间，将实参数传递给形式参数，再处理初始化列表，对已分配空间的对象属性做初始化，最后执行构造器的函数体。

这里的属性只有一个 ua 可以改为在函数体内赋值，其他均应该出现在初始化列表中。特殊地，属性 p1 没有出现是依赖其缺省构造器来构造，而对象 user 的对象属性 p2 是采用缺省参数值 5 和 5 构造的。

程序中安排了一个细节，就是构造器中的形式参数与属性同名，如 ua、ub 和 uc。初始化列表中的 ua(ua)、uc(uc) 和 ub(ub) 不会引起歧义，因为括号中的名字一定是形式参数。当然，也可以换成不重复的参数名，或者用 this->ua(ua)、this->uc(uc) 和 this->ub(ub) 来表示。

有时，我们需要关心属性的初始化顺序，但这种顺序与初始化列表无关，仅由属性在类中的定义顺序确定。以本例来说，它的初始化顺序一定是 ua、ub、uc、rect、p1 和 p2，即便 p1 没有出现在初始化列表中也不会改变次序。

### 3.4.6 共用体类与位域类

除了采用 enum 定义枚举和用 class（或 struct）定义类之外，C++语言还支持共用体和位域（位段）形式的类定义。

#### 1. 共用体是一种节约空间的类

为了使所有属性能共用一块存储区域，可以构造共用体类，定义方法是将普通类定义的关键字 class 换成 union。例如，定义一个共用体类 Spliter：

```
union Spliter
{
    char  c[2];
    short i;
    int getShort( ){ return i; }
};
```

定义得到了一个新的类 Spliter，全称为 union Spliter。共用体类与普通类在成员表示、构造方法和析构方法等各方面的语法及引用方法都完全相同，核心差别是一个共用体对象的所有属性共用同一块存储区域，共用体对象占用的存储空间数与其占用空间数最多的属性相同，修改任何一个属性的值也相当于修改了其他属性。

```
Spliter a;
a.i = 257;                              //二进制形式 0000000100000001
cout << (int)a.c[0] << ',' << (int)a.c[1] << endl;
```

虽然代码中只为 a.i 赋值，但数组 a.c 也得到了同样的值，故代码的输出是 1，1。可见，使用共用体的好处是可以容易地将一个数据"拆开"成部分来使用，还可以节约存储空间。

采用 union 定义类时所有成员的默认访问权限是公有的。一般共用体类中很少出现成员函数，仅作为一种数据结构使用。

#### 2. 压缩存储的位域

如果某些属性是占用二进制位数很少的整数，可以在类定义中指定这些属性占用的二进制位数，进而生成一种称为"位域"或"位段"的类，如：

```
class BitField
{
    unsigned a:1, b:1, c:2; //a、b、c 分别占用 1、1、2 个二进制位
    int  x;
  public:
    BitField(unsigned a, unsigned b, unsigned c, int x)
        : a(a), b(b), c(c), x(x){ }
};
```

使用位段类的主要目的是为了节约空间。除了不能读取位字段属性的地址外，其他使用方法与普通类相同。

### 3.4.7 析构函数与对象拆除

一个对象在生命期结束时就会被拆除。例如，一个局部定义的对象在程序流程离开此局部区域时被拆除，而一个动态对象在用 delete 释放时被拆除。

与构造对象类似，拆除对象时系统要自动调用一个类的特殊方法，称为"析构函数"或"拆除函数"，或"析构器"。释放一个对象可以称为"拆除"、"销毁"或"析构"（destroy）。如果一个类没定义析构器，系统会自动生成一个，其主要工作是将由系统为对象分配的内存资源归还系统。如果在拆除对象时需要加入一些特殊行为，则需要自己定义一个析构器，语法形式如下：

> ~类名（）；

析构器是类的一个特殊方法，其特殊性表现在：

（1）名字由字符"～"和类名组成，如~AClass 和~Rect 等；

（2）不能有返回类型和返回值；

（3）没有任何参数，因为无法指定实参数，自然也就不能重载；

（4）由系统自动调用而不能被显式调用。

对于一个简单类，系统提供的缺省析构器可以很好地工作。下述代码为 Rect 定义了一个构造器，除了增加的一个输出语句外，它与系统提供的构造器没有区别：

```cpp
#include <iostream>                    //Example3_2.cpp
using namespace std;
class  Rect
{
   double  height, width;
 public:
  Rect(double h, double w) : height(h), width(w)
  {
    cout << "Constructor." << endl;        //仅供演示的输出
  }
   ~Rect()
  {
    cout << "Destructor." << endl;         //仅供演示的输出
  }
};
int  main( )
{
   Rect  *rect = new  Rect(10.0, 20.0);
   delete  rect;
   return  0;
}
```

运行程序并观察有意安排的输出，可以清楚地看到销毁一个对象时系统对析构器的调用。

虽然在原则上应该为类定义一个析构器，但类似~Rect 这样的析构器完全可以交由系统去自动生成。不过，如果在一个对象工作期间占用了系统资源，则必须自己定义析构器释放这种资源。此问题在下一节中讨论。

# 3.5　拷贝构造与对象拆除

## 3.5.1　拷贝构建新对象

对象可能有很多种生成方式，在前面的讨论中，所有的类对象都是借助一些简单数据构造的，但在实际应用中存在一种很常见的对象构造方式，就是利用已有对象来构建同类的新对象。例如：

```
Book  book1("C++");
Book  book2(book1), book3 = book1;    //注意 book3=book1 是初始化而不是赋值
```

代码中的对象 book2 和 book3 应该是对象 book1 的拷贝，这种由已有对象构建新对象的方式称为"拷贝构造"。不过，Book 类并没有定义与拷贝构造相吻合的构造器，之所以程序能工作，是因为系统会为每个类提供一个缺省的"拷贝构造器"，其工作方式是逐个按位进行成员复制，即将原对象的每个属性复制给新对象对应的属性（静态属性除外）。

缺省的拷贝构造器仅能应付一些简单类的对象拷贝，如 Point 类、Rect 类和 Book 类，但在一些复杂类中会导致错误的行为。

## 3.5.2　改变缺省的拷贝行为

考虑到书的名字长短不一，不容易事先确定书名的长度，可以利用动态分配内存的方法代替数组，将 Book 类的 caption 属性修改得更合理一些。当然，也要重新调整类的构造器，使之与属性的改变相吻合。

```
class  Book
{
    char  *caption;                      //一个代表存储区的指针
 public:
    Book(const char  *caption = "");
};
Book::Book(const char  *caption = "")
{
    this->caption = new  char[strlen(caption)+1];
    strcpy(this->caption, caption);
}
```

修改后的构造器先测试书名参数 caption 的长度，并以此为依据动态分配空间，使对象能够存储任意长度的名字。不过，这种改进后更为合理的 Book 类在拷贝构造时却产生了错误。例如：

```
Book  book1("C++"), book2(book1);
```

为了根据对象 book1 构造出对象 book2，系统生成了一个类似如下形式的拷贝构造器，用于将已有对象 rhs 的各种属性值按序复制给新对象：

```
Book::Book(const Book  &rhs)              //缺省的拷贝构造器
{
    *this = rhs;
}
```

这里必须分清对象自己的属性所占空间与其工作时所需资源的不同。事实上，对象 book1 和 book2

都只有一个指针属性 caption，用于记录一份动态分配内存的地址，对象的数据仅是指其所有属性数据，而动态分配的额外内存并不属于对象本身。因此，缺省拷贝构造器只是将 book1.caption 的值复制给 book2.caption，结果使 book1.caption 和 book2.caption 指向了同一份"额外分配的"内存，如图 3-3 所示。

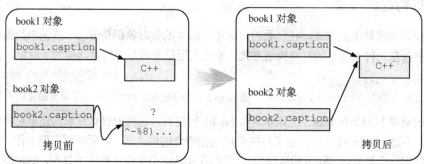

图 3-3　拷贝后产生的异常

在拷贝之前，book1.caption 指向为自己动态分配的空间，即字符串 C++，book2.caption 指向一个没有经过系统分配的未知空间。但是，拷贝后使 book1 和 book2 的关系变得十分异常：为 book1 动态分配的内存区变成了二者公用的数据区。自然地，改变任何一个对象的 caption 也就同时修改了另一个对象的 caption，一旦某个对象释放了动态内存区就会导致另一个对象的 caption 成为空悬指针。

缺省拷贝构造器并不能正确理解对象所需要的拷贝动作，而在利用 book1 拷贝构建 book2 时，我们实际要做的工作是：根据字符串 book1.caption 的长度为 book2.caption 分配一块大小相同的内存，再将字符串 book1.caption 的所有字符拷贝到其中，而不是将变量 book1.caption 的值赋给变量 book2.caption。此时，要维持变量 book1.caption 和 book2.caption 各自指向自己存储区的值不变，只复制存储区的字符串。因此，需要修改拷贝构造的缺省实现方式。

### 3.5.3　拷贝构造器的实现

为类定义一个拷贝构造器，使系统在以拷贝方式构造对象时自动调用它，语法形式为：

> **类名(const 类名 &引用名);**

拷贝构造器以类的一个引用为参数，其他与普通构造器相同。下述代码为 Book 类增加了一个拷贝构造器：

```
Book::Book(const Book &rhs)              //拷贝构造器
{
   caption = new char[strlen(rhs.caption)+1];
   strcpy(caption, rhs.caption);
}
Book::Book(const char *caption)          //使用字符串为参数的普通构造器
{
   this->caption = new char[strlen(caption)+1];
   strcpy(this->caption, caption);
}
```

这里列出普通构造器的源代码是为了进行对比，从中可发现二者的差别是很小的。拷贝构造器根据已有对象 rhs 的书名属性 caption 来确定空间大小、分配空间并复制数据，而普通构造器依据一个字符串参数 caption 实现这些操作。

利用用户自定义拷贝构造器实现的拷贝构造称为"深拷贝"，而采用系统缺省的拷贝构造器实现的拷贝称为"浅拷贝"。一般来说，在一个对象需要独占资源时，必须定义拷贝构造器进行深拷贝，这里的资源指动态内存、窗口句柄和文件句柄等。

> 如果一个类中含有指针和引用数据成员，一般就需要提供拷贝构造器，以防止复制前后的两个对象的指针成员指向同一目标。

需要说明的是，拷贝构造器的唯一一个参数必须是引用类型，且应该用 const 进行限制。在实际构造对象*this 时，这个引用就是源对象 rhs 的引用。这里采用对象引用的原因不仅是为了提高效率，主要是因为，如果采用对象作形参，就要在函数调用时必须先产生一次实参与形参的复制，从而构成了永无休止的递归。因此，这样的拷贝构造器是被禁止的：

```
Book::Book(Book rhs);                    //错误的原型
```

采用 const 类型的引用也有一些原因，因为拷贝构造器不应修改所参照的对象，且只有 const 形式的引用才能支持一般表达式作为实参数。

此外，如果需要禁止通过拷贝来构造新的类对象，可以将拷贝构造器声明为 private。

### 3.5.4　用自己定义的析构器拆除对象

对于经过改造并增加了拷贝构造器的 Book 类来说，缺省的析构器能正确工作吗？答案是否定的。这是因为，如果仅依赖系统自动生成的析构器来销毁 Book 类的一个对象 book，那么 book 所有属性将被销毁，也就是 book.caption 本身所占用的空间被释放，但这不意味 book 在工作中动态申请的内存也会被拆除。因此，在销毁指针 book.caption 之前，必须释放它所指向的内存。

以下代码为 Book 类增加了一个析构器：

```
~Book::Book()
{
    delete[] caption;                    //释放动态申请的内存
}
```

析构器不需要关心对象属性本身使用的空间，那是系统要做的事，只要归还自己占用的额外资源就够了。

析构器的工作如同去图书馆。如果没有借书，离开时只是简单地释放自己占用的座位，这是自动的（由系统完成）。如果入馆时借阅了图书，则离馆时必须办理还书手续归还图书，这才是自定义析构器要完成的工作。

> 只要构造器申请了某种资源，就要在析构器中释放这种资源。只要定义了拷贝构造器，通常就需要定义一个析构器。

# 3.6　字符串类 string

C++标准库定义了一个 string 类，用于取代 C 语言的以\0 结尾的字符串（一般称为 C 风格的字符串）。string 类的对象不用\0 结束，且该类提供了大量方法和运算以支持常规操作。本质上，string 是定义于头文件<string>的一个类模板，此处仅介绍一些常用的操作方法。

### 3.6.1　string 类的属性与对象构造

string 类的主要属性是一个记录字符序列存储区的指针，可称为 data，类似 Book 类中的 caption。常用的构造器包括：

```
string(const char *s = 0);        //用空指针初始化
string(int n, char c);            //用 n 个字符 c 初始化
string(const  string&);           //拷贝构造，用 string 对象初始化
```

以下是一些构造 string 类对象的示例：

```
string  s1("a string"), s2;       //s2 为不含任何字符的字符串
string  s3(10, 'a');              //s3 的值是 10 个 a
```

### 3.6.2　string 类支持的主要运算

string 类主要支持如下运算：

（1）赋值运算=。

（2）6 种关系运算，用于字符串的大小比较。

（3）字符串加法，包括+和自反的+=，也称为字符串连接。由于类中已提供了很多重载版本，加上单参数构造器的类型转换作用，可以使 string 对象与 string 对象、string 对象与字符串以及 string 与字符都能直接用加法连接，如：

```
string  s1(" string"), s2;
s2 = s1 + " link" + 's';          //s2 的值为 string link s
s2 = 'a' + s1 + " ";              //s2 的值为 a string
s2 += " and reflexive plus";      //s2 的值为 a string and reflexive plus
```

（4）下标运算[]。可以像使用普通数组元素一样使用字符串的元素，下标从 0 开始到所含字符个数–1 结束，没有结束符'\0'。例如：

```
s2[3] = 'x';                      //修改一个元素
cout << s2[7];                    //输出一个元素
```

（5）输入输出运算>>和<<。可以直接输入或输出一个 string 对象，如：

```
cin >> s1;                        //输出字符串 s1
cout << s2 << endl;               //输出字符串 s2
```

### 3.6.3　string 类的主要方法

string 类提供了十分丰富的方法，表 3-1 列出了常用方法的原型。

表 3-1　string 类的常用方法

| 方 法 原 型 | 功　　能 |
| --- | --- |
| int size() const; | 返回字符串长 |
| int length() const; | 返回字符串长，等同于 size |
| bool empty() const; | 字符串为空时返回 true，否则返回 false |
| const char *c_str() const; | 返回一个以'\0'结束的 c 风格字符串 |
| const char *data()const; | 返回一个非'\0'结束的 c 字符数组 |
| string substr(int pos = 0,int n = npos) const; | 返回索引 pos 开始的 n 个字符组成的字符串 |

| 方法原型 | 功能 |
| --- | --- |
| int find(char c, int pos = 0) const;<br>int find(const char *s, int pos = 0) const;<br>int find(const string &s, int pos = 0) const; | 从索引 pos 开始查找字符 c 或字符串 s 在当前字符串的位置。查找成功时返回所在位置，失败返回-1 |
| string &insert(int pos, const char *s);<br>string &insert(int pos, const string &s); | 在 pos 位置插入字符串 s，返回修改后的字符串 |
| string &erase(int pos = 0, int n = npos); | 删除从索引 pos 开始的 n 个字符，返回修改后的字符串 |
| void swap(string &s2); | 交换当前字符串与 s2 的值 |

string 的 c_str 方法实现了类对象到 C 风格字符串的转换，它返回指向 C 字符串的指针，而 data 则返回一个没有字符串结束符的字符数组。

下述程序说明了 string 类的部分运算和方法的用法。

```
#include <iostream>                    //Example3_3.cpp
using namespace std;
#include <string>
using namespace std;
int main( )
{
    string s1("a string"), s2; int pos;
    cin >> s2;                         //输入 s2
    if(s2<s1)
        s1 += s2;                      //字符串连接
    else
        s1 += " no link";
    pos = s1.find("ing", 0);           //查找 s1 中有无字符串"ing"
    if(pos != -1)
        s1.erase(pos, 3);              //如果存在将其删除
    cout << s1.insert(0, "modified:"); //在 s1 开头插入一个字符串并输出
    char sval[100];
    strcpy(sval, s1.c_str());          //取得 C 风格的字符串
    cout << sval << endl;
    return 0;
}
```

C++语言的 string 类比 C 语言中的字符串具有更好的安全性，且功能丰富，使用方便。

# 3.7 案例一：设计一个栈类

栈是程序设计中经常使用的一种数据结构，也称为后进先出（LIFO，Last In First Out）表。从结构上说，栈与数组类似，都属于存储同一种类型数据的简单线性表，但栈对所存储的数据及其操作有一定限制，表现在：

（1）数据的存入和取出操作只能在一端进行，该端称为"栈顶"。对应地，不能存取数据的一端称为"栈底"。这种存入与取出是栈的最基本操作，分别称为"（压）入栈"和"（弹）出栈"。

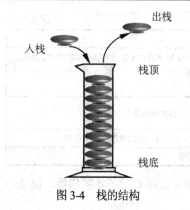

图 3-4　栈的结构

（2）后进先出，即最后存入栈中的数据最先被取出。参见图 3-4。

栈是生活中常见的一种物品组织形式。例如，枪的弹夹、进入车库的列车和装着一串糖丸的细筒等都是栈的应用实例。

这里的目的是实现一个简单栈类的设计。首先，需要一个存储区存储数据，假定只存储 double 类型的数据且有一定的数量限制，采用一个数组 data 来实现。由于每次数据进出都从栈顶发生，因此需要记录栈顶的位置，用一个 int 型的变量 top 实现。

其次，对栈施加的主要操作主要有以下两个：

```
void push (double);                    //将一个数据压入栈（顶）
double pop ();                         //将一个数据弹出栈（顶）
```

考虑到操作中需要了解栈的状态，还可以增加两个操作：

```
bool empty () const;                   //测试栈是否为空
int size () const;                     //获取栈中数据的个数
```

一个栈初始时是空的，top=0。若有数据入栈，则存放在 data[top]处，top 加 1，指向下一个空位置；若数据出栈，应使 top 减 1，返回 data[top]。

```
#include<iostream>                     //Example3_4.cpp
using namespace std;
class Stack
{
  private:
    double  *data;                     //数据区
    int top;                           //栈顶指示变量
    int size;                          //栈的大小
  public:
    Stack(int size);
    Stack(const Stack &src);           //拷贝构造器
    ~Stack();
    bool empty() const;                //测试栈是否为空
    int getSize() const;               //获取栈中的数据个数
    void push(double);                 //压入元素
    double pop();                      //弹出元素
};
Stack::Stack(int size)
{
  data = new double[size];
  this->size = size;
  top = 0;
}
Stack::Stack(const Stack &src)
{
  data = new double[src.size];
  for(int k=0; k<src.size; k++)
```

```
    data[k] = src.data[k];
  top = src.top;
  size = src.size;
}
Stack::~Stack() { delete[] data; }
bool  Stack::empty() const {  return top == 0; }
int Stack::getSize() const {  return top; }
void Stack::push(double adata)
{
  if(top == size)
  {
    cout << "Stack overflow." << endl;
    return;
  }
  data[top++] = adata;                              //保存元素，top 加 1
}
double Stack::pop()
{
  if(top == 0)
  {
    cout << "Stack empty." << endl;
    return -1;
  }
  return data[--top];                               //取出元素，top 减 1
}
int  main( )
{
  Stack stk(10);
  for(int k=0; k<10; k++)                           //压入 10 个元素
    stk.push(k*k+2);
  cout << "Elments:" << stk.getSize() << endl;      //显示元素个数
  while(!stk.empty())                               //所有元素出栈
    cout << stk.pop() << " ";
  cout << "Stack empty." << endl;
  return 0;
}
```

　　这里所设计的栈并不能十分令人满意。例如，程序在栈为空时返回的值是–1，这只在所有数据都是非负数时才可行。事实上，栈满时的入栈和栈空时的出栈在实际应用中应该得到更细致的处理，而不是简单地输出一个提示，可以用抛出一个异常等方法来解决，参见第 10 章。其次，这里的栈只能存储浮点数，比较理想的做法是将其设计为模板类，以便能够自动适应其他的数据类型。这部分的内容在第 9 章讨论。此外，还可能需要考虑在运行时对栈的存储空间进行扩充等问题。

## 3.8　案例二：公司员工类的设计（一）

　　本案例完成一个简单的公司员工中的工人类 Worker（主要负责勤杂工作）的设计。为了突出问题，对员工的基本信息进行简化，以使案例的阐述与本章讨论的内容相对应。员工的基本信息主要有工号、姓名、工资和出生日期。另外，假定员工工资只有基本工资，但在员工的生日当月增发 100 元补贴。

事实上，3.4 节曾经给出了一个不完整的员工类 Employee 的定义，但它用年龄作为属性，正确的做法是将其调整为出生日期，因为出生日期比年龄包含更多的信息。为此，这里首先给出一个日期类 Date 的定义，再由日期类的对象构成 Worker 类的出生日期属性。

```
class Date
{
  protected:
    int  year, month, day;
  public:
    Date();
    Date(const  Date  &d)
        : year(d.year), month(d.month), day(d.day) { }
    ~Date(){ }
    void setYear(int  year) { this->year = year; }
    void setMonth(int  month) { this->month = month; }
    void setDay(int  day) { this->day = day; }
    int  getYear() const { return  year; }
    int  getMonth() const { return  month; }
    int  getDay() const { return  day; }
    void show() const;
    //...
};
Date::Date( )
{
  time_t  nowtime = time(NULL);               //获取日历时间
  struct  tm  *local = localtime(&nowtime);   //获取当前系统时间
  year = local->tm_year + 1900;
  month = local->tm_mon + 1;
  day = local->tm_mday;
}
```

Date 类有 3 个构造器，包括一般构造器（也是缺省构造器）和拷贝构造器。缺省构造器利用 time.h 库中的函数和结构读取本地时间，并分解出年月日。其中，time_t 是定义在 time.h 中的一个类型，表示一个日历时间，即从 1970 年 1 月 1 日 0 时 0 分 0 秒到当前时刻的秒数，函数 time 则可以获取当前日历时间。结构体 tm 定义了年、月、日、时、分、秒、星期和当年中的某一天，用 localtime 函数可将一个 time_t 时间转换成 tm 结构表示的时间。

Date 类设置了与属性 year、month、day 相对应的读写方法。由于 get 方法不会修改属性值，因此将其设计为常（const）方法。此外，Date 类中还安排了一个特殊方法 show，用于以缺省方式显示自己：

```
void Date::show() const
{
  cout << year << "/" << month << "/" << day << endl;
}
```

同样，show 也是一个 const 方法。由 set、get 和 show 构成了 Date 类的接口。

应该说明的是，每个 C++系统通常都会定义与系统日期、时间相关的类和丰富的函数，实际设计应用系统时应直接使用它们而不是自己重新定义。

　　工人类 Worker 有 4 个属性。其中，姓名是一个值得思考的量。一般来说，姓名不至于太长，可以用一个定长的数组来处理，但作为一种语法演示，这里仍按不定长的字符串对待。另外，利用 Date 类的一个对象作为 Worker 类的出生日期属性。

```cpp
class Worker
{
  protected:
    int  number;                    //工号
    char *name;                     //姓名
    double  wage;                   //基本工资
    Date  birthday;                 //出生日期
  public:
    Worker(int  num, const char *name, int w,
           int y = 2000, int m = 1, int d = 1)
           : birthday(y,m,d), number(num), wage(w)
    {
      this->name = new char[strlen(name) + 1];
      strcpy(this->name, name);
    }
    Worker(const Worker &worker)
           : birthday(worker.birthday), number(worker.number),
             wage(worker.wage)
    {
      name = new char[strlen(worker.name) + 1];
      strcpy(name, worker.name);
    }
    double  getSalary() const;              //读取月工资
    void  show( ) const;
    ~Worker(){ delete[] name; }
};
```

　　Worker 类也定义了两个构造器，并通过成员初始化列表完成了各属性的初始化。birthday 对象属性的初始化所需要的参数由 Worker 类的构造器在参数列表中统一提供。由于 Worker 类的 name 属性要占用动态存储空间，自然地，需要在析构器中被释放。

　　读取员工月工资的方法为 getSalary。因为企业要在员工的生日当月增发 100 元补贴。因此，设计此方法时要考虑的问题是，如何判断员工的生日是哪个月呢？简单说，这只要能得到系统日期中的月份即可，而 Date 的缺省构造器完成了此任务。

```cpp
double  Worker::getSalary() const
{
  return  (birthday.getMonth() == Date().getMonth()? wage+100 : wage);
}
```

　　Worker 类还安排了一个方法 show 来输出自己的相关信息。

```cpp
void  Worker::show( ) const
{
```

```
    cout << "编号: " << number << ",姓名: " << name << ",基本工资: " << wage ;
    cout <<",出生日期: ";
    birthday.show();                         //由 Date 类负责输出日期
    cout << "实发工资: " << getSalary() << endl;
}
```

下述 main()函数演示了对象创建与方法调用的一般方式。

```
#include <time.h>                          //Example3_5.cpp
int  main( )
{
  Worker  worker1(1001, "Jacson", 4000, 2000, 11, 15);    //一般构造
  Worker  worker2(worker1);                 //拷贝构造
  worker2.getSalary();
  worker2.show();
  return  0;
}
```

程序运行结果如下：

```
编号: 10001,姓名: Jacson,基本工资: 4000,出生日期: 2000/11/15
实发工资: 4100
```

程序中定义了两个 Worker 类的对象 worker1 和 worker2，并由 worker1 拷贝构建了 worker2，目的是为了演示拷贝构造器的作用。

# 思考与练习 3

1. 什么是类？什么是对象？类与对象有什么关系？类在编程时有什么语法作用？
2. 类有哪些组成部分？C++如何利用类来实现数据的封装和隐藏？
3. this 指针的含义是什么？起什么作用？
4. 何为成员初始化列表？哪些成员必须采用初始化列表完成初始化？
5. 什么是构造器？构造器在对象构造中起什么作用？
6. 什么是析构器？何时调用析构器？
7. 构造器可以重载吗？析构器可以重载吗？为什么？
8. 什么是拷贝构造器？何时需要拷贝构造器？何时调用拷贝构造器？
9. 说明程序片段的输出结果（实际运行时应添加头文件和名字空间声明）。

```
(1) class  Box
    {
      public:
        Box(int h=3, int w = 4) : height(h), width(w) { }
        ~Box(){ cout << "destroyed:" << height << '*' << width << endl; }
        int getArea(){ return  width*height; }
      private:
        int  width, height;
    };
    int  main()
    {
```

```
      Box box1(5, 4), box2;
      cout << box1.getArea() << box2.getArea() << endl;
      return 0;
   }
```
(2) 
```
class  Demo
   {
       int  data;
    public : Demo(){ data = 1; }
          Demo(int d): data(d){ }
          void  setData(int d){ data = d; }
          int  getData(){ return  data; }
   };
   int  main()
   {
      Demo  array[6] = {10, 20, 30}, *pa = array+5;
      pa->setData(pa->getData()+15);
      while(pa > array)
      {
        int d = (pa--)->getData();
        pa->setData(d+pa->getData());
        cout << pa->getData();
      }
      return 0;
   }
```
(3) 
```
class  xcopy
   {
       int  a, b;
    public :
      xcopy(){ a = 1; b = 2; cout << " construct1."; }
      xcopy(int av, int bv) : a(av), b(bv){ cout << " construct2.";}
      xcopy(const xcopy& src) : a(src.a), b(src.b) { cout << " construct3."; }
      ~xcopy(){ cout << "destroy" << a << '.'; }
   };
   int  main()
   {
      for(int k=0; k<2; k++)
      {
        xcopy  xc1(12, 3);
        static  xcopy  xc2 = xc1;
      }
      return  0;
   }
```
(4) 
```
class  Cat
   {
       char  eyesColor[10], furColor[10];
    public:
      Cat(const char  *ecolor, const char  *fcolor)
```

```
        {
        strcpy(eyesColor, ecolor); strcpy(furColor, fcolor);
             cout << "Cat constructor." ; print();
        }
      ~Cat(){ cout << "Cat destroy."; print(); }
      void print(){ cout << eyesColor << '-' << furColor << endl; }
};
class Lady
{
    char  name[20];
    Cat  kitten;
  public:
    Lady(const char *s, const char *ecolor, const char *fcolor)
          : kitten(ecolor, fcolor) {  strcpy(name, s); }
    ~Lady(){ cout << "destroy:" << name << endl; }
    void print(){ cout << name << ':'; kitten.print(); }
};
int  main( )
{
    Lady lady("ZhangF", "red", "yellow");
    lady.print();
    Cat  cat("black", "brown");
    cat.print();
    return 0;
}
```

# 实 验 3

1. 定义一个类，以两个整数为属性，提供构造函数和属性的访问方法及计算最大公约数和最小公倍数方法。

2. 根据下述定义添加实现部分，完成一个复数类型 Complex 的定义，要求支持复数的加法、减法、乘法、取实部、虚部和输出：

```
class Complex
{
    double real, imag;                 //实部和虚部
  public :
    Complex();
    Complex(double r, double i);
    Complex plus(const Complex&);      //加
    Complex minus(const Complex&);     //减
    Complex multiply(const Complex&);  //乘
    double getreal() const;
    double getimag() const;            //取实部、虚部
    void print() const;                //输出
};
```

3．利用动态分配空间的方法改造案例一，使得 Stack 能够动态调整存储区的大小。

4．设计一个航班类 Flight，具有机型、班次、额定载客数和实际载客数等属性，还具有输入/输出属性以及求载客效率的功能，其中载客效率=实际载客数/额定载客数。

5．设计一个字符串类 MyString，除具有存储、修改和读取字符串的功能外，还要求具有计算字符串的长度、两个字符串的连接和字符串的复制功能。

6．设计一个矩阵类 Array，使其具有求 4×4 矩阵中所有元素的最大值、最小值和平均值功能。要求如下：

（1）含有私有属性：int x[4][4]，用于存储一个 4×4 的矩阵；int max，用于存储矩阵元素的最大值；int min，用于存储矩阵元素的最小值；float mean，用于存储矩阵元素的平均值。

（2）含有公有方法：构造器 Array(int x[4][4])，功能是初始化属性数组；计算方法 void process( )，功能是求数组中的最大值、最小值和平均值；输出方法 void show()，功能是显示数组中元素的最大值、最小值和平均值。

（3）编写 main 函数测试所设计的类。

7．根据下述描述创建一个时间类 Time，具有 h、m、s（时、分、秒）属性，成员访问方法和其他方法：

```
class Time
{
    int h, m, s;
  public:
    Time(int hx = 0, int mx = 0, int sx = 0);
    //...;
    //成员访问方法
    Time& increaseSecond(int s);          //增加秒
    Time& increaseMinute(int m);          //增加分
    Time& increaseHour(int h);            //增加小时
    bool equal(const Time&);              //判定是否相等
    void show();                          //输出
};
```

8．设计一个学生类，使其具有学号、姓名（长度不定）、高数、外语和 C++程序设计 3 门课的成绩属性，以及各属性的访问方法、求总成绩、设置和显示学生信息方法。此外，在 main 函数中以定义学生数组方法模拟一个班的学生信息，利用独立定义函数方式给出常见情况的统计，如最高成绩、最低成绩和显示学生信息列表等。

# 第 4 章　类的静态成员、友元与指针访问

静态成员是类中的一类特殊成员，所有类对象共用静态属性的一份拷贝。因此，静态属性类似于同一个类的所有对象之间公用的"全局变量"。此外，如果希望一个普通函数能直接访问某个类的所有成员，需要将这个函数声明为类的友元，以提高对类成员的访问效率。除了上述内容之外，本章的最后还介绍了用于专门处理类成员的指针以及相关的运算。

## 4.1　静　态　成　员

一个类的属性或方法可以采用 static 来修饰，这样的成员称为"静态成员"。

### 4.1.1　静态属性

根据第 3 章的讨论可知，每个类对象都拥有普通属性的一份拷贝。即便是同一个类，不同对象的属性也互不相干。因此，一些特殊的要求很难使用普通属性实现。例如，若需要定义一个能够记录自己产生了多少实例的"点"类，使用普通属性无法达到目的。

```cpp
#include <iostream>                    //Example4_1.cpp
using namespace std;
class  Point
{
int  x, y;
 public:
    int  count;                       //为了便于访问而设置 count 为公有
    Point(int  x, int  y) : x(x), y(y), count(0) {  ++count; }
};
int  main( )
{
    Point  p1(1,1), p2(2,3), p3(3,1);
    cout << p3.count << endl;         //p3.count 不能反映出对象的个数
    return  0;
}
```

容易理解，程序运行时输出的结果是 1 而不是 3，这是因为每个对象在构造时初始化自己的 count 属性为 0，并在此基础上加 1。

为了解决上述问题，一个容易想到的方法是使用全局变量，但全部变量有名字污染的问题。另一个可行的方法是将 count 设计为所有对象公用的属性，并由类仅维持一份拷贝，而不是每个对象维持一份自己的拷贝，C++为此提供的技术就是静态属性。

**1. 静态属性是只在同一个类的对象之间公用的"全局变量"**

在程序设计中，如果很多函数需要公用一份信息，可以采用全局变量来实现。类的对象也可能公用同一份信息，方法是将其定义为类的静态属性。因此说，静态属性解决了类的方法中、类的对象之

间公用同一份信息的问题。若干账户对象所涉及到的利率（参考图 4-1）、篮球运动员对象比赛时用的篮球、应用程序对象交换信息用的剪贴板、对同一个文件进行操作的若干个对象所处理的文件等都是公用信息的例子。

图 4-1　静态属性是对象公用的属性

与全局变量相比，使用静态属性有两方面的优势：其一是静态属性被封装在类的内部，仅相对于类是全局的，不存在与类外的其他名字冲突的可能性；其二是可以实现信息隐藏，因为可以使用 private 或 protected 防止静态属性对外公开，而全局变量无法做到这一点。

### 2. 静态属性需要特殊定义和初始化

定义一个静态属性的方法是在属性定义之前增加 static 修饰，形式为：

```
static  type  属性名；
```

例如，应该这样将 Point 类的 count 属性定义为静态属性：

```
static  int  count;
```

无论什么类型的属性，只要需要，都可以定义为类的静态属性，如指针、数组和引用等。与非静态属性不同的是，静态属性必须在类定义之外进行定义性声明，包括初始化，形式为：

```
type  类名::静态属性名 = 初始值表达式；
type  类名::静态属性名(初始值列表)；
```

对于简单类型或提供了单参数构造器的类类型的静态属性，可以选择如下两种方式之一进行定义性声明，它们是等效的，属性前的 "Point::" 用于说明 count 属于类 Point。

```
int  Point::count = 0;                   //使用"类名::"作为限定
int  Point::count(0);                    //使用"类名::"作为限定
```

静态数组属性也采用与普通数组一致的方式定义和初始化：

```
class  DataStore
{
  static  double  array[10];
  static  double  data[2][3];
  //...
};
double  DataStore::array[] = {1,2,3,4,5};    //声明中的数组长度 10 可有可无
double  DataStore::data[][3] = {1,2,3,4,5};  //声明中的数组长度 2 可有可无
```

DataStore 类有两个静态数组成员，定义性声明语句为数组成员 array 中各元素提供的初始值为 1～5

和 5 个 0，为数组成员 data 提供两行初始值，分别为 1、2、3 和 4、5、0。

当一个静态属性为类类型的对象，且没有单参数构造器时，只能以第二种方式进行定义性声明：

```
class  Member
{
    int  x;
    double  y;
  public:
    Member(int  x = 0) : x(x) { }
    Member(int  x, double  y) : x(x), y(y) { }
};
class  User {  static  Member  sa, sb, sc;  };
Member  User::sa;                     //调用缺省构造器，不能写成 sa()
Member  User::sb = 5;                 //调用单参数构造器
Member  User::sc(10, 20.0);           //调用双参数构造器
```

这里的 User 类有 3 个静态属性，但它们都是 Member 类的对象。因此，要各自调用 Member 类适当的构造器完成初始化。

尽管静态属性的初始化置于类外，但这种声明不会将它们的私有属性公开，前缀 "类名::" 表明了它们的所属类。静态属性声明也是对该属性进行初始化的唯一场所和时机，在没有提供初始值时，系统将简单类型的静态属性清零，未初始化的静态对象属性将产生链接错误。

应注意语法上的一个细节问题是在类定义外声明静态属性时不能再加 static 关键字。

```
static  int  Point::count(0);      //错误的声明
```

在类定义和类实现分别组织在不同文件（.h 和.cpp）中时，静态属性的定义性声明语句应置于.cpp 文件中，所有类方法的实现之外。

由于静态属性为所有类对象公有，因此静态属性是属于类而不是对象的。一个类的所有静态属性在对象之外单独存储，类对象的存储空间中自然就不再包括静态属性的存储空间。此外，静态属性在程序运行开始时分配空间并初始化，与类的构造器和析构器无关。

> 用 static 属性代替类对象之间公用的全局变量。

### 3. 静态属性的表示方法

在类内使用静态属性时可以直接采用静态属性名，这与非静态属性一致，但在类外使用静态属性时，可以有如下两种表示方法：

**类名::静态成员名**
**对象名（或引用名）.静态成员名（或对象指针名->静态成员名）**

第一种是值得推荐的标准静态成员表示方法，因为它表明静态成员属于类而不是对象。例如，前文的几个静态属性可表示为 Point::count、DataStore::array 和 User::sc 等。虽然也可以采用 "对象名.静态属性名" 的表示方法，但体现不出类属的含义，且不当的使用可能产生歧义。

现在，我们利用修改后的 Point 类统计出程序中生成的点对象的个数。

```
#include <iostream>                    //Example4_2.cpp
using namespace std;
class  Point
{
```

```
        int  x, y;
        static  int  count;                    //修改为静态变量
        public:
        Point(int x, int y) : x(x), y(y)  {  ++count;  }
          static  int  getCount() { return  count; }
    };
    int  Point::count(0);                      //静态成员 count 的定义性声明和初始化
    int  main( )
    {
      Point  p1(1,1), p2(2,3), p3(3,1);
      cout << Point::getCount() << endl;       //增加类名前缀。输出结果为 3
      return  0;
    }
```

除了用来保存对象的个数，静态属性通常也用于作为标记，以记录一些动作是否发生，如文件的打开状态和打印机的使用状态等。总之，静态属性的核心功能就是描述一个类的所有对象所使用的公用信息。例如，对于同一家公司的员工，每个人都有不同的姓名、编号等属性，但他们拥有一个共同的公司名称，于是可以考虑用一个静态属性来描述和保存此信息。这样，所有员工对象都共享这个公司名称，只要统一或有一位员工更新了公司名称，则相当于所有员工的公司名称都被更新。

## 4.1.2　静态方法

由于类的静态属性在类定义之外构造，与是否存在类对象无关。因此，即使没有任何类的对象存在，静态属性都存在，且可以利用"类名::静态属性名"的方式访问可见的属性。不过，如果静态属性是非公开的，类定义中就要提供一类静态方法以支持对静态属性的访问。

静态方法与非静态方法的语法区别只在于要增加一个 static 修饰，形式为：

**static**　方法原型；

与静态属性类似，访问静态方法的标准方式是"类名::静态方法名"。当然，使用"对象名.静态方法名"的形式也允许，一般较少使用。示例程序 Example4_2.cpp 中的 getCount 就是类的静态方法。

下述代码为 Point 类增加一个静态方法 increase，其功能是使 count 增 1。

```
class  Point
{
    //其他
    static void increase();        //静态方法
};
void  Point::increase()            //在类定义外实现时不加 static
{
    ++ count;
}
```

理解静态属性和静态方法都为类属而非对象所属是十分重要的，这使程序可以在没有任何类对象的情况下通过类名访问静态成员。

```
Point::increase();
cout << Point::getCount() << endl;    //输出 1
```

下述代码描述了前文的 Employee 类，通过静态属性和方法实现对公司名称的维护：

```
class Employee
{
  public:
    static  string  getCompany() { return  company; }
    static  void  setCompany(const string &company)
    {
      Employee::company = company;
    }
  protected:  static string  company;        //公司名称
  //...
};
string  Employee::company("Alibaba");        //声明
```

利用下述方式即可修改公司的名称：

```
Employee::setCompany("New Alibaba");
```

setCompany 方法反映了一个技术实现上的细节。此方法中的形式参数与静态属性采用了一个共同的名字 company，为了消除冲突，采用了"类名::静态属性名"的方式来说明 Employee 类的属性 Employee::company。为什么不采用 this 指针而代之以类型名呢？答案是静态方法没有缺省的 this 指针，因为静态方法也是类属的，仅借助类名调用静态方法时显然不会有当前对象，这是静态方法与普通方法的最重要的内在区别。

> 将无需针对特定对象访问的方法定义为 static 方法。

设计静态方法时还应该注意如下两个问题：

（1）静态方法中不能出现任何非静态成员。这是因为非静态成员要依赖对象才能存在和使用，没有对象就没有非静态的属性和方法。不过，非静态方法中可以使用静态成员，这是因为静态属性和静态方法都是不依赖对象而独立存在的。

（2）静态方法不能是虚函数。简单说，这是因为虚函数的多态性支持也是依靠对象来体现的。

静态属性还包括其他一些较少用到的特殊性，如有序类型的静态常量属性可以在类定义中直接初始化，静态属性可以作为方法的参数缺省值，其类型可以是所属类的类型。同时，静态属性不仅被类及其派生类的所有对象共享，还可在 const 方法中被修改。

# 4.2  友　　元

类是经过封装的"黑盒"，普通函数是在"黑盒"之外存在的。一般情况下，类外的函数不能直接访问类的私有成员。不妨将封装好的类看成是一本私人日记，通常并不允许外人翻看，但日记主人的朋友在被授权后就可能看到日记的内容。这种类似情况在 C++ 语言中也存在。如果希望一个类外的函数能够直接访问类的成员，可以将其定义为类的"友元"。

友元既可以是不属于任何类的普通函数，也可以是另一个类的成员函数，还可以将整个类作为另一个类的友元。

## 4.2.1  友元函数

将一个普通函数作为类 AClass 的友元需要在类定义中对其进行声明，形式为：

```
class  AClass
```

```
    {
        //...
    public: friend type  友元函数名(形参列表);
    };
```

一旦将某个函数定义为类的友元，它就可以直接访问类的所有成员，无论公有成员或是私有成员，就如同类的方法一样。这里我们模拟一个表示男孩的类 Boy，并赋予一个属性 data。

```cpp
#include <iostream>                    //Example4_4.cpp
using namespace std;
class Boy
{
    int  data;                        //类的私有成员
  public:
    Boy(int  data) : data(data) { }
    friend void showInfo(Boy &rhs);   //声明 showInfo 是类的"朋友"
};
void showInfo(Boy &rhs)               //showInfo 是普通函数
{
    cout << "We gain a value " << rhs.data << endl; //类的所有成员对友元可见
}
int main()
{
    Boy boy(100);
    showInfo(boy);
    return 0;
}
```

使用友元时应注意如下问题：

（1）友元函数是在类定义之外实现的普通函数，但也可以在类定义内直接实现。不过，友元不受访问限定符约束，总是全局可见的。

（2）将一个普通函数定义为类的友元时，其目的是使函数能直接访问类的非公开成员。因此，友元一般要有类对象、类对象引用或类指针为参数，通常是引用，如 showInfo 函数中的 Boy&参数，以使友元能借助它们访问类的成员。

## 4.2.2  类方法作为友元

一个类的方法可以作为另一个类的友元，其声明方式为：

**friend type  类名::友元方法名(形参列表);**

这里的类名仍用于说明友元方法所属的类。例如，要将类 AFriend 的方法 int  share(A&)定义成类 A 的友元，应在类 A 的定义中加入如下声明：

```cpp
friend int AFriend::share(A&);
```

这使类 AFriend 的方法 share 可以直接访问类 A 的所有成员。不过，为了使 AFriend 类能够了解 A 的含义，需要在类 AFriend 定义之前对 A 类做向前引用（超前声明）。这里模拟一个 Girl 类，并将它的一个方法作为 Boy 类的友元。

```cpp
#include <iostream>                    //Example4_5.cpp
```

```
using namespace std;
//要成为 Boy 的友元，Girl 得知道 Boy 是什么
class  Boy;                                    //类 Boy 的超前声明
class  Girl
{
   int  data;
 public:
   Girl(int  data) : data(data) { }
   void showInfo() { cout << "My value " << data << endl; }
   void showInfo(Boy&);         //Girl 的方法作为 Boy 的友元，输出 Boy 的信息
};
class  Boy
{
   int  data;
 public:
   Boy(int  data) : data(data) { }
   friend  void  Girl::showInfo(Boy&);        //友元声明
};
void  Girl::showInfo(Boy  &boy)               //友元实现
{
   cout << "i gain a value from the boy " << boy.data << endl;
}
int  main( )
{
   Boy   boy(100);
   Girl  girl(200);
   girl.showInfo();                          //显示 girl 自己的信息
   girl.showInfo(boy);                       //显示 boy 的信息
   return  0;
}
```

程序运行的输出结果是：

```
My value 200
i gain a value from the boy 100
```

注意，Girl 类的方法 showInfo(Boy&)的实现置于 Boy 类之后，因为它要了解 Boy 类的内部实现。

### 4.2.3  友元类

如果需要，一个类也可以定义为另一个类的友元，称为"友元类"或"友类"，语法形式为：

**friend** 类名;

例如，若要将类 Girl 定义为类 Boy 的友元类，必须在 Boy 类的定义中加入如下声明：

```
friend  Girl;
```

这相当于将类 Girl 的所有方法都定义成类 Boy 的友元。

```
class  Boy;       //类 Boy 的超前声明. 要成为 Boy 的友元，Girl 得知道 Boy 是什么
class  Girl
```

```
{
    //...
    public: void showInfo(Boy&);
};
class Boy
{
    //...
    friend Girl;                    //声明 Girl 为 Boy 的友类
};
void Girl::showInfo(Boy &boy) { /*友元方法实现*/ }
```

友元关系是单向的，不具有交换性，即类 X 是类 Y 的友元类，不能说明 Y 是 X 的友元。友元关系也不具有传递性，若类 X 是类 Y 的友元，Y 是类 Z 的友元，不能说明 X 是 Z 的友元。

C++为什么要引入友元机制呢？或者说，究竟是什么使 C++甘冒破坏类的封装性的风险而将类的外部成员定义为类的友元呢？最主要的原因是效率。通常，一个类的私有成员要借助一个公开的类方法向外界公开，由于每次通过函数调用来访问属性需要额外的开销，频繁的函数式访问自然会降低程序的效率，因此可以考虑将访问此属性的函数定义成类的友元。

使用友元还有一些原因，如可以使运算符重载更加灵活等，但友元并不是一种必需的技术。

 谨慎使用友元，以免破坏封装好的类。

# 4.3　指向类成员的指针

类的封装性使其私有成员对外界不可访问，而受保护成员只在派生类中允许访问。因此，使用指针访问类的成员也受到同样的限制，否则，如果允许外界利用指针访问类的私有成员，这与直接访问或通过对象访问私有成员没有什么差别，与类的封装性相悖。所以，只有公开的成员可在类外借助指针访问，包括受保护成员在派生类中的访问。

## 4.3.1　利用普通指针访问属性

由于类的静态成员是类属的，不与任何对象发生联系。因此，借助普通指针就可以访问静态属性，使用指向函数的指针自然也可以访问静态方法。

```
#include <iostream>                        //Example4_6.cpp
using namespace std;
class AClass
{
    public:
        static int x;
        int y;
        AClass(int Y) : y(Y){ }
        static int getx(){ return x; };
        double invoke(double, int) { }
};
int AClass::x(10);                          //静态属性的类外声明
int main()
{
```

```
int *p = &AClass::x;                          //AClass::x 是普通变量
(*p)++;                                        //(AClass::x)++;
cout << *p << '=' << AClass::x;               //显示 11=11
int (*fp)() = AClass::getx;                    //AClass::getx 是普通函数指针
cout << fp() << '=' << AClass::getx() << endl;   //显示 11=11
return 0;
}
```

类 AClass 没有实际背景，仅是为了说明语法现象。main 函数分为两部分。一是因为静态变量 AClass::x 是普通整型变量，可以用一般的指针 p 来访问，当然，&AClass::x 就是一个整型指针常量；二是 AClass::getx 是一个普通函数名，也就是一个指向函数 getx 的指针。

### 4.3.2　指向非静态方法的指针

#### 1. 指向类成员的指针变量

当一种指针与特定的类相关联时，就构成了一种指向成员的指针。为此，这里先回顾一下一般的函数指针。例如，若定义如下函数，那么函数名 invoke 被视为指向该函数的指针常量。

```
double invoke(double, int);
```

因为一个指向普通函数的指针变量只与函数的原型有关。所以，与指针 invoke 相匹配的指针变量应按如下形式定义和使用：

```
double (*fp)(double, int);
fp = invoke;                              //将指针 invoke 赋给变量 fp
```

如果 invoke 是一个类 AClass 的静态方法，示例 Example4_6 说明，只要说明其所属类，仍可以正常延续这种方式：

```
fp = AClass::invoke;                      //将指针 AClass::invoke 赋给变量 fp
```

但是，当 invoke 是类 AClass 的非静态方法时，就需要与对象而不是类相联系，指针变量中必须反映出这种所属关系，类似下面的方法不可能实现指针对非静态方法 invoke 的访问，因为指针 fp 与函数 invoke 的类型不匹配：

```
AClass ac;
double (*fp)(double, int) = ac.invoke;          //错误
double (*fp)(double, int) = AClass::invoke;      //错误，invoke 不是静态方法
```

简言之，无论在 invoke 之前增加对象名还是类名都是不合适的。本质上，fp 并未与对象 ac 和类 AClass 发生关联。

为了能借助外部指针访问类的非静态方法，需要使用一种特殊的"指向成员的指针"，定义形式如下：

```
type  类名::*指针变量名;                     //指向属性的指针变量
type (类名::*指针变量名) (形参列表);          //指向方法的指针变量
```

例如，为了将指针变量 fp 指向 AClass 的方法 invoke，应按如下方式定义：

```
double (AClass::*fp)(double, int);
```

这里的*fp 说明 fp 为指针变量，而 AClass::前缀说明它是属于 AClass 类的，指向非静态方法的指针要用形参列表指出方法的原型。

　　指向类成员的指针应该与对象、对象引用或对象指针联系在一起，并使用"`.*`"或"`->*`"运算符访问一个成员，形式为：

> **对象名.\*指向对象成员的指针**
> **对象指针名->\*指向对象成员的指针**

### 2. 使用指向方法的指针访问类的方法

　　为了使用指针变量 fp 调用 AClass 类的 invoke 方法，需要遵循如下两个步骤：

　　(1) 将指针 fp 指向类 AClass 的非静态方法 invoke。

　　(2) 如果是对象或引用，采用"(对象.\*fp)"作为方法名，如果是对象指针，采用"(对象指针->\*fp)"作为方法名，进而调用相应的方法。例如，下述代码通过对象来访问其方法：

```
double  (AClass::*fp)(double, int);   //定义指向 AClass 类方法的指针变量
fp = AClass::invoke;                  //指针 fp 指向方法 invoke，称为指针的预定位
AClass  ac, bc;                       //定义 AClass 类的对象
(ac.*fp)(2,3);                        //与 ac.invoke(2,3)相同，显示 2,3
(bc.*fp)(7,8);                        //与 bc.invoke(2,3)相同，显示 7,8
```

　　语句 fp = AClass::invoke 的作用是将 fp 指向 invoke 方法。不过，此时代码中的对象 ac 和 bc 尚未建立，也就不能真正实现定位操作。因此，这个语句的作用是先确定好指针 fp 在类内的相对位置，做一次"预定位"。经过预定位后，(a.\*fp)就相当于方法名 invoke。因为运算优先级的关系，圆括号是必需的。类似地，也可以借助对象指针和经过预定义的指向方法的指针来访问非静态方法，如：

```
AClass  pc = &ac;
(&ac->*fp)(5,6);                      //利用对象指针与->*运算访问
(pc->*fp)(5,6);                       //与前者相同
```

这里(&ac->\*fp)和(pc->\*fp)都相当于方法名 invoke。

可以用类似的语法形式实现对非静态属性的访问，如：

```
int  AClass::*py;                     //指向 int 类型属性的指针变量
AClass  ac;                           //类对象
py = &AClass::y;                      //指向类的成员 y，预定位
ac.*py = 1;                           //相当于 ac.y = 1;
```

　　语句"py = &AClass::y;"仍是用来先确定好指针 py 在类内的相对位置，做一次"预定位"，再借助对象 ac 访问其 y 属性。

　　很明显，指向成员的指针并不是传统意义上的指针，将其值解释成在对象中的偏移量更合适。如果使用对象指针来引用对象的成员，应将.\*换成->\*。应该说，使用指向属性的指针的场合并不多见。因为如果一个属性是可见的，使用普通指针就可以实现对它的访问。不过，指向方法的指针是采用函数指针访问非静态方法的唯一途径。

## 4.4　案例三：账户类的设计

　　在银行进行客户的账号管理时，需要定义一个账户类 Account，以记录账号、存款额等信息，还要提供存款和取款等基本功能。为了简单起见，假定银行仅以年利率来计息。正如图 4-1 中所讨论的，一个账户在开户时，需要确定一个年利率 interestRate。用于每个账号的年利率是相同的，可以将其定义为类的 static 属性。

```
class Account
{
  protected:
    int  id;                                    //账号
    double  balance;                            //余额
    static  double  interestRate;               //年利率
  public:
    Account(int  id, double  balance = 0);
    int  getID() const { return  id; }
    double  getBalance() const { return  balance; }
    double  getRevenue();                       //获取年收益
    void  deposit(double  amount);              //存款
    double  withdraw(double  amount);           //取款
    static  double  getInterestRate();          //读取年利率
    static  void  raiseInterestRate(double  increase);   //上调年利率
};
```

这里为 Account 定义了一个账号 id、存款余额 balance 和年利率 interestRate 作为属性，同时，提供了存款和取款方法。另外，提供了维护静态属性 interestRate 的方法 getInterestRate 和 raiseInterestRate，分别用于读取和上调年利率。

Account 的几个简单的读属性值方法直接以内联方式实现，如 getID 和 getBalance。以下是其他方法的实现：

```
double  Account::interestRate(1.75);
Account::Account(int  id, double  balance)
        :id(id), balance(balance)
{
}
double  Account::getRevenue()
{
  return  balance * interestRate / 100.0;
}
void  Account::deposit(double  amount)
{
  balance += amount;
}
double  Account::withdraw(double  amount)
{
  if(balance < amount)
    return  -1;
  balance -= amount;
  return  amount;
}
double  Account::getInterestRate()
{
  return  interestRate;
}
void  Account::raiseInterestRate(double  increase)
```

```
    {
        interestRate += increase;
    }
```

静态属性 interestRate 必须在实现部分初始化。读取年收益方法 getRevenue 仅是返回存款额与年利率的乘积，没有考虑存期的问题。存款方法 deposit 将存入的金额累加到余额上。取款方法 withdraw 判别余额是否足够，如果余额小于要取的金额，返回-1 作为取款失败的标志。否则更新余额，并返回要取出的金额。

读取年利率和上调年利率的方法均在类定义之外实现，主要应注意它们不能再用 static 进行修饰的语法问题。

以下是一个测试程序。

```
int  main( )
{
  Account  Tom(10001, 200), Jack(10002, 1000);
  cout  << "年利率:" << Account::getInterestRate() << endl;
  cout  << "Tom 的年收益:" << Tom.getRevenue() << endl;
  cout  << "Jack 的余额:" << Jack.getBalance() << endl;
  Tom.deposit(500);                      //存款
  Account::raiseInterestRate(0.25);      //上调利率
  cout  << "Tom 的年收益:" << Tom.getRevenue() << endl;
  return 0;
}
```

# 思考与练习 4

1. 静态与非静态成员在定义和表示上有何区别？静态方法与非静态方法有何主要区别？
2. 类的静态属性是如何初始化的？
3. 静态方法可以是 const 方法吗？可以是虚函数吗？为什么？
4. 非静态方法可以访问静态成员吗？反之呢？
5. 使用指针如何访问类的静态属性和方法？
6. 使用友元有什么优点和缺点？友元可以直接访问类的私有成员吗？
7. 说明下述程序片段的输出结果。

```
(1) #include <iostream>
    using namespace std;
    class  CalcCount
    {
        int a, b;  static int c;
      public :
        CalcCount(int ax = 20, int bx = 30)
        {
            a = ax;  b = bx;
            c++;  cout << c;
        }
        static int getcount(){ return c; }
```

```cpp
        static void setcount(int cx){ c = cx; }
        ~CalcCount(){ c--; cout << c; }
    };
    int CalcCount::c(10);
    int main( )
    {
        CalcCount a, b, c, *pa, *pb, as[3];
        pa = new CalcCount();  pb = new CalcCount(20, 15);
        delete pa;
        CalcCount::setcount(CalcCount::getcount()+1);
        delete pb;
        cout << CalcCount::getcount() << endl;
        return  0;
    }
```

(2)
```cpp
    #include <iostream>
    using namespace std;
    class Calc
    {
        friend class Sub;
        int cx;  static int cy;
      public: void  set(int cx){ this->cx = cx; }
            void  showMsg(){ cout << cx << ',' << cy << endl; }
    };
    class Sub
    {
        Calc cc;
      public : Sub(int cx, int cy) { cc.cx = cx;  Calc::cy = cy; }
            void  showMsg(){ cout << cc.cx << ',' << Calc::cy << endl; }
    };
    int Calc::cy = 7;
    int  main( )
    {
        Calc cb;
        cb.set(4);  cb.showMsg();
        Sub sb(5, 3);  sb.showMsg();  cb.showMsg();
        return  0;
    }
```

(3)
```cpp
    #include <iostream>
    #include <math>
    using namespace std;
    class iPoint
    {
        double x, y;
      public:
        iPoint(double i, double j) { x = i; y = j; }
        friend double dist(iPoint a, iPoint b);
    };
```

```
double dist(iPoint a, iPoint b)
{
    double dx = a.x - b.x;  double dy = a.y - b.y;
    return sqrt( dx * dx + dy * dy);
}
int  main()
{
    iPoint p1(3, 4), p2(6, 8);
    double  d = dist(p1, p2);
    cout << "distance = " << d << endl;
    return  0;
}
```

# 实 验 4

1．队列是一种连续的存储结构，存入数据只能从一端（称为尾部）进入，取出数据则只能从另一端（头部）取出。根据下述描述实现一个自定义的队列类。

```
class Queue
{
  public:
    Queue (int size = 10);
    ~Queue ();
    bool empty () const { return front == rear; } //队列是否为空
    bool full() const;                            //队列是否已满
    int size () const;                            //队列中元素的个数
    void push (int);                              //插入一个元素
    int pop ();                                   //弹出一个元素
  private:
    int  *data;                                   //数据区
    int front, rear;                              //首尾位置
    int capacity;                                 //数据区容量
};
```

2．定义一个数学上的向量类 Vector，支持向量的加、减、内积和取模操作。

3．在实验三第 8 题的基础上，为学生类添加两个静态变量 sum 和 num，含义为总分和人数，再添加一个静态方法 avg()，用于计算平均分。

4．定义 Boat 与 Car 两个类，都含有重量 weight 属性，定义一个外部函数 totalWeight()为两者的友元函数，计算两者的重量和。

5．设计一个日期类 Date，包括日期的年、月、日属性，编写 Date 类的 3 个友元函数：

（1）day()，包括两个参数，其一为一个指定日期值，其二为一个标志。当标志值为 1 时，计算一年的开始到该指定日期的天数，否则计算该指定日期到年末的天数；

（2）leap()，用于判断指定的年份是否为闰年；

（3）daysBetween()，用于计算两个日期之间的天数。

# 第 5 章　继承与重用

继承是面向对象的重要特性之一，它反映了人类认识事物的抽象思维方法和自然界中后代继承自祖先并产生变异的本质。C++通过继承来达到将成熟的软件单元应用于新设计的目的，即实现软件重用。利用继承可以对已存在的类进行特殊化以建立新类，并使得新类能够拥有被继承类的全部属性和方法，还可以增加新的属性，调整继承来的方法和扩展自己特有的方法。这种技术使得面向对象语言具有更强大的功能和丰富的表现力。本章主要介绍与继承相关的基本概念、语法形式和派生类的工作方式。

## 5.1　继承的概念与表示

### 5.1.1　继承与派生

根据进化论的观点，物种是通过逐步进化演变至今的，从古代的祖先到今天的物种经过了若干代的变化。通常，新的一代无论在外观、形体、基本结构以及行为能力等方面，都与其父代相同或高度近似，这被解释成新一代继承了父代的特征。不过，为了适应新的环境和客观条件的变化，新一代常常要在父代的体型、习性等基础上进行适当的改进。例如，动物的体型可能从较大变化到较小，习性可能从只会奔跑进化到能够飞翔等。从人类认识事物的观点说，在客观世界中，任何一个概念都不是孤立的，人对事物的认识也因此而划分出一定的层次。通常，先针对一些相似的事物进行总结、分类，再对它们的共性进行描述，形成概念。当出现新事物时，通过与已有的概念进行比较、区别，找出其不同点，在此基础上形成新的概念。这种过程就是抽象，它是人类认识事物最本质的技术。利用这种技术，不仅使事物之间得以被清楚地彼此区分，也使相似的、有关联的概念形成了非常清晰的层次结构。例如，对于各种交通工具的认识，可以根据人类的认识表现形成若干概念，并体现为图 5-1 所示的层次图。

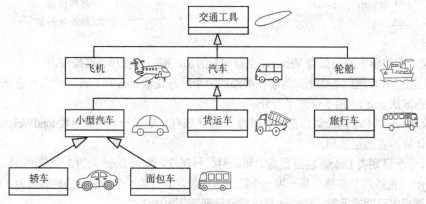

图 5-1　对交通工具的认识（部分层次结构）

对事物和概念的分层次认识使人很容易记忆和解释事物。例如，提到轿车时，只要将其解释成一种"小型汽车"就可以了，不必详细说明它是一种"有轮子、发动机、燃烧汽油、由驾驶员驾驶……的一种装置"，因为小型汽车已包括了这些内容。此外，对概念的分层次认识还有助于简化工作。例如，如果需要研制一种具有"定时关机"功能的电视机，并非从零开始设计，仅需要在一般电视机的基础上进行改进并增加新的功能。

　　OOP 完全体现了上述事物认知方法，并通过"继承"的概念进行表述。我们已经知道，C++对一个概念的描述构成一个类，而类实现了对属性和方法的封装，这种封装使我们在了解概念时可以主要关注其功能，即对外接口，并不需要深入它的内部结构。对于一个新的概念，需要分析其与已有的概念之间的关系。如果新概念是一种已有概念的特殊化，则可以在已有概念的基础上建立，也就是在已有类的基础上建立新类，构成继承关系。

　　围绕交通工具会涉及到以下的类（这里仅列出了一个分支）：

　　交通工具类 Vehicle→汽车类 Automobile→小型汽车类 Car→轿车类 SaloonCar。

　　从概念的层次上看，汽车是一种特殊的交通工具，小型汽车是一类特殊的汽车，轿车则是一种特殊的小汽车。由类之间的关系来看时，Automobile 类是通过对 Vehicle 类进行特殊化得到的，Car 类继续对 Automobile 进行特殊化。最后，利用对 Car 类的特殊化得到 SaloonCar 类。

　　由已有类建立新类称为"派生（derivation）"，原有类称为"基类（base class）"或"父类（parent class）"，部分语言如 Java 称其为"超类（super class）"。新建的类称为"派生类（derived class）"或"子类（child class）"。例如，由 Car 类产生 SaloonCar 类时，Car 类是基类，SaloonCar 类是派生类；而在由 Automobile 类产生 Car 类时，Automobile 是基类，Car 是派生类。在叙述时，也可以称父类为"直接基类"，称 Vehicle 类是 Car、SaloonCar 类的"祖先类"或"间接基类"。

　　一般情况下，我们用"派生类/基类"称呼那些有直接或间接派生关系的两个类，在需要强调直接派生关系时，称这两个类为"子类/父类"。通常，派生类/基类是一种特殊/一般关系，称为"特化/泛化"（specialization/generalization）关系。由父类生成子类既可以称为派生，也可以称为子类从父类"继承"。子类与父类是"子类 is a kind of 父类"或"子类 is a 父类"的关系。因此，程序设计中要求出现父类对象的任何场合都可以由子类对象代替。

　　事实上，继承机制使大型应用系统的设计与维护变得更加简单，因为在开发一个新系统时，往往已经有很多类似的可用系统或模块，当它们表现为对象时，继承能帮助我们直接使用这些类和对象，从而提高软件开发效率。同时，一个应用系统在交付使用后，经常面临着用户需求的变化，对于那些已经成功应用的稳定系统来说，从内部进行修改是一种非常困难的行为，而继承提供了一种在不破坏原对象的情况下进行修改和扩充的机制。

　　简单讲，继承不仅能够解决软件重用问题，也是一种在不破坏原系统情况下进行功能扩充和变革的技术。

## 5.1.2　继承关系的描述

　　从父类派生子类时，子类首先继承了父类的全部属性和方法，这说明子类对象是一个父类对象。同时，子类还可以在此基础上产生自己特有的变化，增加新的属性和方法，或者改写父类的方法，或者改变所继承成员的可见性。这里的改写父类方法是指子类重新定义父类的同名方法，即用新的实现代替父类原有的实现方式，可以理解为子类具有与父类不同的行为。正因为存在着这样的变化，说明父类与子类并不等同，即父类对象不是子类对象。例如，可以说一台轿车一定是一台汽车，但不能说一台汽车就是一台轿车。

　　继承机制使派生类以很低的代价继承了父类的全部形态和功能。同时，对于一个可靠的基类，派生类可以增加新特性，隐藏、覆盖父类不合时宜的特性。在有一个健壮、有效的基类时，只要对派生类的新内容进行设计、编码和调试，就可以很容易地得到一个功能更新、更全面的新类。

　　在 UML 中，泛化关系被表示为一条带有空心箭头的实线，箭头指向基类。图 5-2 所示为形状类

Shape、矩形类 Rect、圆类 Circle、多边形类 Polygon 和正方形类 Square 之间的继承关系。

　　C++支持多继承，这是指一个类可以有 0 个、1 个或多个父类。只有一个父类的继承方式称为"单（一）继承"，有多个父类的继承方式就称为"多（重）继承"。通常，单一继承可以表示成图 5-2 所示的树状结构，其中有唯一一个没有父类的类称为"根类"（如 Shape 类），没有子类的类称为"叶子类"，如 Square 类、Circle 类和 Polygon 类。多重继承关系示例参见图 5-3。事实上，所有哺乳动物都是双亲繁殖的，其后代类具有典型的多重继承关系，一些部件、设备也具有类似的关系。在笼统地使用输入/输出设备（I/O 设备）的概念时，它有明显的双亲类，即输入设备类和输出设备类。还存在着一些设备本身就是输入/输出设备，如手机的显示屏，作为一种触摸屏，它不仅可以显示信息，还具有触摸输入的功能。

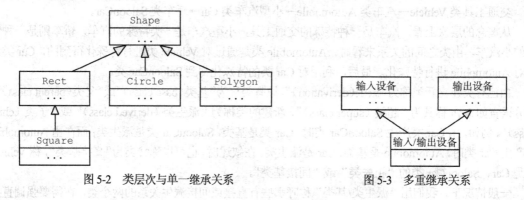

图 5-2　类层次与单一继承关系　　　　　　　图 5-3　多重继承关系

## 5.2　继承的实现

### 5.2.1　继承的语法形式

从已有类 BaseClass 派生一个新类 DerivedClass 的语法形式如下：

```
class  DerivedClass: [访问权修饰符] BaseClass
{
   //子类的属性与方法定义
};
```

　　派生类定义中的 class　DerivedClass 用于说明定义一个新类 DerivedClass，但后面增加了"：访问权修饰符 BaseClass"，以明确说明自己从基类 BaseClass 派生。访问权修饰符是 public、proteced 和 private 三个关键字之一，用于指定派生方式，目的是确定基类成员在派生类中的访问属性，省略访问权修饰符时表示 private。

　　仍以描述一个"点"的类 Point 为例：

```
class  Point
{
  protected:
    int  x, y;
  public:
    Point(int  x = 0, int  y = 0) : x(x), y(y) { }
    int  getX() const { return x; }
    int  getY() const { return y; }
};
```

假如要在一个画图系统中提供"画点"功能，可以直接使用 Point 类，但图形系统中的点可能需要显示或隐藏，此时不仅需要点的坐标，还要描述一个点所处的状态，甚至要显示或者隐藏这个点。于是，可以考虑从 Point 类派生一个具有显示功能的"可视的点"类 VisualPoint：

```cpp
class VisualPoint : public Point
{                             //从 Point 类继承了 2 个属性和 3 个方法
  protected:
    bool visible;             //新增属性
  public:
    void setVisible(bool visible = true)    //新增方法
    {
       this->visible = visible;
    }
    void draw() const;        //新增方法，根据 visible 显示或隐藏点
};
```

在定义中，子类 VisualPoint 继承了父类 Point 的所有属性和方法，同时又增加了自己的特殊成员。因此，一个 VisualPoint 类的对象将拥有 x、y 和 visible 这 3 个属性，拥有 getX、getY、setVisible 和 draw 这 4 个方法。

值得注意的问题是，父类的构造器和析构器被认为是不继承的，因为不能在子类中以函数形式调用它（们）。

 如果类 A 和类 B 毫不相关，不能为了使 B 的功能更多，而让 B 继承 A 的功能和属性。

## 5.2.2 访问父类的成员

子类虽然继承了父类的所有成员，但是否可以访问这些从父类继承来的成员由访问权限修饰符和成员在父类中的公开程度共同决定。这就是说，从父类继承的成员对子类并非都是可见的，或者说子类可能无权访问它。

### 1. 访问权修饰符

访问权修饰符在类定义时注明，包括 public、proteced 和 private，没有注明时等同于 private。对于一个由父类继承来的成员，在子类中的访问权限既受该成员在父类中定义时的访问属性影响，也与派生子类时的访问权限修饰符有关，其结果如表 5-1 所示。

表 5-1  访问权修饰符的作用

| 父类中的访问属性 | 访问权修饰符 | 子类中的访问属性 |
| --- | --- | --- |
| public | public | public |
| protected | public | protected |
| private | public | 不可访问 |
| public | protected | protected |
| protected | protected | protected |
| private | protected | 不可访问 |
| public | private | private |
| protected | private | private |
| private | private | 不可访问 |

实际上，多数子类以 public 方式从父类派生，这使父类的资源得到最大限度的重用。以 private 权限派生一个新类的情况还是比较少见的，除非要尽量隐藏来自父类的成分，并且不在以后的派生关系中延续这些成分。protected 是一种特殊的访问修饰，其作用主要体现在能够使受保护的成员在类层次中不间断地传递下去。总体上，成员的可见性呈现如下的一般规律：

（1）父类的私有成员在子类中不可访问。不过，这些私有成员在子类中仍存在，只是不可见，不能引用，这如同在遗传过程中，父代只是将基因遗传给后代而不是父代本身。

（2）访问权修饰符使成员的可访问性只能"降低"而不能"升高"，即限制更加严格。

（3）protected 是对成员的一种特殊限制，如果父类的一个成员的访问权限是 protected，则该成员在子类中可见，但子类外不可见。当考虑借助继承对已有类进行重用时，主要是指父类方法的重用，如果考虑到属性重用，protected 是一种定义类时值得考虑的属性访问权限。

（4）通常，public 是最常见的一种派生类的访问控制方式，除了基类中的 private 成员外，可以在子类中维持成员的原访问权限不变。图 5-4 说明了不同成员对不同空间的公开程度。

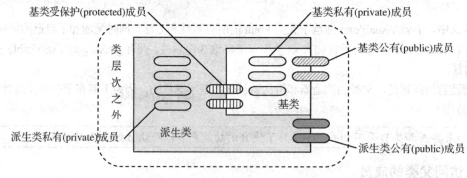

图 5-4　不同成员的公开程度

在 Point 类的定义中，属性 x 和 y 的访问权限是 protected，而 VisualPoint 类以 public 方式从 Point 类派生，故 x 和 y 在 VisualPoint 中可见，且访问权限保持不变，仍为 protected。visible 属性在 VisualPoint 类定义中的访问权限是 private，无论以何种方式派生，visible 对 VisualPoint 的派生类都将是不可见的。

**2. 访问继承自父类的成员**

如果父类中某个成员的访问权限为 public 或 protected，那么派生类继承了它们，并且可以按与自己定义的成员一样访问。但是，由于派生类也可以重新定义这些成员，这意味着新定义成员将"覆盖"从基类中继承来的同名成员。同名成员的表现规则称为"子类支配父类的同名成员规则"，子类中直接出现成员名时指自己定义的新成员，而表示父类成员时需要加父类名与域解析符作为前缀，形式为"父类名::成员名"。

这里首先给出一个简化的汽车模型：

```cpp
class Vehicle
{
  public:
    char *ctype() { return "Vehicle"; }
};


class Automobile : public Vehicle
{
```

```
protected:
  int wheels;
  double weight;
public:
  Automobile(int wheels, double weight);
  int getWheels();
  double getWeight();
  char *ctype() { return "Automobile"; }
};
```

由于 Vehicle 类是一个抽象的概念，仅提供了一个表示其类名称的方法。任何汽车都有轮子和自重，故 Automobile 从 Vehicle 类派生，并增加了 wheels 和 weight 属性及相应的访问方法。为了突出主题，这些类的定义都经过极大简化，也未给出完整代码。

其次，定义一种以燃烧汽油为动力的汽车，它包含一个 consumption 属性，以说明耗油量，还包括一个 passengers 属性，用于指定载客数量。

```
class Car : public Automobile
{
  protected:
    int passengers;
    double consumption;
  public:
    Car(int wheels, double weight, int passengers = 4);
    int getPassengers();
    double Consumption() { return consumption; }
    char *ctype() { return "Car"; }
};
```

现在，由于产生了电力和汽油的混合动力汽车，需要派生一种新类 MixedCar，并用 consumption 代表电力消耗。考虑由 Car 派生得到该类：

```
class MixedCar: public Car
{
    int consumption;
  public:
    void setConsumption(int elecConsumption, double oilConsumption)
    {
      consumption = elecConsumption;        //子类自己定义的成员
      Car::consumption = oilConsumption;    //继承自父类的同名成员
    }
    //...
};
```

当通过对象访问父类的同名成员时，C++ 仍采用同样的方法。例如，若 consumption 在 Car 和 MixedCar 中都以 public 方式定义，就可以在外界按如下方式访问这些属性：

```
MixedCar car;
car.consumption = 10;            //访问子类自己定义的成员
car.Car::consumption = 5.5;      //访问继承自父类的同名成员
```

　　无论子类是否重新定义了与父类同名的成员，在子类中以"父类名::成员名"的语法形式表示继承来的成员总是对的，而在有冲突时更需要这样做。例如，在 MixedCar 类的方法中，如下两种调用Consumption()方法的代码是等效的：

```
double  s = Consumption( );
double  s = Car::Consumption( );
```

　　这里讨论的仅是语法问题，如果子类已经从父类继承了一个属性，很少会再重新定义同名属性覆盖它，否则缺乏合理性，但重新定义同名方法则很常见，且是体现多态性的重要手段。

### 3．访问声明

　　如果需要严格考虑成员的访问权限，还应该了解一些比较琐碎的问题。例如，假定类 Derived 以private 方式从类 Base 派生，代码如下：

```
class  Base
{
  protected:
    int  a, b;
    void  func(int  x);
    int  func(int  x, double  y);
    //...
 };
class  Derived : private  Base
{
  protected:
    Base::a;                    //对继承自类 Base 的属性 a 做访问声明
    Base::func;                 //对继承自类 Base 的方法 func 做访问声明
    //...
};
```

　　这种派生方式使得类 Base 的所有成员都成为类 Derived 的 private 成员。自然地，类 Derived 的子类再也不能访问这些来自类 Base 的成员，如 a 和 b。如果希望提高某个成员在类 Derived 中的公开程度，可以按代码所示在类 Derived 中进行"访问声明"，以使属性 a 能够对类 Derived 的派生类可见。不过，访问声明不是定义，使用时应注意下述问题：

　　（1）子类已重新定义时不能调整父类同名成员的访问权限，否则，属于重复定义错误。

　　（2）访问声明中只能用"父类::成员名"形式说明，不能带有类型或函数参数表。例如，在 Derived类中做下述声明是不正确的：

```
protected:
  int  Base::a;                     //错误的声明
  void  Base::func(int  x);         //错误的声明
```

　　（3）访问声明不能超过成员在基类中的访问权限。例如，属性 a 在父类 Base 中的访问属性是protected，在子类 Derived 中进行访问声明时可以是 protected，但不能是 public。

　　（4）对方法进行访问声明时，所有重载方法的访问权限都被改变。在代码中，由于 Derived 类对 Base::func 做了 protected 声明，意味着 Base 类的两个重载 func 方法都成为 Derived 类的 protected方法。

# 5.3 类之间的关系与类的构造

客观世界中的概念之间总是互相关联的,一个概念的描述常常依赖于其他概念。例如,在构造"轿车"时,我们无法仅考虑轿车的外观、速度等因素,而不顾其本身的"汽车"概念,否则就不存在完整的轿车概念。为此,要先厘清概念之间的关联,再进行合理的构造。

## 5.3.1 继承与聚集

在 OOP 中,类与类之间的关系呈两类,分别是派生(继承)和聚集关系。

### 1. 继承是"is-a"关系

若类 Derived 继承于类 Base,或者说类 Base 派生了类 Derived,则类 Derived 的对象应该是 种类 Base 的对象。例如,从 Car 派生了 SaloonCar,则 SaloonCar 也是 Car。又如,从人类 Human 类派生了黄种人类 Yellowrace,那么,一个黄种人也是人。因此,派生类与基类是"is-a"或"is a kind of"的关系。

当 Derived 类从 Base 类派生时,Derived 类是 Base 类的特(殊)化,Base 类是 Derived 类的泛化,即 Derived 类对象是一种特殊的 Base 类对象,而 Base 类对象是更一般的 Derived 类对象。

### 2. 聚集是"has-a"关系

聚集是指一个类使用另一个类,或者说类 Derived 包含一个以上的 Base 类对象作为组成部分。类 Derived 与类 Base 的聚集关系是一种"has-a"的关系,意思是 Derived 类对象至少有一个 Base 类对象。

例如,有昆虫 insect、蝴蝶 butterfly 和翅膀 wing 三个类。对于蝴蝶与昆虫来说,由于蝴蝶是一种昆虫,因此定义时蝴蝶应从昆虫类派生。对于蝴蝶与翅膀来说,蝴蝶不是翅膀,但含有翅膀作为自己的组成部分。因此,蝴蝶采用翅膀对象作为属性而不是从翅膀派生。

```
class Insect { ... };
class Wing { ... };
class Butterfly : public Insect          //从昆虫类 Insect 派生
{
   protected: Wing w1, w2, w3, w4;       //用翅膀类 Wing 对象作属性
   //...
};
```

又如,计算机系统包括"主机"与"外设",而"外设"还可以包括"显示器"、"键盘"和"鼠标"等。因此,计算机系统类由主机和外设聚集而成,外设则由显示器、键盘和鼠标聚集而成。对于一个绘图软件,通常要定义点、直线、圆和多边形等类作为基本工具,它们之间体现出一定的聚集关系,如直线由点组成、多边形由直线组成等。当构造一个绘制工具栏类时,还需要将所有形状类聚集在一起。

 若在逻辑上 B 是一种 A(B is a kind of A),则 B 从 A 继承;若 B 包含 A 作为组成部分(B has a A),则 B 用 A 作成员(属性)。

### 3. 聚合与组合

C++中由部分聚集成整体可以严格地区分为如下两类:

(1)简单的聚集称为"聚合",只是区分了整体和部分,整体与部分是相对独立定义的,生命周

期没有关联，部分可以属于多个整体。例如，"一面墙"可以是多个"房间"的组成部分，墙与房间是聚合关系。图形软件的工具栏类聚合了多种描述形状的工具，取消任何一种形状工具都不会导致工具栏产生本质变化。

（2）另一种特殊形式的聚集称为"组合"，是指部分只能属于一个整体，而且整体和部分之间呈现具有一致生命周期的紧密关系。或者说，在组合关系中，一个部分对象一次只能属于一个整体，"整体"负责"部分"的创建和拆除，当"整体"被破坏时，"部分"也随之消失。

可见，与聚合相比，组合体现了一种更紧密和更强烈的依赖关系。汽车与轮胎的关系是聚合，因为即使汽车报废而轮胎仍可独立存在和使用；人体与细胞之间、公司与部门、窗口与窗口上的菜单之间的关系可认为是组合，因为整体的消亡将导致部分不复存在。应该说，聚合是更常见的聚集形式。另外，如果不是特别关注概念表述，并不需要专门区分到底是聚合还是组合。

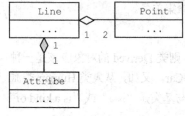

图 5-5 聚合与组合

UML 中采用空心菱形和实心菱形表示简单聚合与组合。图 5-5 中表示一个 Line（直线）对象聚合两个 Point（点）对象，又组合了一个 Attribe（属性）对象。图中的数字标记表示有几个对象参加聚集，可以是具体数字，如 1、2，或 $m \cdot \cdot n$（表示 $m$ 到 $n$ 个）以及 $m \cdot \cdot \star$（表示至少 $m$ 个）。下述代码给出了类定义的描述。

```cpp
class Point
{
    int x, y;
  public:
    Point(int x = 0, int y = 0) : x(x), y(y){ }
};
struct Attribe { int color, width; };
class Line
{
    Point from, to;
    Attribe attribe;
  public:
    Line(Point&, Point&, Attribe&);
};
```

这里认为 Attribe 对象与 Line 类属于更紧密的组合关系，原因是对于一个绘图环境中的 Line 对象来说，必须有颜色和宽度才能被绘制出来，Line 对象与 Attribe 对象要相互依存。

## 5.3.2　子类的构造

任何类的构造都应该完成对属性的初始化，不过，对于子类来说，其构造器不仅要初始化自己定义的属性，也要初始化来自父类的属性，因为来自父类的属性也是子类的一部分。然而，子类继承自父类的部分是一个独立的整体，子类对父类属性的初始化应该交由父类的构造器去做而不是自己完成。不过，因为构造器不可显式调用，只能采用初始化列表，语法形式为：

**子类名(形式参数说明表)　：父类名(实参数列表)**
**{ /* 函数体 */ }**

对于 5.2 节中的 Point 类，其子类 VisualPoint 应以如下方式构造：

```
class VisualPoint : public Point
{
    bool  visible;                    //自己新增的属性
  public:
    VisualPoint(int x = 0, int y = 0, bool v = true, bool  visible = true)
               : Point(x, y)          //构造时明确调用父类构造器
    {
      setVisible(visible);
    }
    void  setVisible(bool visible = true) { this->visible = visible; }
    void  draw();
};
```

子类的构造过程非常明确，先在构造自己之前完成父类部分的构造，而具体构造工作由父类自己的构造器完成。因此，子类要为父类构造器提供实参数列表，或安排适当的缺省值，并在子类构造器的函数体之前，按“: 父类名（参数表）”的形式指出应调用父类的哪个构造器。

例如，一个类 Base 具有如下的构造器：

```
class  Base
{
  public:  Base();
           Base(int  x, double  y);
};
```

它的子类 Derived 应在构造器中用适当的方式指明调用的父类构造器，这里的“适当”仍由签名来体现：

```
class  Derived : public  Base
{
  public:
    Derived() : Base() {  ...  }
    Derived(int  x, double  y) : Base(x, y) {  ...  }
    Derived(int  x) : Base(x, 3.0) {  ...  }
  //...
};
```

第一个构造器调用 Base 类的无参构造器，第二个和第三个构造器都调用了 Base 类的带两个参数构造器，但第三个构造器没有可变的 y 值，因此为 Base 类提供了一个固定的参数 3.0。

一个子类的构造器总应明确指出调用的父类构造器。如果在子类构造时没有明确指出，系统会自动调用父类的无参构造器。因此，如果父类中不存在无参构造器就会导致语法错误。

## 5.3.3　子类的析构

与构造不同，子类不需要也不能调用父类的析构器。当一个子类对象被析构时，系统会自动调用父类的析构器。因此，定义子类的析构器并不需要特殊语法。进一步说，一个子类对象的析构过程是：系统自动调用子类的析构器释放其占用的资源，再调用父类析构器释放继承自父类的属性占用的资源。可以通过一个简单的测试程序了解对象析构的过程：

```
#include <iostream>                              //Example5_1.cpp
using namespace std;
```

```
class  Base
{
  public:
    Base() { cout << "construct base." << endl; }
    ~Base() { cout << "destroy base." << endl; }
};
class  Derived : public  Base
{
  public:
    Derived() : Base() { cout << "construct derived." << endl; }
    ~Derived() { cout << "destroy derived." << endl; }
};
int  main( )
{
  Derived *d = new  Derived;
  delete d;
  return 0;
}
```

运行程序会产生如下的输出：

```
construct base.
construct derived.
destroy derived.
destroy base.
```

这说明，对于有派生关系的子类和父类来说，子类析构时要先拆除自己，再拆除父类，与构造次序恰好相反。这如同盖一间房子，要先打好地基再垒出房屋，但销毁时要先拆除房屋，再撤销地基。

## 5.4　复杂对象的构造与析构

当一个类比较复杂时，构造器将要承担更多的工作。

### 5.4.1　责任重大的构造器

一个复杂的类可能既从其他类派生，又与其他类有聚集关系。因此，必须特别考虑这种类的构造问题，可以总结为：

（1）如果 B 类包含 A 类的聚集，应按 3.4 节所述的规则处理属性的初始化，即如果 B 类包含一个 A 类的对象 a 作为属性，B 类的构造器应采用初始化列表对 a 做初始化。

（2）如果 B 类继承自 A 类，B 类的构造器应在初始化列表中采用 A 类的构造器对继承自 A 类的部分做初始化。

这里利用对 VisualPoint 的改造来说明一个复杂类的构造。示例中的 Color 类用于描述颜色，这是表示一个由红、绿、蓝 3 种分量组成颜色的一般性做法。在代码中还安排了一个常量属性 stdSize，表示标准的点尺寸，目的是为了表明其特殊的初始化方式。

```
#include<iostream>                          //Example5_2.cpp
using namespace std;
```

```cpp
class Color
{
    char red, green, blue;
  public:
    Color(char r, char g, char b) : red(r), green(g), blue(b)
    {
        cout << "Color class constructor." << endl;
    }
};
class Point
{
    int x, y;
  public:
    Point(int x, int y) : x(x), y(y)
    {
        cout << "Point class constructor." << endl;
    }
};
class VisualPoint : public Point
{
    bool visible;
    Color color;
    const int stdSize;                    //标准的点尺寸
  public:
    VisualPoint(int x, int y, int r, int g, int b, bool visible)
             : Point(x, y), color(r, g, b), visible(visible), stdSize(5)
    {
        cout << "VisualPoint class constructor." << endl;
    }
};
int main( )
{
    VisualPoint p(3, 5, 0, 255, 0, true);
    return 0;
}
```

程序运行结果如下：

```
Point class constructor.
Color class constructor.
VisualPoint class constructor.
```

　　总的说来，一个类构造器的初始化列表中要包含的成分可能有父类构造器、对象构造器、常量属性和普通属性等。除简单的普通属性可以在函数体内处理外，其他成分的初始化必须在进入构造器的函数体之前利用初始化列表完成。

　　类构造器通过明确调用父类构造器和对象构造器来初始化自己十分合理，体现了各司其职的特点。当然，无参构造器也可以不写明，由系统自动调用。反之，如果构造器没被显式指出，就意味着对应的类必须提供一个无参构造器。

在构造器的初始化列表中用父类名调用父类的构造器，用对象名调用对象的构造器。

### 5.4.2　类成员的构造与析构次序

对象的构造和拆除遵循一定的顺序，这种顺序是由系统自动确定而非人为设计的。在构造一个子类时，父类总是先于自己被构造出来，而自己定义的属性则依据其在类中定义的先后顺序构造。例如，即便按如下方式重新排列示例程序 Example5_2.cpp 中 VisualPoint 类的构造器初始化列表，程序的输出结果也不会产生变化：

```cpp
VisualPoint(int x, int  y, int  r, int  g, int  b, bool visible)
            : stdSize(5), color(r, g, b), visible(visible), Point(x, y)
{
    cout << "VisualPoint class constructor." << endl;
}
```

这是因为 Point(x, y)总是最先被执行，其次按 visible(visible)、color(r, g, b)、stdSize(5)的次序执行，这是 visible、color 和 stdSize 的定义顺序。产生这种结果的原因是，成员的初始化次序由其在内存中的顺序决定，而这种排列顺序已在编译期就根据变量的定义次序确定好了。

如果初始化时所提供的初始值与参数本身相关，就需要注意这种顺序。例如：

```cpp
class BadClass
{
  private: int x, y;
  public:  BadClass() : y(0), x(y+2){ }              //糟糕的初始化
           void showMsg() { cout << x << ',' << y << endl;  }
};
```

这样的定义不会产生正确的对象，因为属性 x 定义在前，先于 y 被初始化，但此时的 y 并没有初始值，故 x 的值是随机的。

拆除对象的次序总是与对象的构造次序相反。因此，对于示例程序 Example5_2.cpp 中的类 VisualPoint 的对象，拆除时的次序是 stdSize、color、visible 和 Point。无论如何，对象自身的属性总是先于父类被拆除，通过在范例程序中添加类的析构器容易体会对象的拆除过程和次序。

## 5.5　继承的工作方式

### 5.5.1　派生类是一种（个）基类

如同轿车都是汽车一样，派生类对象是一种基类对象。因此，任何要求基类对象的场合都可以用派生类对象替换，包括派生类对象赋值给基类对象、将派生类对象作为基类对象的实参数等，这种规则被称为"赋值兼容性规则"。不过，此时的派生类中只有继承自基类的部分有用，自己新增的部分无效。或者说，由派生类可"构造出"基类，而基类无法构造出派生类，其原因就是基类对象缺少派生类新增加的部分。

下述示例说明了派生类对象可以作为基类对象，但会引起派生类对象被"切割"的语法现象。

```cpp
#include <iostream>                    //Example5_3.cpp
using namespace std;
class Base
```

```
  public:  int  b;
           void showMsg() { cout << "Base" << endl; }
};
class  Derived : public  Base
{
  public:  int  d;
           void showMsg() { cout << "Derived" << endl; }
};
int  main( )
{
  Derived  d;
  Base  b = d;                      //子类对象赋值给父类对象
  b.showMsg();                      //调用父类的方法
  ((Base)d).showMsg();             //调用父类的方法
  return 0;
}
```

运行程序时的输出结果为两行字符串 **Base**。这说明，在语法上，子类对象的确是一种父类对象。不过，在将子类对象 d 赋值给父类对象 b（或强制转换为父类对象）后，对象 d 被"切割"成了碎片，父类对象 b 只得到了子类对象 d 从父类继承来的部分。因此，b.showMsg()仍调用 Base 类的方法而非 Derived 类的方法。实际应用中很少有这样的赋值要求，原则上，应尽量避免一个完整的子类对象被"切割"。

 不要将子类对象赋给父类对象，应避免对象被切割。

### 5.5.2 利用指针和引用的访问

既然派生类是一种基类，基类的指针自然也可以指向派生类的对象。但是，通过这种指向派生类对象的基类指针也只能调用基类的方法。例如，下述代码采用指针和引用来访问对象：

```
int  main( )
{
  Derived  d;
  Base  *pb = &d;                   //指向子类的对象
  pb->showMsg();                    //调用父类的方法
  Base  &rb = d;                    //父类型的引用，绑定到子类对象
  rb.showMsg();                     //调用父类的方法
  return 0;
}
```

代码中令父类指针 pb 指向子类的对象 d。虽然在子类 Derived 中重新定义了同名方法，但 pb->showMsg()仅能调用父类而非子类的方法，或者说，并没有调用指针 pb 所指向对象 d 的自定义方法。利用引用访问时也会产生类似的结果。

对于一个指向子类对象的父类指针来说，如果希望能访问子类的成员，一种粗浅的想法是对基类型的指针做类型转换：

```
((Derived*)(pb))->showMsg();
```

但是，这种做法存在一定风险，并不值得推荐。为了在不经类型转换的情况下达到同样的目的，采用"虚函数"才是正确的途径。

### 5.5.3　非 public 方式派生

继承技术的核心是体现概念之间的关联，即子类与父类之间的特化与泛化关系。此时，子类或者说派生类是一种（is-a）基类，进而产生了赋值兼容性规则。事实上，支持上述理论的前提是子类必须以 public 方式从父类派生。如果子类以 private 方式或 protected 派生于父类会是什么情况呢？这里给出一个简单的测试程序：

```
class  Base { };
class  Derived : private  Base {  };  //私有方式派生
int  main( )
{
  Base  b;
  Derived  d;
  b = d;                             //错误的代码，子类不是父类
  return 0;
}
```

令人惊讶的是，b=d 语句不能通过编译，错误是"Cannot convert Derived to Base"。既然不能将 Derived 转换为 Base，这说明子类 Derived 的对象不是父类 Base 的对象。

由此可见，当一个类以非 public 方式从父类派生时，并非这两个概念之间存在什么关联。C++允许非 public 方式派生类仅是出于程序实现上的考虑。例如，已经有了包装好代码的类 Base，而子类 Derived 要使用这些代码实现自己的功能，可以理解成是一种代码复用技术。当然，也可以用此办法对 Base 的方法进行更有效的包装，如扩充和构造，使新应用能够采用 Derived 的新方法而不是 Base 的旧方法。

## 5.6　案例四：公司员工类的设计（二）

在一个公司内通常包含各类不同的员工，如工人（勤杂）、经理和销售员等，任何公司的业务系统如工资、人事等都需要处理员工的基本信息。为了简化问题，这里仍以案例二为基础，讨论涉及员工工资在内的基本信息描述问题，但对各类员工进行划分并给出合理的定义。假定前述的四类员工包含的属性如下：

工人类的属性：工号、姓名、基本工资和出生日期；

经理类的属性：工号、姓名、基本工资、出生日期和津贴；

销售员类的属性：工号、姓名、基本工资、出生日期、销售额和销售提成比率。

所有员工的对外接口包括输出信息和计算工资。

很明显，上述类之间并没有继承或组合关系，但它们含有共性，都是公司的雇员。也可以说，它们都包含雇员的概念，都是一种特殊的雇员。因此，可以先抽象出一个雇员类，再派生得到其他类。

### 5.6.1　雇员类的定义

雇员类 Employee 的定义与案例二中的 Worker 类类似，但是，工资没有确定的方法，这里假定无基本工资属性。另外，采用 string 来存储职工的姓名：

```
class  Data { //定义同案例二 }
class  Employee
{
  protected:
    int  number;
    string  name;
    Date  birthday;
  public:
    Employee(int num, const string& name, int y, int m, int d)
          : birthday(y, m, d), number(num), name(name) { }
    Employee(const Employee &e)
      : birthday(e._birthday), number(e._number),  name(e.name) { }
    double getSalary() const { return  isBirthday()? 100: 0;  }
    void  showBasicMsg() const
    {
      cout << "工号: " << number << ",姓名: " << name << endl;
      cout << "出生日期: ";
      birthday.show();
    }
    void  showMsg() const
    {
      showBasicMsg();
      cout << "实发工资: " << getSalary() << endl;
    }
    bool isBirthday() const
    {
      return  birthday.getMonth() == Date().getMonth();
    }
    ~Employee(){}
};
```

　　Date 类的声明与实现参见案例二中的定义。Employee 中增加了一个判别是否为职工生日的方法 isBirthday，目的是为每个职工在其生日的当月能增加 100 元的工资。另外，限于篇幅，类中没有给出与属性维护相关的方法。

## 5.6.2　工人类的定义

　　Worker 类与 Employee 类差异很小，仅是多出了基本工资属性：

```
class  Worker : public  Employee
{
  protected: double  wage;
  public:
    Worker(int num, const string& name, int y, int m, int d, int wage)
        : Employee(num, name, y, m, d), wage(wage)  { }
    Worker(const Worker &worker)
          : Employee(worker), wage(worker.wage) { }
    double  getSalary() const
```

```
    {
        return wage + Employee::getSalary();
    }
    void showMsg() const
    {
        showBasicMsg();
        cout << "基本工资: " << wage << endl;
        cout << "实发工资: " << getSalary() << endl;
    }
    ~Worker(){ }
};
```

    Worker 类提供了一个一般构造器和一个拷贝构造器。一般构造器先调用基类构造器初始化 Employee 部分，再初始化自己特有的固定工资属性；拷贝构造器利用传入的 Worker 类参数，即 worker 对象直接初始化基类，这是因为派生类的对象是父类对象。

    Worker 类重新定义了计算总工资的 getSalary 方法，按基本工资+生日补贴方式得到自己的工资，生日补贴调用基类的计算工资方法 getSalary 得到。Worker 类还重新定义了输出信息的 showMsg 方法，增加了输出基本工资的内容。

### 5.6.3　经理类的定义

    经理类 Manager 与 Employee 的主要差异在于经理有基本工资和津贴属性。如果从代码重用性角度考虑，经理类与工人类 Worker 的共性要超过与 Employee 类的共性，但从概念上讲，经理不是工人。因此，选择雇员类作为经理类的基类。

```
class  Manager : public Employee
{
  protected:
    double  wage, allowance;
  public:
    Manager(int num, const string &name, int y, int m, int d,
            int wage, double allowance)
          : Employee(num, name, y, m, d),
            wage(wage), allowance(allowance) { }
    Manager(const Manager &manager)
          : Employee(manager), wage(manager.wage),
            allowance(manager.allowance)  { }
    double  getSalary() const
    {
        return  wage + allowance + Employee::getSalary();
    }
    void  showMsg() const
    {
        showBasicMsg();
        cout << "基本工资: " << wage << ",津贴: " << allowance << endl;
        cout << "实发工资: " << getSalary() << endl;
    }
    ~Manager(){ }
};
```

Manager 类与 Worker 类的实现方式几乎完全一致，也重新实现了计算总工资的 getSalary 方法和输出信息方法。

观察 Worker 类和 Manager 类的 getSalary 方法实现会发现，二者都以 Employee::getSalary()方式调用了父类的方法，这是必要的。在没有类名修饰时，表示调用类本身的方法，这是不可能实现的。

销售员类 Seller 不仅有固定工资，还有销售提成。销售提成是销售总额的百分比，这个比值根据实际情况设定。因此，销售员类从 Employee 类派生，但增加了固定工资 wage、销售额 sale 和销售提成比例 rate 三个属性。

```cpp
class Seller : public Employee
{
  protected:
    double wage, sale, rate;      //提成比例
  public:
    Seller(int num, const string &name, int y, int m, int d, double wage,
           double sale, double rate)
        : Employee(num, name, y, m, d), wage(wage),
          sale(sale), rate(rate) { }
    Seller(const Seller &seller)
        : Employee(seller), wage(seller.wage),
          sale(seller.sale), rate(seller.rate) { }
    double getSalary() const
    {
      return wage + sale*rate + Employee::getSalary();
    }
    void showMsg() const
    {
      showBasicMsg();
      cout << "基本工资: " << wage <<",销售额: " << sale
           << ",销售提成: " << rate << endl;
      cout << "实发工资: " << getSalary() << endl;
    }
    ~Seller( ){ }
};
```

Seller 类也需要根据自己的属性重新实现计算工资和显示信息接口。

# 思考与练习 5

1. 什么是继承？继承机制能带来什么好处？

2. 派生类对基类的继承方式有哪些？基类的成员在派生类中应如何访问？

3. 复杂的类对象应如何构造？

4. 如何理解继承与聚集？如何理解简单聚合与组合？

5. 在一个父类指针 p 指向子类对象时，利用 "p->方法名()" 形式调用父类还是子类的方法？利用 "p->属性名" 形式表示谁的属性？

6. 父类对象可代替子类对象吗？子类对象可代替父类对象吗？子类指针可以指向父类对象吗？

**7.** 阅读下列语句，说明哪些是不正确的。

（1）class Derived : public Derived { ... };

（2）class Derived : Base { ... };

（3）class Derived : private Base { ... };

（4）class Derived : public Base;

（5）class Derived inherits Base { ... };

**8.** 已知如下基类和派生类定义：

```
class String
{
    char  s[100];
  public : String(const char *s){ strcpy(this->s, s); }
};
class Base
{
  public : void set( int );
  protected: int record;
};
class Derived : public Base
{
  public: void set(const String& );
          bool balance(const Base *);
          void setRecord();
  protected: String record;
};
```

请指出下列代码片段中的错误并予以修正。

（1）Derived d; d.set(124);

（2）void Derived::setRecord(){ record = 312; }

（3）bool Derived::balance(Base *pb)  { return record == pb->record; }

**9.** 说明程序的输出结果。

```
(1) #include<iostream>
    using namespace std;
    class A
    {
        int a;
      public: A(int i) { cout << "A constructor." << endl; a = i; }
              void print() const { cout << a << " "; }
    };
    class B : public A
    {
        int b;  A a;
      public: B(int i, int j, int k): A(i), a(j)
              { cout << "B constructor." << endl; b = k; }
              void print() const { A::print(); a.print();  cout << b << endl; }
    };
```

```
     int  main()
     {
       B  b(1,4,5);
       b.print();
       return 0;
     }
(2) #include<iostream>
     using namespace std;
     class  base
     {
         int x;
       public : base(int x) : x(x){ cout << "construct base." << endl; }
                ~base() { cout << "destroy base." << endl; }
                void print() const { cout << "x=" << x << endl; }
     };
     class  A
     {
         int  a;
       public: A(int a) : a(a) { cout << "construct A." << endl; }
                ~A( ) { cout << "destroy A." << endl; }
                void print() const { cout << "a=" << a << endl; }
     };
     class  derived : public base
     {
         int  y;  A  a;
       public: derived(int a,int x,int y):a(a),base(x),y(y)
                { cout << "construct derived." << endl; }
                ~derived(){ cout << "destroy derived" << endl; }
                void print() const { base::print(); a.print(); cout << "y=" << y << endl; }
     };
     int  main()
     {
       derived  d(5,20,30);
       d.print();
       return 0;
     }
(3) #include<iostream>
     using namespace std;
     class  base
     {
         int a;
       public: base(int  a): a(a){ }
                int geta() const { return  a; }
     };
     class  derived : public  base
     {
         int b;
```

```
    public: derived(int a, int b): base(a), b(b){ }
            int  getb() const { return  b; }
};
int  main()
{
    base  b(32), *pb = &b;
    derived  d(12, 53);
    cout << pb->geta();
    b = d;
    cout << b.geta();
    pb = &d;
    cout << pb->geta();
    cout << static_cast<derived*>(pb)->geta() << endl;
    return 0;
}
```

# 实　验　5

1．设计一个基类，从基类派生圆类，从圆类派生圆柱类，并设计访问相关属性、计算其面积和体积的方法。

2．从上题中的圆类派生一个可以插入文字序列的 textCircle 类（类似 Word 中的圆），提供相应的访问方法。

3．设计一个二维点类，从二维点类派生出三维点类，设计访问相关属性的方法，以及计算点到坐标原点距离的方法。

4．完善书中 Vehicle 类到 Car 类的定义，并构造 main 函数进行测试。

5．完善书中燃烧汽油动力车与电力和汽油混合动力车的定义，增加里程信息和油耗信息属性，并增加一个计算百公里油耗的方法。

6．完善书中昆虫类和蝴蝶类的定义，为其增加构造器和输出信息等方法。

7．定义一个快递包裹类 Package，并由此派生出普通包裹类和加急包裹类。Package 类应包含寄件人和收件人姓名、地址和包裹重量属性，按重量×10 计费。普通包裹增加首重计费和超首重后部分的每千克计费单价属性，按首重费用+超重×每千克计费单价计算总费用。加急包裹没有首重限制，但有加急起价费用属性，按加急起价费+重量×10+递送距离的公里数×0.02 计算总费用。为每个类添加计算快递费用的 calculateCost 方法。编写测试程序，创建每种包裹类的对象并测试该方法。

# 第 6 章　虚函数与多态性

本章首先介绍面向对象技术中的另一个主要特征——多态性，以及支持多态性的虚函数机制。同时，分析了相关概念描述中可能存在的冗余问题，并采用公共基类和虚函数方法进行冗余消除。其次，对虚函数的语法要求和实现机理进行了深入讨论，包括因纯虚函数而产生的抽象类的接口作用。最后介绍了多重继承技术。应该说，正是因为多态性机制的存在，才使子类与父类表现出了不同的行为特性，从代码实现的角度看则是解决了利用父类指针或引用直接访问派生类方法的问题。

## 6.1　多态性及其语法规则

### 6.1.1　多态性与联编方式

#### 1. 多态性

一个运算符通常可以适应不同类型的操作数，一个同名方法在不同类中可能因为实现方式不同而产生不同的结果，同一个函数模板因指定的类型参数不同而生成不同的函数，从而表现出不同的能力。这样的语法现象在 C++中很常见，它们被统一概括为"多态性"。

"多态"就是多种形态，是一种"将不同行为与单个记号相关联的能力"。最简单的理解是指在同一个名称下的不同行为表现，或者说是指具有相似功能的不同函数用同一个名称来实现，进而可以通过同一个名字来调用这些具有不同功能的函数。还可以解释为不同的对象在接收到同样的消息时，可以采取不同的处理方法，进而产生不同的处理结果。这种特性是对人类思维方式的一种直接模拟，通过统一行为标识达到对行为的再抽象，减少程序中行为标识符的个数。因此，对多态性更简单的概括就是"一个接口，多种方法"。

面向对象的多态性可以严格地分为 4 类，分别是强制多态、重载多态、参数多态和包含多态。

（1）强制多态是指编译器对类型的隐式转换。例如，在计算表达式"3.0+2"时，编译器将 2 由 int 类型转换为 double 类型，这使得"+"可作用于更多的数据类型。强制多态可以避免类型转换的麻烦，减少编译错误。

（2）重载多态是指利用函数重载实现的多态，包括派生类可以重新定义父类的方法，从而在同样的接口下可以表现出不同的实现方法。

（3）参数多态与模板相关联。例如，函数模板是一个可以参数化的泛函数，通过为模板形参提供类型实参来实例化，以使函数模板能针对特有的类型产生不同的具体函数。有关类模板的讨论参见第 9 章。

（4）包含多态是指具有继承关系的类层次中定义了同名方法的多态行为，但它们通过虚函数来实现，其核心体现在利用相同的方式在运行时调用不同的方法。这种多态性仅在程序运行时表现出来，也可以直接称为"运行时的多态"。

强制多态和重载多态统称为"专用多态"，而参数多态和包含多态称为"通用多态"。无论如何，通过多态，同一操作可以作用于不同的对象，进而产生不同的解释和执行结果。

### 2. 静态绑定与动态绑定

从处理时刻看，多态可以划分为两类，即编译时的多态和运行时的多态。编译时的多态是指在编译过程中确定了同名操作的具体方法，而运行时的多态是指在程序运行时才能动态地确定操作所采用的方法。这种确定具体操作方法的过程称为"联编"或"绑定"。进一步说，"联编（Binding）"是指计算机程序自身彼此关联的过程，也就是把一个标识符名与一个函数的存储地址联系在一起的过程。按照联编所进行的阶段不同可分为"静态联编"和"动态联编"两种方法。

在编译连接阶段完成的联编称为静态联编、静态绑定或早期绑定（Early Binding）。因为联编过程是在程序开始执行之前进行的，故也称为"先期联编"。在编译和链接过程中，编译器可以根据类型匹配等特征确定程序中的函数调用与对应代码的关系，确定一个标识符到底要调用哪一段程序代码。强制多态、重载多态和参数多态都通过静态联编处理，属于静态多态性或编译多态性。

在程序运行阶段完成的联编称为动态联编、动态绑定或晚期（后期）联编（Late Binding）。包含多态以动态联编方式处理，此时的函数调用要在程序运行后才能确定哪个方法被执行。

一般说来，静态联编的优点是执行速度快，而动态联编的优点则体现在灵活性和高度的问题抽象性，是一种运行时的多态，也是本章所讨论的核心问题。

## 6.1.2 用虚函数实现动态绑定

### 1. 虚函数的语法

虚函数（Virtual Function）也称"虚拟函数"，是指一个类中定义的一类特殊方法，声明的语法形式为：

```
virtual  方法原型;
```

下述代码为类 Base 定义并实现了一个虚函数方法 vmethod：

```
class  Base
{
    //...
  public:
    virtual  void  vmethod(形参列表) { /*函数实现*/  }
};
```

在语法上，一个类的虚函数方法与普通方法的唯一区别是在声明时加关键字 virtual 作为前缀。不过，virtual 是对编译器的指示，并非函数原型的一部分。因此，在类外实现虚函数方法时不能再加此关键字。

### 2. 虚函数的作用

简单说，虚函数可以使指向派生类对象的基类指针或引用不经类型转换而直接调用派生类的方法。

```
#include <iostream>                        //Example6_1.cpp
using namespace std;
class Base
{
  public:
    virtual  void  vmethod() {  cout << "Base class run." << endl;  }
};
```

```
class  Derived : public  Base
{
  public:
    virtual  void  vmethod() {  cout << "Derived class run." << endl; }
};
int  main( )
{
    Base  b;
    Derived  d;
    Base  *bp = &b;              //基类指针指向基类对象
    bp->vmethod();              //调用基类方法
    bp = &d;                    //基类指针指向派生类对象
    bp->vmethod();              //调用派生类对象
    Base  &rb = d;              //基类引用绑定到派生类对象
    rb.vmethod();              //调用派生类方法
    return  0;
}
```

程序运行的输出结果如下：

```
Base class run.
Derived class run.
Derived class run.
```

比较 5.5 节的示例，可以发现程序的输出结果产生了令人惊奇的变化。父类指针 bp 分别指向父类对象 b 和子类对象 d 之后，通过相同的代码 bp->vmethod()调用虚函数方法时，系统能够正确判别指向的对象，分别调用对象自己定义的方法。在 vmethod 不是虚函数方法时，这样的代码只能调用父类的方法。

虚函数仅对继承关系有效，普通函数不能定义为虚函数。如果基类和派生类中各自定义了原型相同的虚函数，系统将在运行后才确定基类指针所指向对象的类型，进而决定应该调用哪个类的方法。这就是动态联编所体现出的运行多态性。

# 6.2　共同基类下的对象访问

这里利用虚函数来解决由共同基类产生的不同对象的访问问题。在 5.2 节中，我们部分实现了交通工具类，包括 Vehicle 类，从 Vehicle 派生的汽车类 Automobile，以及从 AutoMobile 派生的小汽车类 Car。完整的交通工具类定义还要从 Vehicle 类派生飞机和轮船类等。如果有一个庞大的交通工具租赁公司，它将如何管理这些五花八门的交通工具呢？类似地，在一个绘图软件如 Windows 的"画图"程序中，需要绘制各种各样的形状，如点、直线、曲线、矩形、圆和多边形等，系统应如何管理这些对象呢？这里以"形状"作为示例，说明利用共同基类所给出的完满解答，它是概念抽象、继承与多态机制共同作用的结果。

## 6.2.1　概念中的共性

在 OOP 中，每个类都是对一种概念的描述。不过，任何概念都不可能孤立存在，总与一些相关的概念共存，并在与相关概念的相互关系中表现出它的大部分能力。通常，一些概念之间存在着共性，这种共性又体现了新的概念，得到新概念的过程就是抽象。

下述代码描述了经过简化的 Word 字处理器中的矩形概念，有位置、颜色和文本属性，还有允许插入文本的操作。

```cpp
class Point;                          //声明类 Point
class Rect
{
  protected:
    Point  p1, p2;                    //矩形角点坐标
    int  color;                       //图形颜色
    string  text;                     //插入的文本
  public:
    Rect(...);
    void  setColor(int col);          //颜色属性访问方法
    int  getColor() const;
    void  setText(const string& t);   //文本属性访问方法
    string  getText() const;
    void  draw() const;               //绘制矩形方法
    void  zoom(double scale);         //缩放矩形方法
    //...
};
```

类似地，如果需要定义一个描述圆的类 Circle，应该包括如下属性：

```cpp
class Circle
{
  protected:
    Point  center;                    //圆心
    int  radius;                      //半径
    int  color;                       //颜色
    string  text;                     //插入的文本
    //...
};
```

容易想象，Rect 类的所有方法都将在 Circle 类中出现，就是说，除了少量的特殊方法外，Rect 与 Circle 有着完全相同的一组方法，只是方法的实现不同。毕竟，放大一个矩形和放大一个圆很难由完全相同的代码实现。同时，Circle 类的很多属性与 Rect 类也是共同的，如 color 和 text 等。

事实上，Word 中有大量的图形元素都与 Rect 和 Circle 存在着共性，因为它们都是形状，都包含着形状的概念。在独立描述矩形和圆时，并没考虑到形状的概念，自然就没有完全体现这些概念之间的关联。这种缺陷是由于没有对概念进行充分抽象造成的，也导致了设计中大量冗余代码的产生。事实上，如果能正确抽象出形状的概念，恰好就构成了其他具体形状的基类。层层抽象，更详细地刻画出不同形状之间的继承关系，就建立了概念之间的层次模型。

### 6.2.2　公共基类

这里将所有图形元素的共性抽象出来，形成一种新的概念 Shape，并作为一个公共基类，使 Rect 类与 Circle 类等图形元素由此基类派生，以完善概念抽象并消除代码冗余。

```cpp
#include <iostream>                   //Example6_2.cpp
using namespace std;
```

```
class Shape
{
  protected:
    int color;                             //颜色
    string text;                           //插入的文本
  public:
    Shape(...);
    void setColor(int color);              //颜色属性访问方法
    int getColor() const;
    void setText(const string& text);      //文本属性访问方法
    string getText() const;
    void draw() const;                     //绘制图形方法
    void zoom(double scale);               //缩放图形方法
    //...
};
class Point;                               //声明类 Point
class Rect : public Shape                  //从 Shape 派生
{
  protected: Point p1, p2;                 //矩形角点坐标
  public:
    void draw() const;                     //绘制矩形方法
    void zoom(double scale);               //缩放矩形方法
    //...
};
class Circle : public Shape                //从 Shape 派生
{
  protected:
    Point center;                          //圆心坐标
    int radius;                            //半径
  public:
    void draw() const;                     //绘制圆方法
    void zoom(double scale);               //缩放圆方法
    //...
};
```

重新描述的概念结构合理，代码也得到了简化。Rect 类与 Circle 类的公共方法及属性被封装在 Shape 类中，利用继承关系消除了重复的拷贝。应注意 draw 和 zoom 方法与 setColor 等方法不同，不能依赖基类 Shape 中的实现，需要在派生类中重新定义以覆盖基类的版本。

由于概念既可能是实际的，也可能是抽象的。因此，这种抽象出来的公共基类可能是真实的实体类，也可能是描述抽象概念的类，此处的 Shape 就是后者。不过，这种改进后的描述仍存在着技术约束和合理性不够的问题，应得到进一步修正。

## 6.2.3 利用虚函数支持动态访问

现在解决由共同基类产生的不同对象的存储和访问问题。为了简单起见，假定对象数目是已知的，可以用数组来存储（实际应用中要使用更合适的存储结构，如向量 vector、列表 list 或队列 deque 等容器），例如：

```
Shape  *shapes[10];
shapes[0] = new Rect(...);              //生成 Rect 对象
shapes[1] = new Circle(...);            //生成 Circle 对象
```

能够采用基类指针数组存储图形对象的原因是基类指针可以指向派生类对象，这是合理描述出概念之间的关系所带来的结果。如果 Rect 与 Circle 类并非从同一个基类 Shape 派生，则很难用同一个数据结构来保存它们的对象。但是，如何利用 Shape 指针访问 Rect 和 Circle 对象呢？下面的代码显然达不到目的，因为它只能调用基类 Shape 的 draw 方法：

```
shapes[0]->draw( );                     //不能访问 Rect 的方法，不能绘制矩形
```

使用强制类型转换是一种很难实现的途径，因为需要随时测试指针指向对象的类型。我们希望可以借助基类指针不加转换地访问派生类的方法，这正是虚函数的作用。因此，需要做的工作是认真检查 Shape 类的方法，将那些必须在派生类中重新实现的方法定义为虚函数：

```
class  Shape
{
  //...
  public:
    virtual  void  draw( ) const;        //绘制图形方法
    virtual  void  zoom(double  scale);  //缩放图形方法
};
```

对 Shape 类进行修改后，保证了下述代码可以正确地执行派生类自己的方法：

```
shapes[0]->draw( );                     //访问 Rect 的方法，绘制矩形
shapes[1]->draw( );                     //访问 Circle 的方法，绘制圆
```

如果使用 C++ 的标准容器 vector，还能够消除元素个数已知的限制，生成的新对象可以直接插入到容器中：

```
vector<Shape*>  shapes;
shapes.push_back(new Rect(...));
shapes[0]->draw( );                     //绘制矩形
shapes.push_back(new Circle(...));
shapes[1]->draw( );                     //绘制圆
```

至此，我们已能够解决本节开始提出的 Vehicle 及其派生类对象的管理问题。由于 run 和 stop 是交通工具的主要接口，它们在不同类中要以不同方式实现，且 Vehicle 类是所有派生类的基类。因此，应该将 Vehicle 类的这两个方法定义为虚函数：

```
class  Vehicle
{
  //...
    virtual void  run(){ cout << "vehicle run." << endl; }
    virtual void  stop(){ cout << "vehicle stop." << endl; }
};
```

另外，因为每个类都有自己的 show 方法实现，也应该将其定义为虚函数。于是，利用 Vehicle 类的指针数组或容器不仅能够存储所有类的对象，还可以不经类型转换直接调用它们的方法。

# 6.3 对虚函数的进一步讨论

使用虚函数在语法上存在一些明确的要求，对虚函数实现动态绑定也需要特殊的机制来支持。

## 6.3.1 如何构成虚函数关系

（1）虚函数是一种延续性的关系。虚函数应在基类中声明，其特性被自动传递给派生类，故派生类中的 virtual 修饰可有可无。更准确地说，virtual 使自己与后代构成虚函数关系，而不代表自己与祖先的关系。例如，Shape 类利用 virtual 修饰自己的方法 draw，其派生类 Rect 重新实现 draw 方法时不再需要 virtual 修饰，但也可以加上这个关键字：

```cpp
class Rect : public Shape
{
  public:
    virtual void draw( ) const;        //绘制图形方法
  //...
};
```

这里，关键字 virtual 的作用就是使基类的 draw 作为一个接口，既服务于基类，也服务于它的派生类。只要一个类将某个方法定义为虚函数，它的后代类中原型相同的方法自然就是虚函数。因此，Rect 中的 virtual 并非是对 Shape 类的说明，而是给其派生类的指示。

（2）实现虚函数关系的前提是两类之间以公有方式（public）派生。

（3）对于基类的一个虚函数，只有原型完全相同的派生类方法才能与其构成虚函数关系。例如：

```cpp
#include<iostream>                    //Example6_3.cpp
using namespace std;
class Base
{
  public:
    virtual void method(int x) { cout << "Base." << endl; }
};
class Derived : public Base
{
  public:
    virtual void method(int x) { cout << "Derived 1." << endl; }
    virtual void method(double x) { cout << "Derived 2." << endl; }
    virtual void method() { cout << "Derived 3." << endl; }
};
int main( )
{
    Derived d;
    Base *bp = &d;                    //基类指针指向派生类对象
    bp->method(1);                    //调用派生类虚函数方法
    bp->method(2.0);                  //调用派生类虚函数方法
    bp->method();                     //语法错误
    return 0;
}
```

　　尽管 Derived 重载了 3 个 method 方法，但只有第一个与 Base 类的虚函数 method 具有相同的原型，故与 Base 类的 method 方法构成虚函数关系，而其他两个 method 方法不能构成虚函数关系。

　　第一次调用 method 方法时，由于参数类型吻合，虚函数关系成立，故调用了 Derived 类的第一个方法。第二次调用采用了浮点数 2.0 作为实参，但 Derived 类并没有符合要求的虚函数。因此，系统将 2.0 转换为 int 类型的常数 2，再调用 Derived 类的第一个方法。由于 Base 类没有定义无参的 method 方法，而在没有虚函数关系时，通过基类指针仅能调用自己的方法，而非派生类的方法。因此，第三次调用 method 方法会产生未定义方法的错误。

　　Derived 类定义的后两个 method 方法都采用了 virtual 修饰，这会导致它们与 Derived 类的派生类的原型相同方法构成虚函数关系。

　　（4）静态方法不能是虚函数，因为静态方法明确依赖类的类型来调用。普通函数也不能是虚函数。

　　（5）派生类中不能定义与基类的虚函数签名相同而仅是返回值不同的方法。例如：

```
class Base
{
  public: virtual void method(int x);
};
class Derived : public Base
{
  public: int method(int x);          //错误的定义
};
```

　　类似于函数重载不能仅靠函数类型来区分一样，这种定义无法判定是否应以"虚的"特性来联编 method 方法。

　　上述限制的一个例外是：如果父类虚函数返回父类型指针或引用，子类虚函数返回子类型的指针或引用，被认为构成虚函数关系。例如：

```
class Base
{
  public: virtual Base* method(int x);
};
class Derived : public Base
{
  public: Derived* method(int x);       //合理的虚函数定义
};
```

　　（6）内联函数不能是虚函数，这是因为内联函数的代码要在编译时被嵌入到函数调用点。如果虚函数在类内部实现，自动被视为非内联方法。

### 6.3.2 　类的构造、析构与虚函数

　　在 C++中，构造器不能是虚函数，也尽量不要调用虚函数。因为虚函数的动态联编特性要通过对象指针或引用来实现，没有对象就无法调用其方法。因此，对象要先被实在地构造出来。

　　析构器可以是虚函数，且一个含有虚函数的类通常也将析构器定义为虚函数，其目的是可以借助基类指针正确地拆除对象。例如，对一个装满形状对象的指针数组 shapes，下述代码是否能够正确销毁所有的对象呢？

```
for(int k=0; k<10; ++k)
  delete shapes[k];
```

　　答案是这些形状对象是否独占了特殊的资源。对于简单情况，这种方式不会引发问题，一旦类对象有独占资源等行为，又需要借助基类指针或引用来销毁，这种方式就不能正确工作。此时，需要定义虚拟的析构器，以迫使程序能执行派生类的析构器来销毁这些对象。

```
#include<iostream>                          //Example6_4.cpp
#include <string>
using namespace std;
class Base
{
  public:
    virtual  ~Base() {  cout << "Base destroyed." << endl; }
};
class  Derived : public  Base
{
    char *text;
  public:
    Derived(char  *s)
    {
      text = new char[strlen(s)+1];
      strcpy(text,  s);
    }
    ~Derived()
    {
     delete[]  text;
     cout << "Derived destroyed." << endl;
    }
};
int  main( )
{
   Base  *bp = new  Derived("C++");   //基类指针指向派生类对象
   delete  bp;                        //销毁派生类对象
   return  0;
}
```

　　在上述示例中，如果父类 Base 的析构器不是虚的，因为 bp 是一个父类型的指针，delete  bp 只能调用 Base 类的析构器，致使 Derived 对象占用的内存不能被正确释放。可见，当一个类 Base 含有虚函数时，就说明该方法将有可能被派生类重载，也就意味着派生类可能产生未知的行为。因此，应该将自己的析构器定义为虚函数。

　　如果基类的析构器是虚函数，派生类的析构器都自动为虚函数，无论有无 virtual 修饰。

 　　一个含有虚函数的类应该有一个虚析构器，但不要在构造器和析构器中调用虚函数。

## 6.3.3　虚函数的内部实现机制

### 1. 虚函数与 vptr 和 vtbl

　　总体上，C++的类可以有静态、非静态两类属性，静态、非静态和虚函数三类方法。在存储时，非静态属性被存储在每一个对象内，而静态属性被存放在所有对象之外，所有方法也被存放在所有对象之外。虚函数的实现略显麻烦，编译器要采取如下两个步骤。

（1）在程序编译期为每一个包含虚函数的类产生一个表格，表格中的每一项是该类的一个虚函数的入口地址，此表格被称为"虚函数表"vtbl，本质上可看作一个虚函数入口地址组成的数组。

（2）对含有虚函数的类的每个对象添加一个隐藏的指针 vptr 作为第一个成员，并在对象构造时将该指针指向相关的虚函数表，这种工作由类的构造器自动完成。

例如，有如下的类定义：

```cpp
class Base
{
    int  b;
  public:
    virtual  void  input(int  x)
    {
      b = x;
      cout << "input Base." << endl;
    }
    virtual  void  output() const { cout << "output Base." << endl; }
};
```

Base 对象的内存分布情况如图 6-1 所示，其中增加了虚函数表头指针 vptr，其元素 vptr[0]和 vptr[1]分别指向 Base 类的 input 方法和 output 方法。

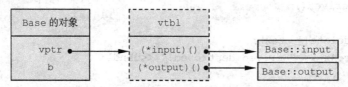

图 6-1　类 Base 的对象内存分布示意图

这样的结构安排使程序在运行时可以找到需要调用的函数。

**2．动态联编的实现**

现在，从 Base 类派生一个新类 Derived，它重新实现了 Base 类的两个虚函数方法：

```cpp
class Derived : public Base
{
    int  d;
  public:
    void  input(int  x)
    {
      d = x;
      cout << "input of Derived." << endl;
    }
    void  output() const { cout << "output of Derived." << endl; }
};
```

此时，类 Derived 对象的内存分布情况如图 6-2 所示。

同样，指针 vptr[0]和 vptr[1]分别就是 Derived::input 和 Derived::output。

以下通过一个测试程序说明动态联编的实现过程：

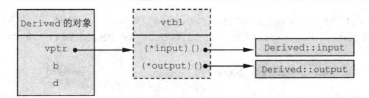

图 6-2 类 Derived 的对象内存分布示意图

```
int main( )                                //Example6_5.cpp
{
  Base  b;
  Derived  d;
  Base  *bp = &b;                          //第 1 次指向 Base 类对象
  bp->input(1);                            //调用 Base 类方法
  bp->output();
  bp = &d;                                 //第 2 次指向 Derived 类对象
  bp->input(2);                            //调用 Derived 类方法
  bp->output();
  return  0;
}
```

程序运行后,指针 bp 首先指向 Base 类的对象 b,得到 b 的 vptr,编译器将第 1 次方法调用 bp->input(1) 转换成(bp->vptr[0])(this, 1),相当于 Base::input(this, 1),从而调用了 Base 类的 input 方法。调用语句 bp->output()也类似处理。

第二阶段指针 bp 指向 Derived 类的对象 d,得到 d 的 vptr。于是,编译器将第 2 次方法调用 bp->input(1) 转换为(bp->vptr[0])(this, 1),相当于 Derived::input(this, 1),这就调用了 Derived 类的 input 方法,从而完成了动态联编,即运行时与实际被调用函数的关联。

应该说明,在实际实现时,虚函数表 vtbl 的第 1 项可能并不保存第 1 个虚函数的地址,而是存储该类的类型信息,用于支持运行时类型识别(Run-Time Type Identification,RTTI)[14]。此时,第 2 项开始才排列着虚函数的入口地址 vptr。此外,如果子类没有重新实现虚函数,仍会存在虚函数表,只不过表中函数的地址指向基类的虚函数实现。

由虚函数的内部实现机制可知,动态联编较普通方法的静态联编效率低。同时,它说明 C++的类并非像看上去那么简单,经过编译后的类往往被添加了另外一些东西,如虚函数的表头指针和数据类型信息等。这就提醒我们,如果需要复制对象,应该采用赋值之类的方法,不要使用 memcpy 等函数进行内存拷贝。

## 6.3.4 重载、覆盖和隐藏

通常,一个从父类派生的子类既包含继承来的方法,又可以定义自己的方法,且基类中还可能定义了虚函数方法。子类自己的方法与继承自父类的方法之间,以及子类自己的方法之间呈现了不同的关系,正确理解它们才能实现合理的类模式设计。这里通过一个示例来澄清方法之间的关系。

```
#include<iostream>                         //Example6_6.cpp
using namespace std;
class  Base
{
  public:
```

```cpp
        void setData(){ cout << "Base setData." << endl; }
        virtual void print() const { cout << "Base print." << endl; }
};
class Derived : public Base
{
  public:
        void setData(){ cout << " Derived setData." << endl; }
        void setData(int)
        {
          Base::setData();
          setData();
          cout << " Derived setData(int)." << endl;
        }
        void setData(double){ cout << " Derived setData(double)." << endl; }
        void print() const { cout << " Derived print." << endl; }
        void print(int) const { cout << " Derived print(int)." << endl; }
};
int main( )
{
    Base  b, *bp;               //------------------------
    b.setData();                //静态调用 Base::setData()
    b.print();                  //静态调用 Base::print()
    bp = &b;
    bp->setData();              //静态调用 Base::setData()
    bp->print();                //动态调用 Base::print()
    Derived  d;                 //------------------------
    d.setData();                //静态调用 Derived::setData()
    d.Base::setData();          //静态调用 Base::setData()
    d.setData(1);               //静态调用 Derived::setData(int)
    d.print();                  //静态调用 Derived::print()
    d.print(1);                 //静态调用 Derived::print(int)
    bp = &d;
    bp->setData();              //静态调用 Base::setData()
    bp->print();                //动态调用 Derived::print()
    return 0;
}
```

Base 类定义了两个方法 setData 和 print，但 print 是虚函数方法。子类 Derived 同样定义了这两种方法，但具有几个重载版本。它们之间具有如下关系：

（1）类 Base 与类 Derived 定义了原型完全相同的普通方法 setData()，这种关系称为"隐藏（hide）"，即 Derived::setData()方法隐藏了 Base::setData()方法。当派生类 Derived 的方法，或利用 Derived 类的对象、指针及引用调用 Base::setData()方法时，要采用 Base::setData 形式，直接使用 setData()意味着 Derived 自己的方法。这是一种少见的不正常实现方式。

（2）子类 Derived 实现的 3 个 setData 方法因原型不同，相互之间构成的关系称为"重载（overload）"，即名字相同，但方法签名不同。

类 Derived 继承自父类 Base 的 setData 方法与自己的 setData(int)、setData(double)不构成重载关系，

这是因为它们所处的空间不同。当然，将它们视为重载也不会引起太大问题。

（3）父类 Base 定义了虚函数 print()，由于子类 Derived 的 print()方法与之原型完全相同，故 Derived::print()是虚函数，或者说二者构成虚函数关系。Derived 对虚函数的重新定义称为"覆盖"、"重写"或"改写"（override），它是使系统能够实现动态联编的手段。

子类 Derived 的 print(int)与 print()构成普通的重载关系，但与 Base::print()不是虚函数关系。

程序所体现的核心问题是，在父类指针 bp 指向子类对象 Derived 时，bp->setData()只能调用 Base::setData()方法，而 bp->print()调用了 Derived::print()方法，这是因为 setData()不是虚函数，print() 才是虚函数。此外，要避免出现下面代码所体现的理解错误：

```
bp->setData(1);                    //错误
bp->print(1);                      //错误
```

这是因为父类 Base 并没定义 setData(int)和 print(int)方法，除非将 bp 强制转换成 Derived 类型。

## 6.3.5　动态造型（dynamic_cast）

作为一种类型转换手段，dynamic_cast 只用于指针和引用，语法形式如下：

```
dynamic_cast<type*>(expr1)
dynamic_cast<type&>(expr2)
```

这里要求 type 必须是含有虚函数的类类型，表达式 expr1 必须是一个指针，表达式 expr2 为一个变量或引用。特别地，在指针造型时，type 还可以是 void，表示对指针 expr1 做空类型(void *)造型，或者说转换为空类型的指针。

dynamic_cast 主要用于类层次间的转换和类之间的交叉转换，这里仅说明前者。在类层次间由子类向父类转换时，称为"上行"转换，是可以隐式实现的转换，dynamic_cast 与 static_cast 的效果相同；但在由父类向子类转换时，称为"下行"转换，dynamic_cast 具有类型检查功能，比 static_cast 更安全。如果类型检查失败，在被转换对象为指针时，表达式 dynamic_cast<type*>的值为 0（空指针），而在被转换对象为引用时将会产生运行错误（抛出异常）。

为了说明问题，在 Example6_6.cpp 中增加一个外部函数，并用 main 函数作为测试。

```
void print(Base &obj)                      //Example6_7.cpp
{
  Derived &rd = dynamic_cast<Derived&>(obj); //引用造型
  rd.print();
}
int main( )
{
  Base b, *bp;                             //父类对象和指针
  Derived d, *dp;                          //子类对象和指针
  bp = &b;                                 //子类指针指向子类对象
  dp = dynamic_cast<Derived*>(bp);         //错误的指针造型，指针 dp 值为 0
  if(dp != 0)
    dp->print();
  bp = &d;                                 //子类指针指向父类对象
  dp = dynamic_cast<Derived*>(bp);         //父类指针 dp 正确指向父类对象 d
  print(b);                                //错误的引用造型，抛出异常
  print(d);                                //正确的引用造型
```

```
        return 0;
    }
```

因为 Base 类定义了虚函数 print()，Base::print()与 Derived::print()呈虚函数关系。首先，在父类指针 bp 指向自己的对象 b 时，不应被造型为子类 Derived，dynamic_cast 可以检查出这种潜在危险，使返回值为 0。因此，应该先对 dp 进行测试才能确定是否引用该指针。当指针 bp 已经指向 Derived 类对象 d 时，将其作 Derived 类型造型是正确的。因此，第二次造型可成功实现。如果将 dynamic_cast 替换成 static_cast 造型，上述两种转换都能正常进行，但第一次不合理的造型不会得到 0 指针。

其次，在父类对象 b 作为外部函数 print 的实参数时，因为它不是子类的对象，print 方法中的引用造型将产生运行错误。在以子类对象 d 作为实参数时，父类形式参数 obj 是子类对象的引用，自然可以再将其造型为子类对象。

如果 Base 类的 print 方法不是虚函数，代码中的所有动态造型都将失败或引发编译错误。

 使用 dynamic_cast 在具有虚函数的类层次之间转换。

# 6.4　纯虚函数与抽象类

在 6.2 节中，利用对形状类 Shape 的抽象解决了类层次定义的不合理性，也解决了同一祖先的不同派生类对象的存储问题，并借助虚函数实现了对不同方法的动态访问。不过，Shape 类的定义仍存在一个问题，因为 Shape 描述的是一种抽象的概念，而客观世界中并不存在抽象的形状，自然就不应该生成 Shape 类的对象。这里从语法上说明如何对 Shape 类施加这样的限制，并引入作为接口目的而设计的抽象类。

## 6.4.1　纯虚函数

在 Shape 类的定义中，由于形状本身是个抽象概念，除了一些供后代访问的公共属性如 color 以外，不会存在描述具体形状的属性，自然也不会有 zoom、moveTo 等方法的真正实现，因此这些方法的函数体通常被设计成空的，如：

```
class  Shape
{
    public: virtual void zoom(double scale){ } //空的方法实现
    //...
};
```

对于这些空的虚函数方法，子类需要重新定义原型相同的虚函数来覆盖它，即给出虚函数的具体实现，以使程序运行时能够实现动态方法绑定。对于此类虚函数方法，C++采用了一种更特殊的处理方式，就是将其定义为纯虚函数。

纯虚函数的语法形式为：

**virtual type 函数名(形参列表) = 0;**

纯虚函数与一般的虚函数定义原型相同，只是在后面用 "=0" 替换了函数体。此时，声明和定义合为一体，没有函数实现部分，如：

```
class  Shape
{
    public: virtual void zoom(double scale) = 0;   //纯虚函数定义
    //...
};
```

容易理解，纯虚函数的访问属性必须是 public 或 protected，否则，该方法对其子类将是不可见的，也就不可能被重新实现。

实际上，在交通工具类的定义中，Vehicle 类就是一个抽象概念，因为客观世界中并不存在抽象的 Vehicle 类实例，只有各种特殊的交通工具实例。我们也无法知晓一个交通工具是如何运行和停止的。因此，至少 Vehicle 类的 run 和 stop 方法都应该是虚函数。以下是改造后的 Vehicle 类：

```cpp
class Vehicle
{
 protected: double speed, weight;
 public:
   Vehicle(double speed, double weight) : speed(speed), weight(weight)
   {
     cout << "vehicle constructor." << endl;
   }
   ~Vehicle(){ cout << "vehicle destructor." << endl; }
   virtual void run() = 0;                    //纯虚函数
   virtual void stop() = 0;                   //纯虚函数
   void show() { cout << "vehicle show." << endl; }
 //...
};
```

如果不是出于演示目的，show 方法也应该是纯虚函数。

## 6.4.2　抽象类

如果一个类至少含有一个纯虚函数，则称其为"抽象类（abstract class）"。相对地，不含纯虚函数的类称为具体类。例如，由于 zoom 方法是纯虚函数，故 Shape 是一个抽象类。

C++对于抽象类的使用有如下限制：

（1）抽象类只能用作其他类的基类，不能生成抽象类对象。

```cpp
Shape  s;                          //错误，抽象类不能产生对象
```

（2）抽象类不能用作参数类型、函数返回类型或参加显式转换的类型，原因也是无法产生抽象类的实例。例如，按如下原型声明一个函数 getShape 将意味着试图返回一个 Shape 对象，但这是不能实现的：

```cpp
Shape  getShape(参数列表);          //错误的函数类型
```

（3）可以声明指向抽象类的指针和引用，目的是使指针能指向它的派生类，进而实现多态性。

（4）若一个类是某个抽象基类的派生类，则需要重新实现（override）基类的所有纯虚函数，即给出所有虚函数的实现版本才能成为具体类，否则，这个派生类仍是抽象类。

例如，考虑从 Vehicle 类派生的 Automobile 类和 Car 类，可以认为体积较小的汽车都是 Car 类的实例，但汽车 Automobile 本身也是一个抽象的概念。因此，Automobile 类并不需要实现 Vehicle 类的 run 和 stop 方法，进而仍维持自己是一个抽象类。相对地，Car 类就要给出这两个纯虚函数的实现，以便成为具体类。

> 抽象类一般不需要构造器。

在面向对象领域中，存在一个普遍采用的词汇：接口（interface）。接口泛指实体把自己提供给外

界的一种抽象，用于从内部操作中分离出外部沟通方法，使内部修改不影响外界其他实体与自己交互的方式。软件工程中的接口泛指供给其他实体调用的方法或者函数。

一些语言（如 Java）中同时存在抽象类和接口，它们有细微的差别。C++仅有抽象类的概念，抽象基类的纯虚函数所起的作用就是为所有派生类提供一个一致的接口（函数原型），派生类要根据自己的需要，采取合适的方式重新实现它。

下述代码简化了形状类的定义，并为其增加了一个计算面积的功能，以此来说明抽象类的接口作用。

```cpp
#include <iostream>                               //Example6_8.cpp
#include <math>                                   //圆周率常量 M_PI 定义于 math
using namespace std;
class Shape
{
  public: virtual double area() = 0;              //纯虚函数，提供统一接口
};
class Rect : public Shape
{
  protected:
    double width, height;
  public:
    Rect(double w, double h) : width(w), height(h){  }
    double area() { return width * height; }
};
class Circle : public Shape
{
  protected:
    double radius;
  public:
    Circle(double r) : radius(r){  }
    double area() { return M_PI * radius * radius; }
};
int main( )
{
  Shape *shapes[4];                               //定义基类类型的指针数组
  shapes[0] = new Rect(2.0, 5.0);
  shapes[1] = new Rect(3,4);
  shapes[2] = new Circle(4.0);
  shapes[3] = new Circle(2.6);
  for(int k=0; k<4; k++)                          //计算不同形状的面积
    cout << "area=" << shapes[k]->area() << endl; //调用不同类的方法
  return 0;
}
```

因为 Rect 和 Circle 类都从 Shape 类派生，使程序可以采用 Shape 类的指针数组来存储各种子类对象。同时，Rect 和 Circle 类都各自实现了 Shape 类的纯虚函数 area()，借助动态绑定特性，程序用 shapes[k]->area()调用不同对象的虚函数，计算出它们的面积。

通常，有以下几种情况促使我们采用抽象类。

（1）各子类所描述的概念中蕴含着公共的抽象概念，应该考虑将此概念独立成抽象类，同时，应

将各子类的共同成员抽取出来作为抽象类的成员，将各子类应分别实现但抽象类无法实现的方法设计成抽象类的纯虚函数，再从抽象类派生出具体子类。Shape 类、Vehicle 类都属此列。

（2）尽管若干对象并非在概念上有什么联系，其属性也没有什么共同之处，但它们对应着一些类似的行为，只是实现方式不同。此时，可以考虑先设计一个抽象类，对所涉及到的方法进行抽象封装，再将各类由抽象类派生，构成层次结构。此时的抽象类基本上仅起到为子类提供公共接口的作用。

（3）为了满足运行时的多态性及查找对象类型等需要，可以定义一个抽象类作为所有类的根，主要目的是用抽象类定义所有希望动态绑定的虚函数，以方便利用赋值兼容性规则，利用抽象基类的指针或引用访问派生类的方法，实现运行时的多态性。

 用抽象类从交互界面中排除实现细节，使接口最小化。

# 6.5　多　重　继　承

在大多数派生关系中，子类仅从一个父类派生，即采用单一继承方式，但客观世界中也存在很多具有多重继承关系的类实例，这样的一个类需要继承自多个父类。例如，包括人类在内的所有哺乳动物都有双亲，后代继承了双亲的遗传基因；沙发床由沙发和床组成，具有双重功能，可以从沙发和床派生；鸭嘴兽具有禽类的特征，包括长有羽毛和卵生等，但本身是哺乳动物，可从哺乳动物类和禽类派生；常用的下拉列表框包括一个可编辑文本的编辑框和一个供选择项目的列表，可以从编辑框和列表框派生，而水陆两用汽车可以从船类和车类派生等，参见图 6-3。

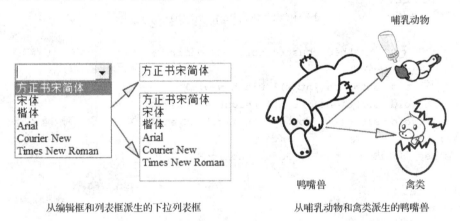

从编辑框和列表框派生的下拉列表框　　　　　从哺乳动物和禽类派生的鸭嘴兽

图 6-3　从多个类派生的实例

## 6.5.1　多重继承的语法规则

多（重）继承是指从多个父类派生新类，语法形式如下：

```
class 子类 : 访问权 1  父类 1，访问权 2  父类 2，…，访问权 n  父类 n
{
    //子类定义
};
```

这里，多重继承可被认为是单一继承的扩展，各访问权可以相同或不同，"访问权 1"～"访问权 n"说明父类 1～父类 n 的成员在子类中的访问权限，遵从与单一继承相同的约束，参见表 5-1。子类继承了所有父类的成员。C++语言本身对父类的个数没有限制，但以两个父类的情况最为常见。此外，多个父类的访问权限一般应该相同，以便降低子类的复杂性，且通常采用 public 方式。

　　例如，沙发床作为一种家具，具备了沙发和床的双重性质，可以考虑从沙发类和床类派生。这里给出了一个简化的类定义：

```cpp
#include <iostream>                              //Example6_9.cpp
using namespace std;
class  Sofa
{
  protected: int width, height;
  public:
    Sofa(int w, int h):width(w), height(h)
    {
      cout << "sofa constructor." << endl;
    }
    void  setWidth(int w){ width = w; }
    void  setHeight(int h){ height = h; }
    void  watchTV() { cout << "watch TV." << endl; }        //看电视方法
};
class  Bed
{
  protected: int width, height;
  public:
    Bed(int w, int h):width(w), height(h)
    {
      cout << "bed constructor." << endl;
    }
    void  setWidth(int w){ width = w; }
    void  setHeight(int h){ height = h; }
    void  sleep() { cout << "sleep." << endl; }            //睡觉方法
};
class  SofaBed : public Sofa, public Bed
{
    int width;
  public:
    SofaBed(int w1, int h1, int w2, int h2, int w3)
          : Bed(w1, h1), Sofa(w2, h2), width(w3)
    {
      cout << "sofabed constructor." << endl;
    }
    void  foldOut() { cout << "fold out." << endl; }        //折叠方法
};
int  main( )
{
  SofaBed sbed(1,10, 2, 10, 3);
  sbed.foldOut();
  return 0;
}
```

程序运行时的输出结果如下：

```
sofa constructor.
bed constructor.
sofabed constructor.
fold out.
```

这里假定沙发有坐在上面看电视的功能 watchTV，床具有可供睡觉的功能 sleep，而沙发床本身有可以折叠的功能 foldOut。于是，从 Sofa 和 Bed 派生的 SofaBed 具有以上 3 种功能，且具有多个属性和属性访问方法。

与单一继承一样，子类的构造器要在初始化列表中明确调用父类的构造器，但在多重继承中，子类对象构造时要按继承顺序构造父类，这是指在子类定义中书写的次序（先 Sofa，后 Bed）与子类构造器的成员初始化列表排列次序无关。同时，子类按声明次序构造自己的属性对象。成员的可见性、表示方法等与单一继承没有区别。

## 6.5.2　多重继承中的二义性

与单一继承不同的是，多重继承时，子类有可能从几个父类继承若干个同名的属性和方法，因此，存在着语法上的二义性和内涵上的不合理性。这里只考虑二义性，合理性可通过虚继承的办法来解决。例如，SofaBed 从 Sofa 和 Bed 中各继承了一个 width 属性和一个 setWidth 方法，每个方法都针对着父类各自的属性而非沙发床的 width 属性。SofaBed 重新定义了自己的 width 属性，且应该有一个访问自己属性的方法。为此，考虑为 SofaBed 增加一个如下的方法：

```
void SofaBed::setWidth(int w){ width = w; }
```

根据名字支配规则，这里的 width 是 SofaBed 自己的属性，它隐藏了从 Sofa 和 Bed 继承来的同名属性。但如果 SofaBed 没有定义 width 属性，上述代码的含义将变得模糊，会引起二义性（ambiguous）的编译错误，因为编译器不知道此时的 width 应该指哪一个：

```
Member is ambiguous: 'Sofa::width' and 'Bed::width'
```

使名字得到区分的方法仍是采用类名和域解析符，就是采用"父类名::成员名"的形式来表示一个完整的名字。例如，可对上述方法做如下修改：

```
void SofaBed::setWidth(int w)
{
    width = w;            //自定义成员
    Sofa::width = w;      //继承自 Sofa 的成员
    Bed::width = w;       //继承自 Bed 的成员
}
```

通过指针或引用访问同名属性或同名方法时都采用此规则进行区分。下述代码是在类外访问这些成员的示例：

```
int main( )
{
    SofaBed sbed(1,10, 2, 10, 3);
    SofaBed *sp = &sbed, &rs = sbed;
    sp->Sofa::setWidth(1);
```

```
        rs.Bed::setWidth(2);
        return 0;
    }
```

无论如何，"类名::成员名"才是一个成员的全名，也只有这样，才能使编译器在有二义性时分清应该使用哪一个属性，或调用方法的哪一个版本。

### 6.5.3　虚继承

消除同名成员访问时的名字冲突并没有引入新的技术，更不能消除类设计上的不合理性。在 SofaBed 类定义中，存在着大量冗余成分，包括同样的属性、方法的多份拷贝，必须予以消除，只保留一份拷贝。为此，不仅要对概念进行更合理的抽象，还要引入新的技术。

#### 1. 利用合理的抽象消除冗余

如同矩形和圆都是形状而要从共同的基类 Shape 派生一样，SofaBed 类设计上存在的冗余首先来自于对概念没有做合理的抽象。因为 Sofa 和 Bed 都是一种家具，自然地，设计中每个类都包含了一份家具的概念，这就是冗余的部分。为此，要先分解并定义出一个抽象家具类作为二者的共同基类。

```cpp
class Furniture                         //Example6_10.cpp
{
  protected: int  width, height;
  public:
    Furniture(int w, int h)
    {
      setWidth(w);
      setHeight(h);
      cout << "Furniture constructor." << endl;
    }
    void  setWidth(int w){ width = w; }
    void  setHeight(int h){ height = h; }
    virtual  void  show() = 0;          //纯虚函数
    //...
};
```

这里为 Furniture 增加了一个纯虚函数方法 show，用于说明自身的用途。现在，Sofa 和 Bed 可以由 Furniture 类派生出来。

```cpp
class Sofa : public Furniture
{
  protected:  int color;                //自己的 color 属性
  public:
    Sofa(int w, int h, int c) : Furniture(w, h), color(c)
    {
      cout << "sofa constructor." << endl;
    }
    void watchTV() { cout << "watch TV." << endl; }
    void show () {  cout << "i am soft." << endl;  }
};
class  Bed : public  Furniture
```

```
{
  protected: int weight;                   //自己的 weight 属性
  public:
    Bed(int w, int h, int wt) : Furniture(w, h), weight(wt)
    {
      cout << "bed constructor." << endl;
    }
    void sleep() { cout << "sleep." << endl; }
    void show () { cout << "i am bed." << endl; }
};
class SofaBed : public Sofa, public Bed
{
  public:
    SofaBed(int w1, int h1, int wt, int w2, int h2, int c)
          : Bed(w1, h1, wt), Sofa(w2, h2, c)
    {
      cout << "sofabed constructor." << endl;
    }
    void foldOut() { cout << "fold out." << endl; }
    void show () { cout << "i am sofbed." << endl; }
};
```

经过概念上的重新整理和抽象后，类 Sofa 和 Bed 中的冗余成分从代码中被消除了，但这种 SofaBed 类定义仍非完全合理，因为它继承了两份一样的 Furniture，分别来自于 Sofa 和 Bed，每个 SofaBed 对象依旧会包含两个 Furniture 类的实例。既然 SofaBed 是一种家具，本质上就应该只包含一份 Furniture 类的实例。为此，需要使用虚继承的办法来去掉一份。

### 2. 虚基类与虚继承

虚继承就是虚拟继承，其语法形式为：

```
class 子类 : virtual 访问权修饰符  父类
{
  //子类定义
};
```

其中，virtual 与访问权修饰符的前后次序可调换，但应置于父类名之前。这种方式实现的继承关系称为"虚拟继承"或"虚继承"，其中的父类称为"虚基类"。

现在，重新修改 Sofa 和 Bed 类的定义，使它们以虚继承方式从 Furniture 类派生：

```
class Sofa : virtual public Furniture { /*定义*/ };
class Bed : virtual public Furniture{ /*定义*/ };
```

经过修正后的 SofaBed 实现了合理性的要求，因为虚继承能使在多条继承路径上的公共父类 Furniture 只在继承的汇合点处产生一个拷贝，如图 6-4 所示。

在图 6-4 中，Furniture 是公共父类，因为是多继承的关系，SofaBed 存在着两条不同的继承路径，其一为 Furniture→Sofa→SofaBed，其二为 Furniture→Bed→SofaBed，SofaBed 是继承的汇合点处。当 Safa 和 Bed 都以虚继承方式从 Furniture 类派生时，一旦达到汇合点并生成 SofaBed 类的实例，系统将检查 SofaBed 类对象的生成状况，如果 SofaBed 对象中还没有 Furniture 类的实例，就加入一份类 Furniture 的拷贝，否则就使用已有的那个。

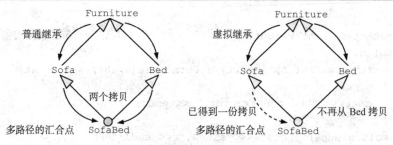

图 6-4　虚拟继承的汇合

在 Sofa 类和 Bed 类都以虚拟方式从 Furniture 派生时，如下代码是合理的：

```cpp
#include <iostream>                                    //Example6_11.cpp
using namespace std;
class  Furniture { /*定义*/ };
class  Sofa : virtual public Furniture { /*定义*/ };    //虚继承
class  Bed  : virtual public Furniture { /*定义*/ };    //虚继承
class  SofaBed : public Sofa, public Bed //正常继承
{
  public:
    SofaBed(int w1, int h1, int wt, int w2, int h2, int c)
         : Bed(w1, h1, wt), Sofa(w2, h2, c),Furniture(w1+w2, h1+h2)
    {
       cout << "construct sofabed:"<< weight<< ','<< height<< '.'<< endl;
    }
    void foldOut() { cout << "fold out." << endl; }
};
int  main( )
{
  SofaBed sbed(1,10, 4, 2, 10, 3);
  sbed.setWidth(10);                               //只继承了一份 setWidth 方法
  sbed.foldOut();
  cout << "size of furniture = " << sizeof(Furniture) << endl;
  cout << "size of sofa = " << sizeof(Sofa) << endl;
  cout << "size of bed = " << sizeof(Bed) << endl;
  cout << "size of sofaBed = " << sizeof(SofaBed) << endl;
}
```

程序运行的输出结果如下：

```
Furniture constructor.
sofa constructor.
bed constructor.
construct sofabed: 4,20.
fold out.
size of furniture = 12
size of sofa = 28
size of bed = 24
size of sofaBed = 40
```

首先，从输出的各种数据类型的内存占用大小来看，Furniture 为 12，Sofa 与 Bed 分别为 28 和 24，其和为 52，除去一份 Furniture 后为 40，恰好是 SofaBed 类型的字节数 40，这从直觉上说明 SofaBed 中只有一份 Furniture 的拷贝。

其次，由于公共父类 Furniture 在子类 SofaBed 中只有一个实例，因此，SofaBed 的构造器或其他方法中的 weight 和 height 代表着继承自 Furniture 的唯一一份属性拷贝，可以从任何一条路径访问这些成员。在 SofaBed 的方法中，对象 width、Furniture::width、Bed::width 和 Sofa::width 都是等价的写法。自然地，如果 width 是公开的属性，在类外也可以通过对象来访问它们。因此，main 函数采用代码 sbed.width、sbed.Furniture::width、sbed.Bed::width 和 sbed.Sofa::width 的含义都是等同的。当然，这些表示属性的语法也同样适用于继承自 Furniture 类的方法。例如，main 函数采用 sbed.setWidth(10) 调用了从 Furniture 继承来的唯一一个 setWidth 方法。

⚠ 用虚继承表达类层次中某些类的共同内容。

### 3. 多重继承的子类构造

Sofa 类和 Bed 类以虚拟方式或普通方式从 Furniture 派生对自己并没有什么特殊影响，只是给将来在 SofaBed 处的汇合做准备。不过，尽管汇合点处的 SofaBed 类从 Sofa 和 Bed 类派生时语法上没有特殊变化，但构造器必须明确调用公共基类的构造器，这在普通继承时是不需要的。例如，SofaBed 应该这样定义构造器：

```
SofaBed(int w1, int h1, int wt, int w2, int h2, int c):
       :Bed(w1, h1, wt), Sofa(w2, h2, c),Furniture(w1+w2, h1+h2)
{
  //...
}
```

这种特殊的要求表明，在 Sofa 和 Bed 从 Furniture 虚继承时，公共基类的初始化工作由汇合点处的间接派生类 SofaBed 调用其构造器完成而非由直接派生类 Sofa 或 Bed 完成。观察示例程序 Example6_11.cpp 的输出结果可以发现，在构造 SofaBed 实例时，首先调用 Furniture 类的构造函数建立虚基类对象部分，产生如下输出：

```
Furniture constructor.
```

其次，再按定义中的继承顺序执行 Sofa 类的构造器，输出结果为：

```
sofa constructor.
```

很明显，虽然 Sofa 类派生自 Furniture 类，Sofa 类的构造器中也含有 ":Furniture(w, h)" 部分，但因为虚继承的关系，系统已知道加入了一个 Furniture 实例，因此，":Furniture(w, h)" 部分被忽略，仅执行 Sofa 自己成员的初始化部分，但设计时的 ":Furniture(w, h)" 部分必须保留。

最后，按与 Sofa 相同的方法，系统继续构造 Bed 部分。最终构造出完整的 SofaBed 类对象。

总体上说，支持多重继承符合客观事实，增强了程序的处理能力，但也增加了复杂性，因为需要引入新的语法和规则解决两个父类含有同名成员时应如何继承，以及如何处理子类继承来的多份拷贝等问题。另外，与单一继承一样，一个虚基类指针或引用可以指向或绑定到派生类对象，所不同的是，没有办法强制转换为派生类的指针或引用。

虚拟继承与虚函数及多态性没有关系。

# 6.6 案例五：公司员工类的设计（三）

在案例四中，雇员类 Employee 的工资计算方法 getSalary 没有实际意义。尽管该方法能够计算出在一个员工生日时为其增加 100 元的补贴，但这种补贴与工资概念并不吻合，也不可能单独作为工资发放。因此，正确的定义方法是将 getSalary 方法和 showMsg 方法定义为纯虚函数，而将获取生日补贴定义为一个单独的方法供其他类调用。

## 6.6.1 雇员类的定义

以下是经过改造的雇员类，这种改造使 Employee 类成为抽象类。

```cpp
class  Employee
{
    //其他定义同案例四
    public:
    virtual double getSalary() = 0;          //纯虚函数
    virtual void  showMsg() const = 0;       //纯虚函数
    double perquisite() const               //额外补贴
    {
      return  isBirthday()? 100: 0;
    }
};
```

## 6.6.2 其他类的定义

其他类的改造仅限于 getSalary 方法，因为需要调用基类的 perquisite()方法重新计算奖金，而 showMsg 方法不需要做任何变化：

```cpp
class  Worker : public Employee
{
    //其他定义同案例四
    public:
    double getSalary() const { return  wage + perquisite(); }
};
class  Manager : public Employee
{
    //其他定义同案例四
    public:
    double getSalary() const
    {
        return  wage + allowance + perquisite();
    }
};
class Seller : public Employee
{
    //其他定义同案例四
    public:
```

```
          double getSalary() const
          {
            return  wage + sale*rate + perquisite();
          }
};
```

下述程序生成了不同的雇员对象并输出他们的工资：

```
int  main( )
{
    Employee  *employe[3] = {        //生成不同的派生类对象
      new Worker(10002, "Mary", 1981, 2, 10, 3000),
      new Manager(10003, "John", 1975, 5, 13, 3100, 200),
      new Seller(10004, "Mark", 1985, 10, 9, 1050, 5000, 0.2)
    };
    for(int k=0; k<3; k++)
    {
      employe[k]->showMsg();          //动态调用不同类的 showMsg 方法
      delete  employe[k];
    }
    return  0;
}
```

程序运行结果如下：

```
工号: 10002,姓名: Mary
出生日期: 1981/2/10
基本工资: 3000
实发工资: 3000
工号: 10003,姓名: John
出生日期: 1975/5/13
基本工资: 3100,津贴:  200
实发工资: 3300
工号: 10004,姓名: Mark
出生日期: 1985/10/9
基本工资: 1050,销售额:  5000,销售提成: 0.2
实发工资: 2050
```

比较这里的输出与案例四产生自引用 re 的输出，从中可以体会到虚函数的重要作用。

# 思考与练习 6

1. 什么是多态？C++有哪几种多态？
2. 动态联编和静态联编有什么不同？
3. 隐藏、重载、覆盖（重写）是指什么？
4. C++中在哪些场合使用域解析符"::"？在哪些场合使用"类名::"？
5. 什么是虚函数？利用虚函数能解决哪些技术问题？
6. 定义纯虚函数遵循什么样的语法形式？
7. 何为抽象类？可以生成抽象类的对象吗？为什么？

8. 采用虚继承时，后代的构造与普通继承时的构造相比有什么不同？

9. 说明下述定义中不合理的地方。

```cpp
class base
{
  public:
    virtual void work() = 0;
    virtual base *copy(base*);
    virtual ostream& print( int, ostream& = cout);
  protected: virtual ~base();
};
class derived : public base
{
    protected: string s;
    public:
      derived(string &str);
      string &getstr() const;
      base *copy(derived*);
      ostream& print(int, ostream&);
};
```

10. 说明程序的运行结果。

```cpp
（1）#include <iostream>
   using namespace std;
   class Base
   {
      public: virtual void fun(){ cout << "Base class fun()." << endl; }
              void func(){ cout << "Base class func()." << endl; }
   };
   class Derived : public Base
   {
      public: virtual void fun(){ cout << "Derived class fun()." << endl; }
              void func(){ cout << "Derived class func()." << endl; }
   };
   void f(Base *b) { b->fun(); }
   int main()
   {
      Derived d;
      Base b, *pb = &d, &rb = d;
      f(&b); f(&d);
      pb->fun(); pb->func();
      rb.fun(); rb.func();
      return 0;
   }
（2）#include <iostream>
   using namespace std;
   class Base
```

```
    {
        int  x;
    public:
        Base(int i){ x = i; cout << "Base constructor." << x << endl; }
        virtual ~Base(){ cout << "Base destructor." << x << endl; }
    };
    class Derived : public Base
    {
        int  y;
    public:
        Derived(int i, int j):Base(i),y(j){ cout << "Derived constructor." << y << endl; }
        ~Derived(){ cout << "Derived destructor." << y << endl; }
    };
    int  main()
    {
        Base *pb = new Base(10);  delete pb;
        Base *pd = new Derived(10,20); delete pd;
        return 0;
    }
```

(3) 
```
    #include <iostream>
    using namespace std;
    class  base
    {
    protected: int x;
    public:
        base(int x) : x(x){ cout << "base:" << x << endl; }
        base(base& from):x(from.x){ cout << "base:" << from.x << endl; }
        virtual ~base(){ cout << "~base:" << x << endl; }
        virtual void print(){ cout << "base::print" << x << endl; }
        virtual void display(){ cout << "base::display" << x << endl; }
    };
    class derived : public base
    {
        int  y;
    public:
        derived(int x, int y) : base(x), y(y)
        { cout << "derived:" << x << ',' << y << endl; }
        derived(derived& from):base(from), y(from.y)
        { cout << "derived:" << x << ',' << y << endl; }
        ~derived(){ cout << "~derived:" << x << ',' << y << endl; }
        virtual void print() { cout << "derived::print" << x << ',' << y <<endl; }
        virtual void display() { cout << "derived::display" << x << ',' << y << endl; }
    };
    int  main()
    {
        base  *pb = new derived(10, 20);
        base b1(*pb);
        b1.print(); b1.display(); (*pb).print(); (*pb).display();
```

```
            dynamic_cast<derived*>(pb)->print();
            dynamic_cast<derived*>(pb)->display();
            delete pb;
            pb = new base(12);
            derived *pd = new derived(6, 34);
            pb->print(); pb->display(); pd->print(); pd->display(); pd->base::print();
            dynamic_cast<base*>(pd)->display();
            return 0;
        }
```

# 实　验　6

1. 完善本章中的 Shape、Rect 和 Circle 类的定义，以虚函数方式实现类的相应方法，并编写示例演示多个对象的存储与访问。

2. 动物园管理程序设计。假设某动物园有 10 只笼子用于饲养宠物，包括猫和狗。动物园可以收容宠物，动物也可以被认领出去。猫和狗都有名字属性，还有"叫"的方法，但叫的方式不同。要求用一个数据项（如数组等）管理这 10 只笼子和其中的宠物，并测试实际对象的"叫"方法。

3. 修改实验 5 中第 4 题的类定义，更改计算百公里油耗方法为虚函数，并构造示例程序演示多个对象的存储与访问。

4. 修改实验 5 中第 5 题的类定义，对昆虫和蝴蝶类增加"飞"的方法，使其为虚函数，并构造示例程序演示多个对象的存储与访问。

5. 修改实验 5 的第 6 题的类定义，通过修改 calculateCost 方法为虚函数使快递包裹 Package 类成为抽象类。

6. 定义一个日期时间类 DateTime，它由案例二的 Date 类和实验 3 中定义的 Time 类派生。

7. 假定公司有 3 类员工，分别是经理、销售员和销售经理，分别包含如下属性：

经理：工号、姓名、基本工资、出生日期、津贴；

销售员：工号、姓名、基本工资、出生日期、销售额、销售额提成比例；

销售经理：工号、姓名、基本工资、出生日期、津贴、销售额、销售额提成比例。

假定销售经理的工资既包括经理的津贴也有销售额的提成，试给出公司各类员工的定义，使销售经理从经理和销售员派生。各类的主要方法可参照第 5、6 章的定义。

# 第 7 章 运算符重载

常用的运算通常可借助一个运算符或称操作符来简化表示，这些运算符代表了对数据的操作，如 a+b，结果是得到两数之和。这种表达方式与采用函数表达方式如+(a, b)或 add(a, b)没有本质区别，因为运算的本质就是函数，这在《离散数学》课程的代数结构部分已做了明确定义。C++语言允许对运算符进行重载，其实质是重载表示某种运算的特殊函数。通过运算符重载，使得类的对象能够被用在表达式中，如同内置类型一样简单、直观。本章主要介绍了运算符重载的概念和语法形式，并讨论了一些常见运算符的重载方法。

## 7.1 重载运算符的概念与一般方法

### 7.1.1 运算符重载是函数重载

常见运算对于 C++语言的内置类型是有效的，但不能施加于用户定义的类类型。例如，对于 1.3 节的电视机类 TV，若 tv1 和 tv2 是两个 TV 的实例，tv1+tv2 是不能实现的，因为很难理解这种运算的意义，更重要的是，编译器不知道如何进行两个 TV 对象的加法。

下述代码重新列出描述点的 Point 类。为了实现两个点的加法，定义了一个能实现两点相加的普通函数 add。

```cpp
#include <iostream>                              //Example7_1.cpp
using namespace std;
class  Point
{
   int  x, y;
 public:
   Point(int  x=0, int  y=0) : x(x), y(y) { }
   int getx(){ return x; }
   int gety(){ return y; }
};
Point add(Point &a, Point &b)                    //一个普通函数
{
  return  Point(a.getx()+b.getx(), a.gety()+b.gety());
}
int  main( )
{
  Point a(1,1), b(2,3), c;
  c = a + b;                                     //错误
  c = add(a, b);                                 //正确
  return 0;
}
```

代码中的表达式 Point(a.getx()+b.getx(), a.gety()+b.gety())分别对两个点的 x 和 y 坐标求和，并将其作为新坐标创建一个临时的点对象。

　　与 TV 对象的求和类似，程序中的 a+b 是不能实现的，因为系统并不知道如何完成两个点的加法。因此，在进行两点加法时需要自己定义一个函数，如 add。不过，能够采用"+"运算符和"a+b"的表达形式更直观且符合人们的日常习惯，也可以减少需要记忆的函数数目，避免混淆。为此，可以明确给出点的加法定义，以便使系统了解如何进行两点的加法运算。

　　现在将 add 函数修改成"+"函数定义，这只要将函数名"add"换成"operator+"即可。修改后的"加法函数"定义如下：

```
Point operator+(Point &a, Point &b)
{
    return  Point(a.getx()+b.getx(), a.gety()+b.gety());
}
```

　　这种修改后的函数实现了对点的加法运算重载。经过重载后，两点的加法可以采用通常的运算表达式来实现：

```
c = a + b;
```

　　当然，也可以沿用函数调用形式实现：

```
c = operator+(a, b);
```

　　因为参数的数据类型约束，重载的加法运算的操作数必须是两个点。如果要将一个点与一个整数求和就不能由此加法函数实现。因此，不妨再重载一个加法函数版本，以实现点和一个整数的加法：

```
Point operator+(Point &a, int b)
{
    return  Point(a.getx()+b, a.gety());
}
```

　　运算符重载可以使表达式更直观和容易理解。例如，对于字符串来说，能直接使用加法连接两个字符串远比调用 strcat 函数更容易接受，但它并不是必需的。

　　⚠️ **定义运算符的主要目的是为了模拟习惯的使用方式，并非不可缺少。**

　　本质上，重载一个运算符就是定义一个具有特定函数名和原型的函数。通常，如果@代表一个运算符，则"operator@"就是@运算的"函数名"，定义一个名为 operator@的函数，采用某种自定义的类对象为参数，并使之满足@运算对签名的要求，就完成了对@运算符的重载。对于大多数运算，C++内部已经建立了很多针对不同内置类型的函数版本，对某个类类型的运算重载就是为 C++语言增加一个适用于该类型的版本。

　　前述示例利用普通函数实现了对加法运算符的重载。不过，一个类是否支持某种运算应该是类本身的能力。因此，运算符重载通常是与类定义联系在一起的，利用临时定义普通函数来重载某个运算的情况一般只在不能修改类定义时采用。这是因为，当定义一个与类没有任何关联的运算符重载函数时，由于属性的存取受到限制，访问类属性总要借助于类的公开方法，如 Point 类的 getx 和 gety。当这些函数比较复杂时可能会降低代码的效率。因此，以下的讨论都围绕着如何在类定义中实现运算符的重载。当一个类的公有接口确定以后，我们就明确了此类必须为用户所提供的操作集合，接下来就可以考虑应该把哪些操作定义为重载运算符了。

## 7.1.2　重载运算符的两种方法

　　大多数运算符可以有两类重载方式，分别是将运算符重载函数定义为非成员形式的普通函数和类方法。非成员一般会设计为友元，目的是提高效率，但并非一定如此。这里首先给出一个使用友元重载 Point 类的加法运算符版本：

```
class Point
{
    int x, y;
 public:
    Point(int x=0, int y=0) : x(x), y(y){ }
    friend Point operator+(Point &a, Point &b);    //友元重载
};
Point operator+(Point &a, Point &b)                //函数实现
{
    return Point(a.x+b.x, a.y+b.y);
}
```

作为一个普通函数，因为重载的运算符函数为类的友元，使函数能够直接访问类的私有成员，这通常比调用类方法的效率更高。另一个加法运算符的重载版本是用 Point 类的方法实现的：

```
class Point
{
    int x, y;
 public:
    Point(int x=0, int y=0) : x(x), y(y){ }
    Point operator+(Point &b);                     //方法重载
};
Point Point::operator+(Point &b)
{
    return Point(x+b.x, y+b.y);
}
```

无论使用类方法还是友元，重载函数的实现都很简单，因为友元和方法都可以直接访问类的所有属性而不必调用 getx 和 gety 方法。不过，究竟使用友元还是类方法重载一个操作符仍需要认真衡量，因为在函数原型乃至使用上都存在着一定的差异。

### 1. 函数原型差异

使用成员与友元重载运算符时的重要差别首先体现在函数形参的个数不同。这是因为每个类的非静态方法的第一个参数都是缺省的 this 指针，由系统自动传递当前对象的地址。因此，对于一个 $n$ 目的运算符，使用类的方法重载时只有 $n-1$ 个参数，用于传递除当前对象之外的其他对象。但是，友元只是普通函数，使用友元重载仍需 $n$ 个形式参数，没有缺省的当前对象。

使用类方法重载时，x+b.x 是当前对象 this 的 x 属性与第二个对象 b 的 x 属性求和，也可以写成 this->x+b.x，但使用友元重载时，只能用 a.x+b.x 表示第一个对象 a 的 x 属性与第二个对象 b 的 x 属性求和。

以一个类 AClass 的二元运算@为例，使用友元和成员重载时在形式上具有如下差别：

```
friend type operator@(形式参数1, 形式参数2); //类定义中的友元声明
type operator@(形式参数1, 形式参数2){/*普通函数实现*/ }
public:  type operator@(形式参数2);          //类定义中的方法声明
type  AClass::operator@(形式参数2){/*第一个参数为 this 的方法实现 */ }
```

当运算符为单目时，使用友元重载时有一个参数，而使用类的方法重载时没有参数。

### 2．调用方式的差异

对于一个运算符@来说，重载它只是定义了一个具有固定函数原型的类方法或普通函数，因此可以按运算符和函数两种形式调用。例如，下述代码用两种方式调用友元重载的加法，在编译时第一种加法形式将被翻译成第二种函数调用形式：

```
Point  a(1,1), b(2,3);
Point  c = a + b;                          //运算符形式
Point  d = operator+(a, b);                //函数形式
```

同样，也可以用两种方式调用类方法重载的加法：

```
Point  a(1,1), b(2,3);
Point  c = a + b;                          //运算符形式
Point  d = a.operator+(b);                 //函数形式
```

在以 a+b 形式调用类方法重载的加运算符时，系统自动将第一个操作数 a 解释为当前对象。这两种调用形式最终都被编译器翻译为如下形式，其中的&a 就是传给 this 指针的实际参数：

```
Point  c = Point::operator+(&a , b);       //传入 a 的地址和 b
```

当然，利用函数调用形式来使用重载的运算符十分罕见，因为它失去了运算符重载的意义。

## 7.1.3  重载运算符的限制

作为一种辅助手段，重载运算符使代码更为直观和优雅，但需要注意如下一些问题。

（1）只能重载 C++语言已有的运算符，不能臆造。例如，一些语言中可以使用"**"表示指数运算，但 C++系统没有此运算符，也就不能将**作为运算符来重载。

```
double  operator**(...);                    //错误的重载
```

（2）重载时应尽量保持运算符原来的意义，不应"挪为他用"。例如，+表示加法，若将其重载为乘法目的就会导致含义不清。

（3）不能改变运算符的本来特性，包括操作数个数、优先级别和结合次序。例如，!是单目运算，不能以双目形式重载：

```
bool  operator!(const Point &a, const Point &b); //错误的重载
```

比较特殊的是，+、－、*和&这四个运算符既可被用作一元操作符，也可被用作二元操作符，故两种版本的运算符都可以被重载。

（4）除了函数运算符 operator()外，对其他重载操作符都不能提供缺省实参数值。

（5）不能改变运算符对基本类型数据的操作方式，就是说，重载运算符时至少要包含一个自定义的类类型或枚举类型参数。例如，下述重载都不能实现，因为它们只含有内置类型参数：

```
int  operator+(int &a, int &b);            //错误的重载
int  operator+(double *p, double  *q);     //错误的重载
```

总体上说，只能重载 C++语言已有的运算，且不能改变运算符的基本特性，还要保证重载后的运算符没有二义性，并含有自定义类型的参数。此外，设计时也不应过多使用运算符重载。

对于大多数运算符，使用非成员或成员重载没有太大区别，但也有一些运算符因为本身的特性或操作数的变化而存在着特殊约束，包括：

（1）=、->、()、[ ]这 4 个运算符必须使用类方法而不能使用非成员重载。

（2）流插入运算符<<和流提取运算符>>只能使用非成员而不能使用类方法重载。

（3）赋值类运算符一般使用类方法重载，因为它们需要修改当前对象 this，包括：

+=、-=、*=、/=、++（前置）、—（前置）

（4）如果运算符的第一个操作数不是当前定义的类类型参数则必须使用非成员重载，这是因为类方法的第一个参数是当前对象指针 this。例如，若为类 Point 重载一个整数与点的加法运算，必须采用非成员，即普通函数，因为第一个操作数并非 Point 类型。

```
friend  Point operator+(int  a, const  Point &b)
{
    return  Point(a+b.x, b.y);
}
```

# 7.2  重载运算符的设计

在重载一个运算符@时，除了函数名固定写作"operator@"之外，还需要仔细确定函数的返回值和形式参数。

## 7.2.1  运算符函数的参数

因为运算符需要处理类的对象，从效率角度考虑，一般不直接使用类对象作参数，引用是一种比较合理的选择。例如，对于点类 Point 的加法，可以按如下方式重载：

```
Point  operator+(Point &a, Point &b);
```

这样的形式参数无法支持(a+b)+c 形式的表达，因为表达式(a+b)不能代表一个变量的引用，更主要的是没有体现出引用对象 a 和 b 不应在函数中被修改的问题。因此，正确的方法是采用 const 对参数进行限制。

```
Point  operator+(const Point &a, const Point &b);
```

这里体现了 const 类型引用可以指向常量或不可寻址表达式的特殊用途。从效率角度考虑，使用指针和引用作参数没有什么分别，但使用指针可能会导致意义变得模糊。例如，如果采用指针参数重载加法运算具有如下原型：

```
Point  operator+(Point *x, Point *y);
```

在执行两个点对象 a 与 b 的加法时，需要明确传递两个对象的指针：

```
c = &a + &b;                                    //意义模糊的代码
```

这样的表达式意义有些含混不清，难以说明到底是对地址求和还是对变量求和。因此，使用引用作为形式参数更为合理。

## 7.2.2  运算符函数的返回值

运算符重载通常是针对类的函数定义，运算符的函数类型也常常与当前类的类型有关，主要须考虑的问题是究竟应该采用对象的值还是对象引用作为返回值，原则是：如果运算符表达式（函数调用表达式）是左值则必须返回引用，否则可以返回值。

根据上述原则，可以这样考虑 Point 类的某些常见运算符的重载函数的返回值：

（1）对于+、–、*、/、%、后置++和后置--运算，它们组成的表达式不是左值，重载时可返回对象的值，故应采用类似如下函数原型：

```
Point operator+(...);                    //函数类型为值类型
Point operator++(...);
```

能否为了提高效率而返回一个对象引用呢？考虑如下的重载加法运算符定义：

```
Point &operator+(const Point &a, const Point &b)
{
    Point t(a.x+b.x, a.y+b.y);
    return t;                            //错误的返回值
}
```

很明显，这种实现方式是错误的，因为 t 是一个作用域仅限于函数体的局部变量，在函数调用结束后，该对象已消亡，返回对它的引用没有意义。即便返回对象 a 或 b 的引用也是不适当的，因为两个对象的求和应该产生一个新的对象，并非是将 b 累加到 a 或将 a 累加到 b。这样的函数没有固定的引用对象，采用引用作返回值缺乏参照来源。

> ⚠ **CAUTION** 对于大型运算对象，采用 const&作为参数，考虑采用引用作为返回值。

（2）对于=、[ ]、前置++和前置--运算，它们组成的表达式是左值，故应返回对象的引用，如：

```
Point &operator=(...);                   //函数类型为引用类型
char &operator[](...);
```

这种方式重载能够保证(x=1)=2、a[3]=10、++x=1 之类的表达式是正确的，能够维持与运算符的缺省运算特征一致。

> ⚠ **CAUTION** 利用成员重载那些表达式可作为左值的运算符。

# 7.3   常见运算符的重载

前文已经给出了加法运算符的重载示例，这里讨论对其他一些典型运算符的重载。

## 7.3.1   重载增量运算符++

这里以++为例，讨论自加运算的重载方法，自减运算只是数值上的变化。假定对点 Point 对象的加 1 运算表示使该点的 $x$ 和 $y$ 坐标分别加 1，即点（1,2）自加后的结果为（2,3）。

通常，单目运算符作为成员重载时不需要参数，但加 1 运算是一种既可前置又可后置的特殊运算符，为了使系统能够分清究竟是前置还是后置，要采取一些特殊的处理方法。

**1．前置++**

前置++遵循一般的单目运算符重载规范，表达式是左值，故函数应该返回当前对象的引用。

```
class Point
{
    int x, y;
  public:
    Point(int x=0, int y=0) : x(x), y(y) { }
```

```
   Point  &operator++();                      //方法重载
};
Point  &Point::operator++()                    //方法实现
{
   ++x;
   ++y;                                        //当前对象的坐标加 1
   return  *this;                              //返回当前对象引用
}
```

应注意*this 代表着当前对象而不是其指针。以下代码调用了重载的前置++运算符：

```
Point  a(1,2), b;
b = ++a;                                       //a、b 均为(2,3)
b.operator++();                                //b 为(3,4)，少见的调用方式
++(++a);                                       //++a 作为左值，a 为(4,5)
```

由于前置++运算返回已经加 1 之后的当前对象，故 b 的值为(2,3)。最后一行代码使对象 a 经过两次自加运算，最终的值为（4,5）。

下述代码给出了使用友元重载的版本：

```
friend Point  &operator++(Point  &a);          //在类 Point 定义中的函数声明
Point  &operator++(Point  &a)                  //作为普通函数实现
{
   ++a.x;
   ++a.y;
   return  a;
}
```

这里的关键问题是必须以一个 Point 类的对象引用作为参数，最终也只能返回此引用。在执行自加运算时，它代表了当前对象本身。自然地，如果以函数形式调用友元重载版本，需要将被自加对象作为实参数传入函数：

```
   operator++(a);                              //使用函数形式调用非成员重载版本
```

### 2. 后置++

为了与前置++运算相区别，必须将后置++运算视为二元运算，且第 2 个操作数是 int 类型，即后置运算表达式 a++被视为 a+0。这表明后置++是普通加法运算，不能作为左值，故返回值只是对象的值而不是引用。下述代码给出了使用成员的重载版本：

```
Point operator++(int);                         //类 Point 定义中的方法声明
Point Point::operator++(int)                   //类定义外的方法实现
{
   Point t(x, y);                              //用当前对象创建临时对象（先取值）
   ++x;
   ++y;                                        //当前对象坐标加 1（后变化）
   return  t;                                  //返回当前对象的原值
}
```

在定义中，函数的整型形参只用于语法表示，没有实际作用，故没有参数名。当然，也可以填写参数名，不过容易引起编译器的错误警告：

```
Point operator++(int x);
```

由于表达式"a++"的值是 a 没有加 1 之前的原值，因此设计时先用临时变量 t 记录当前对象的原值以备返回之用，然后再使当前对象的值增 1，最后返回当前对象的原值。以下几种编码方式等效，都可以记录当前对象的原值：

```
Point t(x, y);
Point t = Point(x, y);
Point t = *this;
Point t(*this);
```

重载后的后置加运算符可以按如下两种方式调用：

```
Point  a(1,2);
a++;
a.operator++(0);                          //使用函数形式调用成员重载版本
```

函数调用表达式中用于占位的实参数 0 是必需的，但值的大小没有任何意义，可以是任意的整数。

如果采用非成员函数重载后置++运算，可按如下方法实现：

```
friend Point operator++(Point  &a, int); //类 Point 定义中的函数声明
Point operator++(Point  &a, int)          //作为普通函数的代码实现
{
  Point  t(a.x, a.y);                     //创建临时对象记录当前对象原值（先取值）
  a.x++;
  a.y++;                                  //当前对象坐标增 1（后变化）
  return  t;                              //返回当前对象的原值
}
```

如果以函数形式调用此版本，需要传递一个对象和占位的整数：

```
operator++(a, 0);                         //使用函数形式调用非成员重载版本
```

简单说，重载前置增量运算的规则是先变化、后取值，重载后置增量运算的规则是先取值、后变化。另外，从实现方式可以看出，前置加法运算的效率略高于后置加法。

### 7.3.2　重载赋值运算符=

C++编译器会为每个类提供一个缺省的赋值运算符，实现方法是将源对象的数据按二进制位形式填充到左值对象的数据区中，称为"位复制"。因此，即便没有重载赋值运算符，简单的对象之间也可以进行赋值。例如，对于 Point 类，下述代码可以正确工作：

```
Point a(1, 2), b;
b = a;
```

不过，由 3.5 节关于拷贝构造器的讨论可知，如果类对象涉及到资源冲突，则不能直接用一个对象的属性数据来构造新对象，必须进行"深拷贝"。同样，赋值运算的实质是利用一个已知对象来覆盖另一个对象，为了避免两个对象占用同一份资源，也不能直接进行数据的按位复制，需要修改缺省的赋值行为。可见，赋值运算与深拷贝类似，差别只是深拷贝的目的是创建一个新对象。可以肯定，如果一个类定义了深拷贝构造器，就一定需要重载赋值运算符。

此外，赋值运算必须使用类方法重载，且因为表达式是左值，故应返回当前对象的引用。

如果一个类含有指针或引用成员，则需要重新定义复制操作，包括拷贝构造函数和赋值运算。

这里以一个简化的字符串类定义为例，说明重载赋值运算符的方法。

```cpp
class String
{
    int size;
    char *str;
  public:
    String(const char * = 0);                //构造器
    String(const String&);                   //拷贝构造器
    ~String() { delete[] str; }              //析构器
    String &operator=(const String&);        //赋值运算重载
    bool operator==(const String&);          //==运算重载
    bool operator!=(const String&);          //!=运算重载
    int Size() const { return  size; }       //成员访问函数
    char *c_str() const { return str; }      //转换成 C 风格的字符串
};
String::String(const char *s)
{
    if(s == 0)
    {
        size = 0;
        str = new char[1];
        str[0] = '\0';
        return;
    }
    size = strlen(s);
    str = new char[size+1];
    strcpy(str, s);
}
String::String(const String  &other)
{
    size = strlen(other.str);
    str = new char[size+1];
    strcpy(str, other.str);
}
```

赋值运算与拷贝构造有很多相同之处，但有一个核心的差别，就是在发生赋值运算时，当前对象已经存在。因此，在执行拷贝之前必须销毁当前对象。粗略地说，String 类的赋值运算可由下述代码实现：

```cpp
String  &String::operator=(const String  &rhs)
{
    delete[] str;                    //释放掉当前对象的原有内存区
    size = strlen(rhs.str);          //-----------------------
    str = new char[size+1];          //根据 rhs 重新分配内存
    strcpy(str, rhs.str);            //将 rhs 的资源内存区复制到新内存区
```

```
    return *this;                            //返回当前对象引用
}
```

很明显，第 1 行代码是析构当前对象，第 2 行、第 3 行代码是用 rhs 重新构造当前对象，最后返回当前对象的引用。因此，赋值运算本质上是析构器和构造器的结合体，含义是拆除当前对象的原值，再根据源对象构造新的当前对象，而拷贝构造器只是用源对象直接构造新的当前对象。

上述代码还不够完善，因为赋值运算发生时，首先要拆除当前对象，如果一个对象给自身赋值将产生错误。因此，必须先判别源对象是否为当前对象本身，如果是则什么也不做。

> 在重载赋值运算符时要检查自我赋值。

完整的赋值运算重载代码如下：

```
String &String::operator=(const String &rhs)
{
    if(this == &rhs)                         // rhs 与当前对象地址相同则为自身拷贝
        return *this;                        //返回当前对象
    delete[] str;                            //释放当前对象
    size = strlen(rhs.str);                  //-----------------
    str = new char[size+1];                  //根据 rhs 重新分配内存
    strcpy(str, rhs.str);                    //数据赋值
    return *this;                            //返回当前对象
}
```

注意代码中使用地址而非值作为判定依据，如果函数参数不是引用，这种判定就不会有效。

从字符串类的操作特性考虑，还应该支持 C 字符串向 String 对象的直接赋值。如果要重载一个以 C 字符串为参数的赋值运算，可以这样实现：

```
String &operator=(const char *s);            //String 定义中的声明
String &String::operator=(const char *s)     //代码实现
{
    delete[] str;                            //释放当前对象
    if(s == 0)
    {
        size = 0;
        str = new char[1];
        str[0] = '\0';
        return *this;
    }
    size = strlen(s);
    str = new char[size+1];                  //根据 s 重新分配内存
    strcpy(str, s);                          //数据赋值
    return *this;                            //返回当前对象
}
```

这个重载的赋值运算没有对当前对象测试，因为一个 C 风格的字符串总是不等同于当前对象。这里的问题是，一定需要重载一个以 C 字符串为参数的赋值运算符版本吗？其实不然，它是多余的，因为 String 类包含了一个以 C 字符串为参数的构造函数。即便没有定义此重载版本，系统也会先自动调用构造函数将 C 字符串转换为 String 类的对象，再完成赋值运算。

String 类中提供了一个方法 c_str，它只是简单地返回字符串存储区的地址 str，以便使 String 的对象能够像 C 风格的字符串那样使用。下述代码演示了重载的赋值运算和 c_str()方法的用法：

```cpp
int main( )                                    //Example7_2.cpp
{
    String s("a string object."), t;
    char cs[100] = "a C string.";             //C 风格字符串
    t = s;                                     //将 String 对象赋值给 String 对象
    cout << t.c_str() << endl;
    t = cs;                                    //将 C 风格字符串赋值给 String 对象
    cout << t.c_str() << endl;
    strcpy(cs, s.c_str());                     //C 风格字符串复制
    return 0;
}
```

 尽管重载了赋值运算符，系统并不会自动实现自反的赋值运算。例如，要想实现+=运算仍需要给出+=的重载定义。

### 7.3.3　重载==运算符和!=运算符

在 String 类的定义中采用一个 size 属性记录了实际存储的字符个数，以便在需要字符串长度时可直接使用，提高效率（但在实际存储时仍增加了一个字节存储'\0'）。于是，可以借助 size 属性实现高效的相等运算符重载：

```cpp
bool String::operator==(const String &rhs)
{
    if(size != rhs.size)                       //字符串长度不同时说明对象不相等
      return  false;
    return !strcmp(str, rhs.str);
}
```

由于已经重载了相等运算，不相等运算可直接由相等运算来实现重载：

```cpp
bool String::operator!=(const String &rhs)
{
    return  !(*this == rhs);
}
```

即便要支持一个 String 对象与 C 风格的字符串比较，我们也无需再重载一个包含 C 字符串参数的运算符版本，可以依赖 String 类以 C 字符串为参数的构造器进行隐式转换来支持，如：

```cpp
String s("C++");
if(s == "c++") ...
```

此外，这两个运算符都可以使用友元来重载。

### 7.3.4　重载下标运算符[]

在构造 String 类时，最好能够使 String 对象像 C 字符串那样支持对字符元素的索引，这需要为 String 增加一个下标运算符函数，它必须使用类方法重载。

下标运算符需要处理一个代表位置的索引，一般可按如下形式实现：

```cpp
char  &operator[](int index);                  //在 String 类定义中增加的声明
```

```
char  &String::operator[](int index)          //类定义外的实现
{
  return  str[index];
}
```

函数的返回值是引用，代表当前对象的字符串存储区某个位置上的字符串变量，其目的是能够支持对单个字符变量的读写：

```
String  s("a string.");
s[2] = 'x';
cout << s[3] << endl;
```

经过重载后的 s[k]如同 C 中的字符数组元素一样，是一个普通的 char 型变量。

上述重载[]运算符的代码过于简陋，存在着隐患，因为缺少对超界下标的范围判定。正确的做法是在返回之前对 index 的范围进行判定和处理，在 index 超界时抛出一个异常，使程序在此处中断，并由相应的异常处理例程来处理。例如，可以按如下方式实现重载：

```
char  &String::operator[](int index)               //类定义外的实现
{
  if(index<0 || index>=size)
     throw Exception("Index is out of bounds."); //抛出异常
  return  str[index];
}
```

### 7.3.5  重载类型转换运算符()

重载类型转换运算符可以将一个对象表达式转换为其他类型的数据。类型转换运算为单目运算，且必须用类方法重载，语法形式为：

```
operator type( );
```

这里的 type 是当前类类型转换后的目标类型。

假定需要将 Point 对象 pt 转换为 double 类型，以得到点 pt 到原点的距离，或者说将点 pt 看作一个向量后的模，可以按如下方式重载类型转换运算符：

```
operator  double();               //在 Point 类定义中增加的声明
Point::operator double()          //在 Point 类定义之外的代码实现
{
  return  sqrt(x*x + y*y);        //需要 math 头文件支持
}
```

于是，可以容易地使用重载后的类型转换实现距离计算：

```
Point  a(10, 20);
double  dist = double(a);             //dist 是点 a 到原点的距离
```

在方法定义中，double 是转换后的数据类型，它可以是 C++语言的内置类型，也可以是用户定义的类型。例如，若要将 Point 对象转换为一个 C 风格的字符串，可用下述原型重载此运算符：

```
operator  char*();
```

如果 Vector 是一个类类型，可用下述原型将 Point 转换到 Vector 类型：

```
class  Vector;                    //Vector 的超前声明
operator  Vector();              //在 Point 类定义中的声明
```

应该注意的问题是重载函数没有参数，因为缺省的 **this** 指针已经指出了被转换的当前对象。同时，重载函数也没有返回类型，或者说它的返回类型已包含在函数名中，如 double、char* 和 Vector。

类的类型转换函数用于将当前类类型转换为其他类型，反向的类型转换可以依赖构造器实现，即类的构造器提供了一种隐式的类型转换运算。例如，由于 String 类定义了一个以 char* 为参数的构造器，在需要时，系统会调用构造器将 C 风格的字符串隐式地转换为 String 对象。

### 7.3.6  重载函数调用运算符与函数对象

#### 1. 重载函数调用运算符

一个类可以重载函数调用运算符，其实质是为类增加一个公开的方法 operator()，形式为：

**type  operator()(形参说明表)；**

例如：

```
class Greater
{
  public : bool operator()(int x, int y){ return x>y; }
};
```

对于这种重载了函数调用运算符 "()" 的类，其对象称为 "函数对象"，也可称之为 "仿函数"，这是因为可以将函数调用以类的对象形式表现出来。例如：

```
int main( )
{
    Greater g;
    cout << (g(20, 10)?"true":"false") << endl;
    return 0;
}
```

这里的函数调用是用对象 g 表现出来的，其形式 g(10,20) 与函数调用极为相似，称之为仿函数是很形象的，可以理解成将一个函数 Greater(int, int) 封装成一个类。函数调用运算符必须采用类方法重载，因为它要通过当前对象 g 来调用。

把一个函数封装成类的主要好处是：C++ 能够自行决定是否以内联形式来处理函数调用，同时，也可以借助为类添加成员使函数得到额外的参数。不过，为了使 Greater 能够适应不同的类型或参数个数，可以利用不同签名对函数调用运算符进行多版本的重载。当然，如果仅是参数的类型不同，通常可以将其设计成模板，参见第 9 章。

下述示例重载了一个类的两个函数调用运算符版本，分别为函数模板和一般函数，用于比较两个数的大小和 x 是否同时大于 y、z。

```
#include <iostream>                          //Example7_3.cpp
using namespace std;
template<typename T>  class Greater
{
  public:
    bool operator()(T x, T y){ return x>y; }
    bool operator()(int x, int y, int z) { return x>y && x>z; }
};
```

```
    void print(int x, int y, Greater<int> &g)
    {
      cout << (g(x,y)?"true":"false") << endl;
    }
```

于是，我们就能够使用函数对象比较几个数的大小：

```
int main( )
{
    print(20, 10, Greater<int>());      //结果为 true
    cout << (Greater<int>()(20, 10, 12)?"true":"false")  << endl;
    return 0;
}
```

这里给出了两种使用函数对象的方法，其一是作函数参数，其二是直接引用。在这里，Greater<int> 是一个“真正的”的类名，而函数调用表达式 Greater<int>() 构成对象。greater 类代表了一种提供比较方法的函数，print 函数既可以通过 greater 对象实现了自定义方式的大小比较，又避免了调用函数指针的问题。

### 2. 用函数对象代替指向函数的指针

函数对象一般被认为是替代函数指针的办法，如果需要将一个函数传递给其他函数可以采用函数对象实现。例如，假定需要计算一个数学函数 $f(x)$ 在区间 $[a, b]$ 上的定积分。按数学定义，定积分 $\int_a^b f(x)\mathrm{d}x$ 指的是曲线

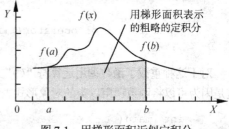

图 7-1　用梯形面积近似定积分

$f(x)$ 与直线 $x=a$ 和 $x=b$ 围成的面积。如果将其近似地看作梯形，则梯形的高为 $b-a$，上底和下底分别为 $f(a)$ 和 $f(b)$，参见图 7-1。于是，可以用梯形面积来近似出定积分：

```
    double integration(double  (*fp)(double x), double a, double b)
    {
      return  (b-a) * (fp(a) + fp(b))/2.0;
    }
```

当然，对实际应用来说，integration 的计算结果显得过于粗糙，可以先将积分区间细分，再用划分后的小梯形面积之和作为定积分的结果。代码中采用了指向函数的指针 fp。现在考虑定义一个一元函数类，并重载其函数调用运算符来代替指向函数的指针。

```
    class Function
    {
      public:
        virtual double operator()(double  x) = 0;
        virtual ~Function() { }
    };
```

借助上述定义，定积分函数可用函数对象按如下方式实现：

```
    double integration(Function &fp, double a, double b)
    {
      return  (b-a) * (fp(a) + fp(b))/2.0;
    }
```

不过，Function 是一个抽象类，并没有真正实现函数调用方法。之所以将其设计为抽象类，目的是为了能根据需要派生出只描述某个函数的特殊类，也可派生出能应付任何函数的一般类：

```cpp
class SpecialFunction : public Function
{
  public: double operator()(double x) { return x*x + 2; }
};
class GeneralFunction : public Function
{
  public:
    GeneralFunction(double (*fp)(double)) : _fp(fp) {  }
    double operator()(double x) { return x*x + 2; }
  private:
    double (*_fp)(double);
};
```

这里从 Function 派生了两个类，其一是描述函数 $f(x) = x^2 + 2$ 的类 SpecialFunction，其二为能够利用函数指针 fp 参数描述任意函数的类 GeneralFunction。于是，可以利用函数对象计算出任意函数的定积分：

```cpp
#include <iostream>                       //Example7_4.cpp
#include <math>
using namespace std;
int main( )
{
  SpecialFunction sf;                    //计算函数 f(x) = x² + 2 的定积分
  cout << integration(sf, 1, 5) << endl;
  GeneralFunction gf(sin);               //计算函数 sin(x) 的定积分
  cout << integration(gf, 0, 0.5) << endl;
  return 0;
}
```

上述代码中将函数包装成两个类对象，并用向函数传递类对象引用代替了传递函数指针，代码更为安全。

利用本章讨论的运算符重载，类对象可以像内置数据一样直接参与各种运算，但还不能用于<<和>>的输出和输入。如果确实需要使用这样的运算符来操纵对象，也可以重载这些运算符，重载方法将在第 8 章讨论。

 不要过多使用运算符重载。

# 7.4  案例六：一个向量类的运算符重载

向量来自于数学上的称呼，是一种常用的数据结构。尽管向量可以用只有一行或一列的矩阵来描述，但向量本身有着自己的特殊性。因此，这里考虑定义一个向量类。为了简化问题，直接给出自定义向量类 Vector 的基本定义，重点是为类添加合适的运算。

## 7.4.1  向量类定义

这里仅考虑一个浮点数向量类 Vector。Vector 的主要属性是一个指针，用来生成存储空间，以保

存一个浮点数序列。此处的定义稍微有点儿扩展，允许用户指定最小下标和最大下标，而不是像数组
下标那样总是从 0 开始。

```cpp
#include <string>                         //Example7_5.cpp
class Vector
{
  public:
    Vector(int  min = 0, int  max = -1);
    Vector(const  Vector  &copy);
    ~Vector();
    int  minIndex()  const  {  return  min;  }
    int  maxIndex()  const  {  return  max;  }
    int  size()  const {  return  elements;  }
    void  init();                          //设置属性为 0 的初始化方法
  protected:
    int  min,  max;                        //最小、最大下标
    double  *data;                         //数据存储区
    int  elements;                         //元素个数
};
Vector::Vector(int  min, int  max)
{
  init();
  if(min > max)
    return;
  this->min = min;
  this->max = max;
  elements = max - min + 1;
  data = new  double[elements];
}
Vector::Vector(const  Vector  &copy)
{
  init();
  if(copy.data == 0)                       //原向量为空
    return;
  min = copy.min;
  max = copy.max;
  elements = max - min + 1;
  data = new  double[elements];
  memcpy(data, copy.data, sizeof(double) * elements);
}
Vector::~Vector() {  delete[]  data; }
void  Vector::init()
{
  min = max = elements = 0;
  data = 0;
}
```

　　Vector 类提供了两个构造器。Vector(int, int)利用缺省参数值充当缺省构造器，只是简单地将所有成
员置 0。一般情况下，构造器利用指定的最小和最大下标计算出元素个数，并开辟一块合适的空间。拷

贝构造器根据一个对象 copy 计算元素个数并分配空间，再将所有 copy 的元素复制到新存储区。测试一个 Vector 对象是否为空可以通过下标、元素个数 elements 以及指针 data 实现，但在类外应使用 size 方法。

利用上述类型定义可以支持灵活的向量对象构造，如：

```
Vector  v1;
Vector  v2(1, 10);
Vector  v3(-3, 3);
```

## 7.4.2　为向量添加运算

作为一种数据类型，向量至少应该支持赋值运算、相等和不等运算，它们不能依赖系统提供的缺省方法。同时，应支持向量元素的下标访问。从数学意义上看，向量还存在着多种其他运算，如向量之间的加法和减法、向量与标量之间的乘法、向量的内积以及向量积、求模和投影等。最后提及的 3 种运算可利用一般方法实现，不在考虑范畴。

### 1．重载向量赋值运算符

赋值运算必须用类方法重载，主要包括判定是否为自我赋值、销毁当前对象和拷贝对象 3 个步骤，代码如下：

```
Vector  &operator=(const  Vector  &copy);      //类定义中添加方法原型
Vector  &Vector::operator=(const  Vector  &copy)
{
  if(this == &copy)                            //防止对象的自我复制
    return *this;
  delete[]  data;                              //销毁当前对象
  if(copy.data == 0)                           //拷贝对象
  {
    init();
    return *this;
  }
  min = copy.min;
  max = copy.max;
  elements = max - min + 1;
  data = new double[elements];
  memcpy(data, copy.data, sizeof(double) * elements);
  return *this;
}
```

即便实参对象是空的，赋值运算也原样复制。

### 2．重载向量下标运算符

下标运算必须用类方法重载，主要工作是判断下标的范围以防止越界。为了简单起见，在检测到下标超界时，自动视为最小下标。事实上，正确的处理方法应该是抛出一个异常。

```
double  &operator[] (int  index);            //类定义中添加方法原型
double  &Vector::operator[] (int  index)
{
  if(index < min || index > max)
    index = min;
```

```
    return  data[index - min];
}
```

### 3. 重载向量加法运算符

加法可以用类方法或友元重载。两个向量求和时，主要问题是其长度有可能不同，这里的处理方法是统一到长向量，并将短向量与长向量的最小下标对齐，再逐个元素求和。

```
Vector  operator+(const  Vector  &other);        //类定义中添加方法原型
Vector  Vector::operator+(const  Vector  &other)
{
  if(elements > other.elements)                  //第一个向量较长
  {
     Vector  t(*this);
     for(int  i = 0; i<other.elements; ++i)
       t.data[i] += other.data[i];
     return  t;
  }
  else
  {
    Vector t(other);
    for(int  i = 0; i<elements; ++i)
      t.data[i] += data[i];
    return  t;
  }
}
```

### 4. 重载向量与标量、向量的积运算符

由于存在着多种求积方式，如果都用乘法运算符表示，可构成多个重载的乘法运算符版本。但是，如果同时考虑向量积（叉乘）和向量内积，我们就不能通过参数区分它们。因此，这里仅用乘法表示向量的内积以及向量与标量的积。

向量的内积可以采用类方法或友元重载，返回值为 double 类型。对于两个不等长的向量，以短向量为基准进行计算。当一个标量与向量求积时，由于第一个参数不是向量，只能用友元重载，而向量与标量的积既可以采用类方法也可以是友元重载。

```
double  operator*(const Vector  &other);           //类定义中添加方法原型
Vector  operator*(double  scalar);                 //类定义中添加方法原型
friend  Vector  operator*(double scalar, Vector &vec);    //类定义中添加友元
double  Vector::operator*(const  Vector  &other)
{
  int  count = (elements > other.elements? other.elements: elements);
  double  s = 0;
  for(int  i = 0; i<count; ++i)
    s += data[i] * other.data[i];
  return  s;
}
Vector  Vector::operator*(double  scalar)
{
  Vector  t(*this);
  for(int  i = 0; i<elements; ++i)
```

```
        t.data[i] = scalar * t.data[i];
    return  t;
}
Vector  operator*(double  scalar, Vector&  vec)
{
    return  vec * scalar;
}
```

标量与向量积的重载调用了向量与标量乘法运算。以下是一个简单的测试程序：

```
int  main( )
{
    Vector  v1(1,3),  v2(0, 5), v3;
    int  i;
    for(i=1; i<=3; ++i)  v1[i] = i;                //下标运算
    for(i=0; i<=5; ++i)  v2[i] = 2*i + 1;
    v3 = 3 *  v1;                                  //赋值运算，乘法运算
    for(i=1; i<=3; ++i)  cout  <<  v3[i] << ',';
    cout  <<  '\n' << v1 * v2 << endl;             //乘法运算
    return 0;
}
```

程序运行的输出结果如下：

```
3,6,9,
22
```

其他运算可通过自定义方法来支持。

# 思考与练习 7

1. 重载运算符的本质是什么？
2. 为什么要将普通的运算符重载函数声明为类的友元？
3. 为类重载运算符时有哪两种方法？定义上有什么差别？在使用上有什么差别？
4. 哪些运算符不能被重载？重载运算符时有哪些限制？
5. 重载运算符时怎样确定函数的参数和返回值？
6. 为 String 提供重载的>=运算符：

```
bool operator>=(const String&);
```

7. 下面的表达式能够调用 String 重载的==操作符吗？为什么？

```
"tom" == "mary"
```

8. 为 String 提供重载的不等于运算符，使其可以处理以下 3 种情况：

（1）`String != String`　　　（2）`String != "String"`　（3）`"String" != String`

9. 分别利用友元和类方法重载 Point 类的自减运算符。

10. 为 String 增加一个重载的+=运算符。

# 实　验　7

1. 为 Vector 类增加重载的+=运算符。

2．为 Vector 类增加一个重载的= =运算符和一个!=运算符。

3．为 Vector 类增加一个重载的自加运算符，其功能是使向量的所有元素加 1。

4．为 Vector 类增加一个方法，用来计算向量的模。

5．为 Vector 类增加一个方法，用来计算两个向量的积（叉乘）。

6．为 Vector 类增加一个方法 resize，用来重新调整元素个数，并能尽量保留已存在的元素值不变。

7．定义一个类 Lesser，为其重载函数调用运算符，使之能够比较两个整数的大小。若第一个数小于第二个数值则为 true，否则为 false。

8．为 Vector 类增加一个排序方法，该方法以一个函数对象为参数，即可以根据函数对象指定的比较方式进行升序或降序排序。

# 第 8 章 流与文件操作

数据的输入/输出（I/O）是程序设计中的基本操作之一。数据输入可以来自键盘、鼠标、磁盘文件、扫描仪和触摸屏等设备，而数据输出的对象可以是显示器、打印机、磁盘文件和绘图机等。虽然 C++语言仍然允许使用 C 语言的输入/输出函数，但也重新定义了一套经过简化、安全和易于扩充（可编程）的 I/O 机制。由于 C++语言在输入时将数据由字符序列转换为二进制的对象，在输出时由二进制的对象转换为字符序列，其结果使得数据的输入/输出类似于流体的流动，故称为流式 I/O 技术。本章介绍由类和对象支持的流机制，讨论基本类的层次关系，重点讨论了常用的输入/输出对象的用法和格式控制技术。另外，详细讨论了利用重载输入/输出插入符构造可流类的方法，以及文件流的使用方法。

## 8.1　理解流机制

### 8.1.1　流与文件

输入和输出是数据的传送过程。在进行 I/O 操作时，最常涉及的对象是内存和文件，而 I/O 操作一般也是指数据在内存与文件之间的交换。磁盘文件是最常见的一类文件，但在实际进行 I/O 操作时，计算机系统中将常用设备如显示器、键盘、打印机等都视为文件。这样做的目的是可以使用同样的方法来完成对不同目标的操作。

输入/输出使数据向水一样从一端流向另一端，因此 C++语言（包括 C 语言）将其形象地称为"流"。流是对文件的一种抽象，是一种逻辑概念，而文件是一个物理概念。一旦一个文件被打开，就建立起了与一个流的联系，对文件的操作就被对这个流的操作代替，而所有 I/O 操作都是对这种抽象的流建立的。通过对流的包装掩盖了底层文件的差异。事实上，所有流的行为是相同的，但不同的文件可能有着不同的行为。一些文件支持读和写两种操作，如磁盘文件；而一些文件只支持单向操作，如显示器仅支持写操作，键盘输入设备仅支持读操作等。

C++的输入/输出流是指由若干字符组成的字节序列，它们被按顺序从一个对象传送到另一个对象。这里的对象可以是系统的标准设备、磁盘文件或内存中指定的区域。流中的内容可以是任何一种信息，如 ASCII 字符、二进制数据、图像及音频视频等。在系统内部，流操作以缓冲方式进行。这里的缓冲是指对流数据的一种临时存储技术，以便在高速工作的设备和低速设备之间进行协调。例如，在输出数据时，可以先准备一块内存区并将流数据保存在其中，等到缓冲区满或冲刷缓冲区时再将"积攒"的一批数据写到目的对象，其目的是提高效率，输入时也可类似处理。一般将这种缓冲式的 I/O 方式称为高级 I/O。当然，也可以不经过缓冲而直接进行读写操作，这样的方式称为系统 I/O 或低级 I/O。

在后续的讨论中，可以体会 C++语言是如何用同样的方法（流）实现标准输入设备、磁盘文件乃至内存的输入/输出操作的。

### 8.1.2　从函数到对象

在 C 语言中，支持 I/O 操作的主要技术是 printf 和 scanf 函数族，虽然在 C++中使用这些函数没有什么问题，但相比之下，C++语言的面向对象的 I/O 技术更具有吸引力，以下仅从数据输出的角度进行简单比较。

### 1. 简单性

C 语言的输出依赖于格式描述，在实际使用 printf 和 scanf 之前，需要详细了解这些具体的格式控制方法，才能进行正确的操作。同时，需要在一个长的格式控制字符串中认真进行分割，才能找到与每个输出表达式相对应的控制项，这种写法麻烦且不易阅读。相比之下，C++语言的流更为简单，如：

```
cout << "x=" << x << "y=" << y;
```

这里的 cout 就是一直使用的输出对象。即便没有任何格式描述，cout 也能正确地识别这些被输出的对象。

### 2. 安全性

复杂的格式描述容易出错，而编译器本身对参数的类型也缺乏足够的核查能力，这使得 C 语言的函数存在着一些隐患。例如：

```
printf("%D", 10);
printf("%d", 1.2);
```

由于%d 被错写为%D，%lf 被错写为%d，这些输出语句都不能正确工作，但编译器不能检测出这些错误。相比之下，C++语言的流可以自己辨认表达式的类型，不存在类似缺陷。

### 3. 可编程

C 语言的输入/输出函数是不可编程的，这是指用户无法让它们适应新的自定义类型。例如，对于一个自定义的 Point 类对象，输入和输出函数不能直接处理它们。相反，通过重载插入运算符，可以使 C++语言的流直接应用到任何一种自定义类型。

## 8.1.3 源、汇和 iostream 流控制类

### 1. iostream 类及类层次

C++语言的几个主要 I/O 控制流类定义于头文件<iostream>，由一组具有一定层次关系的模板类组成，一般称为 iostream 库。

（1）ios 类。主要内容是以枚举方式定义了一系列与 I/O 有关的状态标志、工作方式等常量，还包括一些控制输入/输出格式的方法。ios 类定义了一个成员作为流缓冲区指针。此外，ios 类还是输入流 istream 和输出流 ostream 的虚基类。在实现时，多数编译系统先定义了一个 ios_base 类模板，再由 ios_base 定制成 ios 类。因此，一般可以不严格地认为 ios 类与 ios_base 类是相同的。

（2）streambuf 类。此类主要负责流缓冲区的管理，定义了设置缓冲区、将输入流和输出流与缓冲区进行数据交换的方法。通常，用户不需要与此类打交道。

（3）istream 类和 ostream 类。从 ios 类虚拟派生，并对 C++所有内置类型重载了>>和<<运算符。

（4）iostream 类。从 istream 和 ostream 派生，同时继承了两个类的成员，目的是能够支持输入和输出两个方向的操作。由于采用虚继承方式，能够保证每个 iostream 对象只有一份 ios 的拷贝，参见图 8-1。

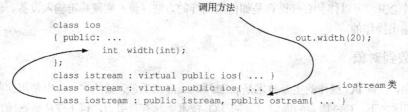

图 8-1　iostream 从 ios 继承了 width 等成员的一份拷贝

（5）istringstream 类和 ostringstream 类，分别由 istream 类和 ostream 类派生，支持对数据在内存中的格式化。

（6）ifstream 类、ofstream 类和 fstream 类，分别由 istream 类、ostream 类和 iostream 类派生，支持对文件流的格式化 I/O 操作。

这些主要 I/O 类之间的层次关系见图 8-2。

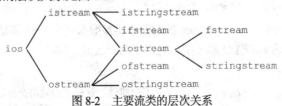

图 8-2　主要流类的层次关系

虽然还有一些类与流控制有关，如 streambuf、ostream_withassign（非标准）等，但一般很少在程序中涉及。

### 2．预定义的流对象

头文件<iostream>中定义了 3 个对象，用于代表标准设备。

（1）cin。istream 类的对象，代表标准输入设备，默认为键盘。

（2）cout。ostream 类的对象，代表标准输出设备，默认为显示器。

（3）cerr。ostream 类的对象，代表标准出错设备，即显示错误信息的设备，默认为显示器。

cout 与 cerr 的功能相同，但 cerr 不能重新定义到其他设备。例如，当一个 C++程序 Show.cpp 在编译后形成可执行程序 Show.exe，可以利用如下运行方式将所有 cout 输出的信息转存到文件 message.txt 文件中：

C:\>Show>message.txt<回车>

这被称为输出重定向（定义），符号>为重定向符。但是，用 cerr 对象输出的信息仍显示在屏幕上而不是写到文件里。

对于上述系统预定义的流对象，可以直接用在程序中完成标准输入/输出，且系统自动维持这些流的打开与关闭，无需用户介入。

### 3．源与汇

在标准 I/O 操作中，程序是通过文件读写数据的，而一个文件通常由一个用整数描述的文件柄来标识。虽然形式上有差异，但 iostream 库中的源 cin 和汇 cout 与普通的文件柄是等价的。源 cin 在程序中的角色是生产者，而汇 cout 和 cerr 是消费者。只要是 C++的内置类型，都可以采用源和汇实现输入和输出。例如：

```
double x;
cin >> x;                                    //cin 扮演的生产者角色
char  a[100];
cin >> a;
cout << "x=" << x << ", a=" << a << endl;    //cout 扮演的消费者角色
cerr << "There is problem in a." << endl;    //cerr 显示错误信息
```

应该说，由于在这样的输入/输出中没有任何限制和格式控制，有可能存在隐患或不能满足用户的需要。例如，字符数组 a 的定义长度是 100，如果输入字符超过了 99 个（应保留一个给系统存放'\0'）就会产生越界错误。因此，对这样的数据应采用类方法（cin.getline）输入。

#### 4．扩展的简单性和 I/O 对象的不可复制

I/O 类型的层次结构对扩展 I/O 能力非常有利。由于派生类对象是一种基类对象，所有对基类对象的操作对派生类对象也同样适用。因此，如果对某种新的数据类型扩展了 istream 的操作，则这种操作对于 ifstream 和 istringstream 也同样适用。例如，如果设计了如下函数：

```
istream  &func(istream&, Point&);
```

那么，利用 istream、ifstream 和 istringstream 的对象作实参数来调用 func 都是正确的。

一个值得注意的问题是标准 I/O 库类型不允许复制或赋值，如：

```
ofstream out1, out2;
ofstream func(ofstream);          //错误，这样的参数将产生赋值操作
out2 = out1;                      //错误
out2 = func(out2);               //错误
```

因此，在函数中涉及传递 I/O 类的对象时，只能采用引用而不能是对象值。

## 8.2  构造可流的类

如果希望自定义数据类型能像内置类型一样应用于输入或输出对象，需要重载输入运算符>>和输出运算符<<，使自定义类成为"可流的类"。

### 8.2.1  再谈 cout 和 cin 对象

C++语言预定义了如下一些与输入和输出有关的流常量。在程序开始运行时，这些流被自动打开：

stdout：代表标准输出设备（显示器）的宏。

stdin：代表标准输入设备（键盘）的宏。

stderr：代表标准出错设备（显示器）。

借助于上述常量，在 iostream 中定义了两个用于实现标准输入和输出的对象 cin 和 cout：

```
istream  cin(stdin);
ostream  cout(stdout);
```

事实上，ostream 类和 istream 类对每个内置类型都以友元函数重载了插入运算符<<和提取运算符>>，如：

```
friend  ostream  &operator<<(ostream& , int);
friend  ostream  &operator<<(ostream& , double);
friend  ostream  &operator<<(ostream& , char);
friend  ostream  &operator<<(ostream& , const char*);
```

正因为如此，可以利用对象 cout 和 cin 正确输出和输入所有基本类型的数据。如果将一个自定义类型与 ostream 对象联系起来，就可以实现这种数据的流输出。同样，将其与 istream 对象联系起来即可实现流输入。不过，应注意这些函数中的参数和返回值只能是 ostream 和 istream 对象的引用而不能是普通对象。

### 8.2.2  重载输出运算符<<

为了理解重载插入运算符的语法形式，首先观察一下 cout 对象的使用方法：

```
cout << x << y;                  //与如下语句等效
(cout << x)<< y;                 //cout << x 的值就是对象 cout
```

之所以能够实现"连续的输出",是因为表达式 cout << x 的返回值为 ostream 类对象的引用,也就是 cout 自身的引用。可见,重载<<运算符时应返回一个 ostream 类对象的引用。同时,<<是一个双目运算,但由于第一个操作数是一个 ostream 类的对象引用而非当前类的对象引用,故必须以非成员而不是类方法重载。

根据上述讨论,得到重载<<运算符的函数原型为:

```
ostream &operator<<(ostream &out, const type &src);
```

这里的 type 是一个用户自定义类型名。下述代码给出了 7.3 节中 String 类的<<运算符的一个重载示例:

```
class  String
{
    int  size;
    char  *str;
  public:
    //...
    friend ostream  &operator<<(ostream &out, const String &src);
};
ostream  &operator<<(ostream &out, const String &src)
{
  out << src.str;
  return  out;                          //返回 out
}
```

下述语句可实现 String 对象与其他类型数据的混合连续输出,输出结果为"A string :run well.":

```
String  s("run well");
cout << "A string:" << s << '.' << endl;
```

应该说,只要保持语法形式不变,重载函数中也可以使用其他输出技术,甚至 C 语言的库函数也能工作,产生输出信息,如:

```
ostream  &operator<<(ostream &out, const String &src)
{
  //拙劣的设计:不是对 out 编程
  printf("This is an example, but designed badly. ");
  cout << "value" << src.str;
  return  out;
}
```

这种重载函数在简单工作时一般不会有什么问题,但对于良好的设计来说并不可取,它违背了对 ostream 重新编程的初衷,更不可能使函数对 ostream 的派生类有效。因此,重载<<运算符时应该依赖参数 out 实现输出。重载输入运算符时也类似。

### 8.2.3 重载输入运算符>>

重载>>运算符时应遵循如下的语法形式:

```
istream  &operator>>(istream &in, type &dest);
```

这里的 type 是一个自定义类的类型名。下述代码给出了重载 String 类的输入运算符示例:

```
friend istream  &operator>>(istream &in, String &dest);  // 声明
```

```
istream &operator<<(istream &in, String &dest)   //作为普通函数实现
{
    in >> dest;
    return  in;
}
```

可以像内置类型一样输入 String 类型的对象：

```
String  x;
cout << "Input a string: "; cin >> x;
```

以下是一个"可流的"点类的定义及使用范例。

```
#include <iostream>                               //Example8_1.cpp
using namespace std;
class Point
{
    int x, y;
  public:
    Point(int x = 0, int y = 0) : x(x), y(y){ }
    friend ostream  &operator<<(ostream&, const Point&);
    friend istream  &operator>>(istream&, Point&);
};
ostream &operator<<(ostream &out, const Point &src)
{
  out << '<' << src.x << ',' << src.y << '>';
  return out;
}
istream &operator>>(istream &in, Point &target)
{
  in >> target.x >> target.y;
  return in;
}
int  main( )
{
  Point  a(1,2);
  cin >> a;
  cout << a;
  return 0;
}
```

通过重载>>和<<运算符使类 Point 能够像内置类型一样纳入源和汇的工作范围，这样的类也就可以称为"可流类"。

 利用友元重载>>与<<运算符构建可流类。

# 8.3  格 式 控 制

为了实现对输入/输出数据的格式控制，可以采用两大类方法，分别是使用 ios 类的方法和流控制类中定义的操控符。

### 8.3.1　使用流的方法

为了反映流的当前状态，ios 类定义了一个 long 类型的属性来记录当前的控制格式状态，称为"格式控制标志字"或"流状态字"，源和汇根据流状态字来控制格式。为了设置流状态字，进而控制流状态，ios 类还定义了一些公开的格式控制方法，如对齐方式、占用宽度、显示精度和数制等，其设置结果会反映在流状态字中。

由于 ios 类、istream 类、ostream 和 iostream 之间的继承关系，ios 类的方法也是 iostream 的方法。以下分别说明这些类所提供的方法，以便了解控制来源于何处，某些方法中的参数或类型做了简化。

#### 1. ios 类的方法

ios 类有 3 个直接用于控制输出格式的方法：

（1）int width(int)。设置显示宽度，设置后只对紧接着的一次输出有效。

（2）char fill(char)。设置填充字符。缺省时，输出的空位用空格填充。

（3）int precision(int)。设置有效位数或精度。在 scientific 和 fixed 方式时指小数位数，否则为有效位数。

这 3 个方法都各有一个用于查询的无参数重载版本，功能是返回目前对应的流状态值。因此，无参方法调用表达式 cout.width()、cout.fill()和 cout.precision()的值分别代表了已设置的显示宽度、填充字符和有效位数。程序中主要使用有参数版本实现控制格式，如：

```
double  x = 12.34567;
cout << x;                    //显示为 12.3457
cout.width(12);
cout << x;                    //显示为      12.3457，左边的填充符为空格
cout.width(10);
cout.fill('*');
cout << x;                    //显示为***12.3457，左边的填充符为*
cout.fill(' ');               //恢复缺省的空格填充符
cout.width(10);
cout.precision(3);
cout << x;                    //显示为******12.3
```

width 方法是临时性的，只对一次输出有效，随后恢复到无宽度设置状态，再次输出时要重新设置，而 fill 和 precision 方法在设置后一直有效，直到重新设置。

#### 2. 通过设置流状态标志字控制显示状态

流的格式控制状态可以通过 ios 类中定义的枚举型流状态常量来表示，每个流状态常量对应格式控制状态字中的一个二进制位，一旦设置该标志位有效，对应位的值就变成 1，否则变成 0，这些值的变化就可以引发内部的控制机制。所有常量通过按位或"|"运算组合成流状态标志字，改变流状态字就达到了影响输出效果的目的。常用的流状态标志常量参见图 8-3。

因为这些流状态都是 ios 类的静态常量，应以"ios::常量名"的方式来表示。为了使用这些流状态常量进行格式控制，需要借助于 ios 类的如下 3 个方法。

（1）flags 方法。flags 方法有两个重载的版本：

```
long flags(long flag);
long flags();
```

有参数版本的功能是设置当前流状态字，返回更新前的原状态字，而无参版本的功能是返回当前流状态字，一个长整数。例如，下面的语句使状态标志字中的一个二进制位为 1，使后续数据以十六进制形式输出：

```
cout.flags(ios::hex);
cout << 256 << endl;                    //输出为 100
```

```
enum {
  left        = 0x0001,   //左对齐（填充字符填在右侧）
  right       = 0x0002,   //右对齐（填充字符填在左侧），此为缺省情况，填充字符为空格
  internal    = 0x0004,   //在符号位和基指示符之后（数字之前）插入填充字符
  dec         = 0x0008,   //以十进制方式显示整数
  hex         = 0x0010,   //以十六进制方式显示整数
  oct         = 0x0020,   //以八进制方式显示整数
  fixed       = 0x0040,   //使用定点数格式输出浮点数
  scientific  = 0x0080,   //使用指数（科学记数法）格式输出浮点数
  boolalpha   = 0x0100,   //逻辑值的 1 和 0 显示为 true 和 false，缺省时用 1 和 0 表示
  showbase    = 0x0200,   //显示基指示符，即十六和八进制整数前加 0X 和 0，缺省时不显示
  showpoint   = 0x0400,   //浮点数总加小数点，即使后面都是 0
  showpos     = 0x0800,   //在整数和 0 之前显示＋号，缺省时不显示＋号
  skipws      = 0x1000,   //输入时跳过前导字符，如空格、Tab 和回车等
  unitbuf     = 0x2000,   //插入后立刻刷新流缓冲区
  uppercase   = 0x4000,   //十六进制的 A~F 用大写字母表示，缺省时用小写字母表示
  adjustfield = left | right | internal,   //对齐位
  basefield   = dec | hex | oct,           //数制位
  floatfield  = scientific | fixed,        //记数法位
  //...
  beg = 0x01,        //流开始处
  cur = 0x02,        //当前位置
  end = 0x04         //流末尾
};
```

图 8-3　常见的流状态常量

使用 flags 设置的是整个流状态字而不是单独的某个流状态，新的设置会清除原来的所有状态。因此，如果要在设置一种状态的同时保留当前的其他状态，可以先用 cout.flags()取回当前状态字，再与新的流状态做按位或运算，如：

```
cout.flags(cout.flags()|ios::hex);    //设置时保持其他状态不变
```

（2）setf 方法。setf 方法有如下两种重载版本：

```
long setf(long flag);
long setf(long flag, long mask);
```

单参数版本可以设置一个或多个流状态，两个参数的版本先用 mask 清除某些状态，再用 flag 设置一个或多个流状态，它们都返回更新前的原状态字。

与 flags 方法不同，setf 只用值为 1 的标志位设置状态字的对应位，而不影响其他位的值。因此，仅设置一个状态字时，使用 setf 控制格式一般要比使用 flags 更方便。下面的两个语句具有相同的控制效果：

```
cout.flags(cout.flags()|ios:: right);
cout.setf(ios::right);
```

在设置标志时，应该注意一些状态标志位之间是有抵触的。例如，hex、oct 和 dec 是互斥的，设置其中的一个标志位时要保证其他两个标志的对应位被清零，否则控制就不会生效。例如，在缺省状态下是以十进制形式输出数据的，下述设置不会使十六进制格式生效：

```
cout.setf(ios::hex);
cout << 256 << endl;                    //仍输出 256 而非十六进制的 100
```

除非先清除了对十进制的设置：

```
cout.unsetf(ios::dec);                  //取消十进制
cout.setf(ios::hex);                    //设置十六进制
cout << 256 << endl;                    //输出十六进制的 100
```

类似上述应保持互斥的标志位还包括对齐标志位 ios::left、ios::right 和 ios::internal，实数记数法标志位 ios::scientific 和 ios::fixed。这里给出了一些格式控制的示例（某些环境如 VC6 中输出的结果可能有所不同）：

```
#include <iostream>                     //Example8_2.cpp
using  namespace  std;
int main( )
{
  cout.setf(ios::left);                 //左对齐----------
  cout.width(10);                       //站位宽度
  cout << 256 << endl;                  //显示为 256
  cout.width(10);                       //----------------
  cout.setf(ios::right);
  cout << 256 << endl;                  //显示为       256
  //cout.unsetf(ios::right);            //此语句可清除右对齐状态
  cout.setf(ios::left);                 //不起作用的代码---
  cout.width(10);
  cout << 256 << endl;                  //显示为       256，仍为右对齐形式
  cout.setf(ios::scientific);           //----------------
  cout << 25.6 << endl;                 //显示为 2.560000+01
  cout.setf(ios::fixed);                //----------------
  cout << 25.6 << endl;                 //显示为 25.6
  //cout.unsetf(ios::fixed);            //可清除定点状态---
  cout.setf(ios::scientific);           //不起作用的代码
  cout << 25.6 << endl;                 //显示为 25.6，仍为定点形式
  return 0;
}
```

除非将代码中被注释掉的语句恢复，取消前期设置的状态，否则，代码中的新状态设置不会产生控制效果。相对简单的方法是采用具有两个参数的 setf 方法，并分别使用常量 basefield、adjustfield 和 floatfield 作掩码（mask）。例如：

```
cout.setf(ios::hex, ios::basefield);                //进制设置
cout.setf(ios::left, ios::adjustfield);             //对齐设置
cout.setf(ios::scientific, ios::floatfield);        //记数法设置
```

执行函数调用时，掩码位（所有与某种控制相关的位）先被清除，再设置新的状态标志位。

（3）unsetf 方法。该方法的原型为：

```
long unsetf(long state);
```

该方法的功能是清除一个或多个流状态，即将对应位置 0。

很多流状态在设置之后对后续输出总是有效的，有的状态还可以相互抵消，如 left 和 right，但都可以用 unsetf 明确撤销。例如，要使 fixed、scientific 的设置恢复到缺省状态，就是自动确定按定点形式还是指数形式显示的状态，需要单独执行下述语句取消：

```
cout.unsetf(ios::scientific);            //取消 scientific 状态
cout.unsetf(ios::fixed);                 //取消 fixed 状态
```

下述代码演示了采用 setf 和 unsetf 控制格式的一般方法。

```
#include <iostream>                           //Example8_3.cpp
using namespace std;
int main( )
{
  cout.setf(ios::showpos);                    //设置一种流状态
  cout << 20 << endl;                         //显示+20
  cout.unsetf(ios::showpos|ios::basefield);   //取消 2 种流状态
  cout.setf(ios::hex|ios::uppercase);         //同时设置 2 种流状态
  cout << 255 << endl;                        //大写十六进制方式显示 FF
  cout.setf(ios::showpoint);                  //设置带小数点浮点数
  cout << 324.0 << endl;                      //显示 324.000
  cout << (4>2) << endl;                      //显示逻辑值 1
  cout.setf(ios::boolalpha);                  //设置以单词形式显示逻辑值
  cout << (4>2) << endl;                      //显示 true
  cout << 123.45678<<';'<<12345678.12;        //显示 123.457;1.23457E+07
  cout.setf(ios::scientific, ios::floatfield);
  cout << 123.45678 << endl;                  //显示 1.234568E+02
}
```

还应该说明，不必对图 8-3 给出的流状态常量值感兴趣，因为应用中只会使用这些常量名。例如，应该用 setf(ios::oct)而不是 setf(0x0020)控制产生八进制整数输出。

### 3. ostream 类的方法

ostream 类提供了如下几个常用方法。

（1）put 方法。功能是将一个字符写到输出流上，包括特殊字符，多用于文件操作，原型如下：

```
ostream& put(char);
```

由于该方法的返回值是 ostream 类的引用，可以按如下方式调用此方法：

```
cout.put('A');                           //正常用法
cout.put('A').put(66).put('\n');         //不良用法：连续输出 AB 并换行
```

（2）flush 方法。功能是清刷缓冲区，立刻将缓冲区中的数据写到输出流上，原型如下：

```
void flush();
```

（3）write 方法。功能是将字符串中的若干个字符输出到流上。方法的原型如下：

```
ostream& write(char*, int n);
```

例如，下面的代码分别输出字符串中的前 7 个字符和整个字符串：

```
char s[] = "The C++ world";
cout.write(s, 7);                              //显示 The C++
cout.write(s, strlen(s));                      //显示整个字符串
```

#### 4．istream 类的方法

istream 类定义如下一些常用方法。

（1）get 方法。功能是从输入流读取一个字符。方法原型如下：

```
int get();
```

虽然用>>可以输入一个字符，但它会滤掉作为数据分隔和输入结束标志的字符，如空格、制表符和换行等，而 get 可以正常接收这些字符，包括输入结束符（Ctrl+Z）或文件尾标志常量 EOF（值为–1）。

（2）getline 方法。功能是从输入流中读取一行字符，delimiter 为指定的结束符。方法原型如下：

```
void getline(char *s, int n, char delimiter = '\n');
```

getline 读入的字符个数由 n 限定，'\n'是默认的行结束符，但也可以自己指定一个输入结束字符 delimiter。例如：

```
char s1[10], s2[10];
cin.getline(s1, sizeof(s1)-1);                 //接收 9 个字符
cin.getline(s2, sizeof(s2)-1, ' ');            //至多接收 9 个字符
```

getline 需要按回车键表示输入结束，但它只截取第一个 delimiter 之前的字符。如果输入的字符串为 Hello world，因为长度的限制，s1 得到 Hello wor，而 s2 得到 Hello。两个单词间的空格被视为 s2 的结束符。getline 会在字符串 s1 和 s2 的最后加上结束符'\0'。

> 利用 get、getline 输入含有特殊字符的数据。

（3）read 方法。功能是从输入流中读取指定个数的字符并存入内存缓冲区。方法原型如下：

```
istream& read(char *s, int n);
```

read 方法读入的字符个数由 n 限定，读入的数据保存到内存 s 中（通常是字符数组）。例如：

```
char s[10];
cin.read(s, 9);
s[cin.gcount()] = '\0';
```

这里的 gcount 方法返回 read 方法从输入流实际得到的字符个数，有可能少于 read 中指定的个数。使用 read 方法读取字符串时，必须自己添加结束符'\0'。

### 8.3.2　使用操控符

使用 ios、istream 和 ostream 的方法控制格式时，格式控制表达式不能直接插入到>>和<<运算符中，频繁的格式控制会导致代码编写烦琐。例如，有两个整型变量 code 和 number，下面的代码对其输出做了一系列的格式控制：

```
int code = 2569;
int number = 1178;
```

```
cout << "code = ";                          //输出 code
cout.setf(ios::hex, ios::basefield);
cout << code;
cout << ", number = ";                      //输出 number
cout.setf(ios::dec, ios::basefield);
cout << number << endl;
```

这段代码显示的结果是：

```
code = a09, number = 1178
```

尽管输出的结果很简单，但程序不得不插入了一系列的控制语句，取代它的简单方法是使用 <iomanip>文件中定义的流操控符（Manipulators）。这些流操控符能达到与 ios 方法同样的功能，但可以直接插在>>和<<运算符中，更容易使用。

流操控符可分为无参操控符和有参操控符两类。无参操控符主要包括与图 8-3 所示常量相对应的操控符，参见表 8-1。

通常，一些 C++开发系统（如 C++Builder）中还定义了与图 8-3 所示的另外一些常量相对应的操控符，其中与格式相关的每个常量基本上都有与之相对应的两个成对的操控符，分别用于设置和取消某种状态，如 boolalpha 和 noboolalpha（关于逻辑值的字符串 true 和 false 形式显示）、showbase 和 noshowbase（显示基指示符，即十六进制和八进制整数前加 0X 和 0）、showpoint 和 noshowpoint（浮点数总加小数点，即使后面都是 0）等。

有参数的操控符需要用户指定一个参数，如表 8-2 所示。

表 8-1　无参的流状态操控符

| 无参操控符名 | 作　　用 |
| --- | --- |
| dec | I/O 的十进制格式化标志 |
| endl | 插入换行符并清刷输出流缓冲区 |
| ends | 空字符'\0'（主要用于 ostringstream） |
| flush | 清刷输出流缓冲区 |
| hex | 以十六进制显示 |
| oct | 以八进制显示 |
| ws | 跳过空白字符（空格、Tab、回车等） |

表 8-2　有参的流状态操控符

| 有参操控符名 | 作　　用 |
| --- | --- |
| resetiosflags(long n) | 清除 n 指定的流状态标志 |
| setbase(int n) | 设置以 n 表示的整数基数（进制） |
| setfill(int c) | 设置用 c 作为填充字符 |
| setiosflags(long s) | 设置用 n 指定的流状态标志 |
| setprecision(int n) | 设置小数点后的位数或有效数字 |
| setw(int n) | 设置数据输出宽度为 n |

所有无参操控符都是内置的，可直接使用，而使用有参操控符时必须包含头文件<iomanip>。

所有操控符都返回一个 ostream 的引用，以使它们能直接插入到<<运算符中，起到与 ios、ostream 和 istream 类的方法相同的控制功能。例如，前述的 code 和 number 变量输出可用操控符改写如下：

```
cout << "code = " << hex << code
     << ", number = " << dec << number << endl;
```

与 ios 的 width 方法类似，setw 操控符也只对一次输出有效，其他控制符设置后一直有效。setiosflags 与 resetiosflags 起到了 ios 的 setf 和 unsetf 的作用，分别用于设置和取消状态标志位。例如，下面的代码分别使用流方法和操控符设置带"+"号输出正整数而后取消（恢复正常状态）：

```
int code = 2569;
cout.setf(ios::showpos);
cout << code << endl;                       //输出+2569
cout.unsetf(ios::showpos);
```

```
cout << showpos << code << noshowpos << endl;        //同等功效的输出
cout << setiosflags(ios::showpos) << code            //同等功效的输出
    << resetiosflags(ios::showpos) << endl;
```

下述代码给出了显示同一组数据时采用的几种等价方法。

```
cout.width(10);
cout << 3.14;                              ⇔ cout << setw(10) << 3.14;
cout.setf(ios::hex, ios::basefield);
cout << 1234;                              ⇔ cout << hex << 1234;
cout.setf(ios::showpos); ⇔ cout << setiosflags(ios::showpos) << 4239;
cout << 4239;                              ⇔ cout << showpos << 4239;
```

这里给出一个进行简单格式控制的综合示例。

```
#include <iostream>                              //Example8_4.cpp
#include <iomanip>
using namespace std;
int main( )
{
    int  k;  double  f;  char  s[100];
    cin >> k >> f;                               //读取 2569 和 78.4282
    cin >> ws;                                   //过滤空白符
    cin >> s;                                    //读取 s
    //设置域宽为 6 和 10，setw 只对一次输出有效
    cout << setw(6) << k << setw(10) << f << endl;
    //采用非 ios::scientific 和 ios::fixed 时，用 setprecision 设置有效数字
    cout << setprecision(2) << f << endl;
    cout.setf(ios::fixed, ios::floatfield);      //此后以定点格式显示浮点数
    //格式为 ios::scientific 或 ios::fixed 时，用 precision(3)
    //或 setprecision(3) 设置小数点后的位数
    cout.precision(3);
    cout << setw(8) << f << endl;
    cout << setfill('#') << setw(10) << s << endl;
    return  0;
}
```

若输入数据：2569 78.4282 C++<回车>，程序运行的输出结果是：

```
  2569   78.4282
78
  78.428
#######C++
```

使用<iomanip>中的流操控符代替 ios 的流状态控制。

操控符不仅使用简单，还可以根据自己的需要定义新的操控符，其本质就是定义一个特殊的函数，基本形式为：

**ios  &操控符名(ios&, ...);**

操控符名是一个自定义的函数名标识符。因为参数和返回值都是 ios 对象的引用，它可以既用于

输入也用于输出，可以用 ostream 和 istream 代替 ios 使其只用于输出或输入。如果只有一个 ios&参数则不必指定实参数，得到的是无参操控符。例如，为了控制数据以大写十六进制方式输出，可以定义如下操控符函数：

```
ios  &uhex(ios &io)
{
  io.unsetf(ios::basefield);
  io.setf(ios::hex | ios::uppercase);
  return  io;
}
```

可以按与系统定义的操控符同样的方法使用 uhex：

```
cout << uhex << 2569 << endl;            //输出 A09
```

### 8.3.3　内存格式化（字符串流）

在一些应用中，需要将数值数据转换成文本，或反之。尽管可以借助一些库函数来实现，但利用流控制技术能给出一种更通用的方法，它使用一块内存缓冲区作为设备来建立流，将数据输入到流，或从流读入到数据变量。这种技术常被称为"内存格式化"。

实现内存格式化要依靠<sstream>头文件中定义的类 ostringstream 和 istringstream，它们分别从 ostream 类和 istream 类派生，另一个是从 iostream 派生的 stringstream 类，集成了输入和输出两方面的功能。它们都具有一般 I/O 控制的全部能力。

实现内存格式化的基础是将存储在内存中的 string 对象与流相连，构成一个代表内存流的源和汇。可以像普通输出一样将数据输出到 ostringstream 对象。在 ostringstream 类内维持了一个 string 对象，所有数据被写到此对象内，构成一个字符串，而通过类的 str()方法就能得到此对象。构造 ostringstream 类对象的一般方法如下：

**ostringstream**　对象名;

istringstream 类也要与一个 string 相连，目的是从 string 得到相应的输入而不是标准输入流。因此，一般按如下形式构造 istringstream 类的对象：

**istringstream**　对象名(const string &src);

下述代码利用流对象实现了一个浮点数与字符串之间的相互转换。

```
#include <iostream>                     //Example8_5.cpp
#include <iomanip>
#include <sstream>
#include <string>
using namespace std;
int  main( )
{
  ostringstream  sout;                 //定义对象-----------
  sout << setw(10) << 123.456;         //将一个浮点数输出到流 sout
  sout << '\n' << 25 << endl;
  string rlst = sout.str();            //记录内存字符串
  cout << rlst.c_str() << endl;        //输出为"123.456\n25"
  string src = "25.69\n1178a";         //一个内存数据流---
```

```
        istringstream sin(src);              //利用 src 构造内存输入流对象
        double  x;
        int  y;
        char  z;
        sin >> x >> y >> z;                  //从内存输入到 x、y 和 z
        cout << x << ',' << y << ',' << z << endl;
        return  0;
    }
```

程序将几个数据组合成字符串 123.456\n25，再使变量 x、y、z 从字符串 25.69\n1178a 得到输入值 25.69、1178 和 a。

由于内存格式化就是在其他数据与字符串之间进行转换，故也称为"字符串流"。

# 8.4 文　件　流

与内存中的数据相比，文件通常是指存储于外部介质上的信息的集合，代表一种永久性的存储方式。每个文件由一个包含设备和路径信息的文件名标识。

文件分为文本文件和二进制文件。文本文件以字节为单位，每个字节对应一个 ASCII 字符。除了少数控制字符如回车和换行外，都是可见字符，一般可用文字处理器来编辑。二进制文件以位为单位，内容通常是非可见字符，主要用于存储非文本数据，如图像、音频等。

理论上，对任何文件都允许以文本格式或二进制格式存取，但采用文本格式时，系统要对内存中的二进制数据与外存中的字符进行格式转换，如在输出到文件时将整数 10 转换成'\n'、将'\n'转换为连续的'\r'和'\n'以及整数 12345 被转换为 5 个字符'1'~'5'等。采用二进制格式读取文件时不会产生格式转换，磁盘中的数据是其在内存中的直接映像。例如，整数 12345 仍被以其在内存中的形式存储到文件中，占 4 字节。通常，注重表现形式的文本文件应采用文本格式访问，而二进制文件应采用二进制格式读取，避免格式转换造成数据错误。

文件流类包括 ofstream 类、ifstream 类和 fstream 类，其派生关系已在图 8-2 说明。ofstream 类和 ifstream 类从 ostream 类和 istream 类继承了实现流控制的所有要素，又增加了用于文件操作时所特有的成员。fstream 类是 ofstream 类和 ifstream 类的结合体，支持在同一个文件中读和写数据。它们都以缓冲方式提供文件的 I/O 服务。

## 8.4.1　文件流的打开与关闭

### 1. 创建文件流

与内存格式化类似，文件操作的第一步是将目标文件与一个流相联系，就是创建文件流，其实质是打开目标文件。创建文件流通过类的构造器来实现，构造器的原型为：

```
    ifstream(char *filename, int mode=ios::in);  //创建输入流
    ofstream(char *filename, int mode=ios::out); //创建输出流
    fstream(char *filename, int mode);           //创建文件流
```

第一个参数是一个包括路径的文件名字符串，如 "E:\\SRC\\TEST.CPP"，第二个参数是 ios 类中定义的访问模式常量，参见表 8-3。一些方式如 nocreate 和 noreplace 可能在某些 C++ 环境中不被支持或被改变。

打开文件的缺省方式是文本格式的，因此没有 ios::text 这样的常量。上述模式常量可以通过按位或运算进行组合，如：

ios::in|ios::out：以可读可写方式打开；

ios::out|ios::binary：以二进制写方式打开。

表 8-3　I/O 访问模式常量

| 模式常量 mode | 作　　用 |
| --- | --- |
| ios::app | 以追加方式打开，位置指针指向文件尾 |
| ios::ate | 打开文件，位置指针指向文件尾，与 app 基本相同 |
| ios::binary | 以二进制方式打开 |
| ios::in | 以读方式打开 |
| ios::nocreate | 打开但不创建。文件不存在时操作失败 |
| ios::noreplace | 打开但不覆盖。文件存在时操作失败 |
| ios::out | 以写方式打开 |
| ios::trunc | 以写方式打开，新写入信息替换原有信息 |

文件的每一种打开方式 mode 都涉及一些操作上的细节，包括：

（1）以读方式打开文件时，只能从文件中读出数据而不能写入，文件不存在时操作失败；

（2）以写方式打开文件时，只能将数据写入文件而不能读出，被操作文件存在与否均可。若不存在就创建该文件（可限制）；若存在，原来的内容将被覆盖。

（3）以追加方式打开文件时可以将数据写入文件，但文件中原有的内容不会被删除。

参数 mode 可以省略。如果文件流为输入文件流，其缺省值为 ios::in；若为输出文件流，缺省值为 ios::out。

此外，文件流有一个位置指针（其他流也有），打开文件后指向固定位置，一般是文件头，但以追加方式打开时为文件尾。随着数据的读出或写入，位置指针向文件尾部移动相应的字节数，以保证能够处理整个文件。

创建一个文件流后，就意味着打开了一个文件，再通过一般的 I/O 方法就能读取文件的内容。例如，下面的代码创建一个文本文件并保存一个字符串到文件中：

```cpp
#include <fstream>                        //Example8_6.cpp
using namespace std;
int  main( )
{
  ofstream fout("d:\\x.txt");           //创建输出流，以文本格式打开 D 盘的 x.txt
  fout << "this is a file";             //写入字符串
  fout.close();                          //关闭文件
  return 0;
}
```

事实上，创建文件流的 3 个构造器中还可以使用第三个参数来指定打开文件的保护方式，但一般取默认值即可。

当一个文件流对象已经定义后，可以使用文件流类的 open 方法打开文件，一般形式为：

```cpp
void open(const char *s, ios_base::openmode mode = ios_base::in);
```

这里的模式 mode 可利用表 8-3 中的常量来指定，如：

```cpp
ofstream  fout;
fout.open("d:\\x.txt", ios::out);
```

### 2．测试文件打开是否成功

创建一个文件流后，总是要检查 ofstream 对象是否准备就绪，文件是否已正确附着在 fout 对象上。为此，应该做如下检查：

```
ofstream  fout("d:\\x.txt");
if(!fout)                              //若操作失败，没有建立文件流，不能使用 fout
{
  cerr << "Error:unable to write to x.txt" << endl;
  return -1;
}
```

或者，也可以使用 ios 类的一个方法 fail()来测试，fail 在操作失败时返回 true。例如：

```
if(fout.fail( ))               //操作失败
```

测试条件中的“if(!fout)”与“if(fout.fail())”完全等价。

无论以读方式还是写方式建立文件流，都应该进行上述测试。一个值得思考的问题是，fout 是一个 ofstream 对象，不是整型值，为什么!fout 是有意义的呢？原因是在 ios 类中针对流重载过!运算，类似于：

```
bool operator!() { return fail(); }
```

### 3．文件结束测试

在以读方式建立一个文件流 fin 时，每次数据读取操作前总要测试文件是否已结束，其方法是采用 fin 的 eof()方法。该方法在位置指针已移过文件的最后一个有效数据时返回 true，否则返回 false。一般的测试方法为：

```
if(fin.eof( ))             //位置指针已移过有效数据，达到文件末尾
```

### 4．文件流的关闭

程序中要写入文件的数据并非直接写入，而是被存放在内存缓冲区内，在关闭、清刷缓冲区或缓冲区满时才能真正写入文件。因此，文件操作结束后应及时关闭。关闭文件流使系统自动清刷缓冲区，避免数据丢失。尽管 C++可以在文件流对象拆除时自动关闭文件，但更明智的做法是显式地关闭它。关闭文件要使用 close 方法，形式为：

```
文件流名.close();
```

示例程序 Example8_6.cpp 中就调用了此方法。

## 8.4.2　文件的读写操作

正确建立文件流后，可以利用类的方法存取文件中的数据。常用方法都是继承自 ostream 类和 istream 类的方法，包括 8.3 节介绍的 put()、flush()和 write()等写方法，以及 get()、getline 和 read()等读方法。

下面的程序使用 get 方法逐个读出文本文件 test.cpp 中的每个字符并显示在屏幕上。

```
#include <iostream>               //Example8_7.cpp
#include <fstream>
using namespace std;
int  main( )
```

```
{
    ifstream  ifs("d:\\test.cpp");        //创建输入文件流，打开文件
    if(!ifs)                              //测试操作是否成功
      return  -1;                         //错误时用-1作标志
    char  cx;
    do
    {
      cx = ifs.get();                     //读一个字符
      if(ifs.eof())
        break;                            //已读出全部数据，循环结束
      cout << cx;                         //显示字符
    }while(true);
    ifs.close();                          //关闭文件
    return  0;
}
```

逐个读写文件的每个字符效率稍低，可以改为按行读取文本。下面的程序使用 read 和 write 方法从文本文件 test.cpp 中逐行读入数据并写入新文件 copy.txt，实现文件复制。

```
#include <iostream>                       //Example8_8.cpp
#include <fstream>
using namespace std;
int  main( )
{
  ifstream  ifs("d:\\test.cpp");          //创建源文件流，源文件在 D 盘
  if(!ifs)  return  -1;
  ofstream  ofs("e:\\copy.txt");          //创建目的文件流，目的文件在 E 盘
  if(!ofs)  return  -2;
  char  s[100];
  do
  {
    ifs.read(s, 80);                      //读一行，约定至多 80 个字符
    if(ifs.eof())
      break;
    ofs.write(s, ifs.gcount());           //按 read 读出的字节数 gcount()写入
  }while(true);
  ifs.close();
  ofs.close();
  return 0;
}
```

一个值得注意的细节问题是，当 eof() 为 true 时，最后一次读出的数据不是有效数据。

### 8.4.3  二进制文件

虽然可以用二进制方式打开文件，但 C++ 文件流库中并没有二进制操作。例如，尝试用下面的语句将两个浮点数写入文件：

```
ofs << 1.2 << 3.45;
```

即便文件流 ofs 是以二进制方式打开的，文件中存储的也是字符串"1.23.45"，每个浮点数都被转换成了若干字符组成的文本而不是占 8 字节的二进制数据，文件中保存的是字符而非内存映像。可见，它是文本而非二进制的。

一种简单的实现二进制读写的办法是依靠类 istream 和 ostream 的 read 和 write 方法，因为这对函数不进行文本方式的转换，能够真正建立起内存到磁盘文件映像。下面的代码将 2 个点、1 个浮点数和 1 个整数写入文件后，又重新读出并显示在屏幕上：

```cpp
#include <iostream>                          //Example8_9.cpp
#include <fstream>
using namespace std;
class  Point
{
    int  x, y;
 public:
    Point(int x = 0, int y = 0) : x(x), y(y){ }
    friend ostream  &operator<<(ostream &out, const Point &p)
    {
      out << p.x << ',' << p.y;              //以"x,y"形式显示点
      return out;
    }
};
int  main( )
{
  ofstream  ofs("e:\\a.dat", ios::binary);   //创建文件流
  if(!ofs) return -1;
  Point p1(1,2), p2(3,4);                    //2 个点对象
  double x = 1.2;
  int y = 321;
  ofs.write((char*)&x, sizeof(x));           //写入浮点数
  ofs.write((char*)&p1, sizeof(p1));         //写入点
  ofs.write((char*)&p2, sizeof(p2));
  ofs.write((char*)&y, sizeof(y));           //写入整数
  ofs.close();                               //关闭文件
  ifstream  ifs("e:\\a.dat", ios::binary);   //重新打开，读出数据并显示
  if(!ifs)  return -1;
  Point  p3, p4;
  ifs.read((char*)&x, sizeof(x));
  ifs.read((char*)&p3, sizeof(p3));
  ifs.read((char*)&p4, sizeof(p4));
  ifs.read((char*)&y, sizeof(y));
  ifs.close();
  cout << x << ';' << y << ';' << p3 << ';' << p4;    //显示
  return 0;
}
```

程序中对对象地址的类型转换是必要的，因为 read 和 write 方法的第一个参数都是"char*"类型的指针。

利用 read 和 write 控制二进制文件的读写。

### 8.4.4　文件的随机访问

文件读写的过程总是按顺序进行的，这是指文件流的位置指针随着对文件读写过程的进行逐渐移向文件尾部，但在一些工作中可能仅读写文件中的某些特定数据而不是全部，此时要对位置指针进行定位。

**1．读文件时的随机定位**

调整文件的位置指针涉及从 istream 类中继承来的两个方法。

（1）seekg。功能是将位置指针定位在文件开始或以 base 为基准的 off 偏移字节数处，原型为：

```
istream  &seekg(long off);
istream  &seekg(long off, ios::seek_dir base);
```

（2）tellg。功能是返回当前位置指针距离文件头的偏移量（字节数），原型为：

```
long tellg();
```

**2．写文件时的随机定位**

输出流重新定位对应的方法是 seekp 和 tellp，语法形式与 seekg 和 tellg 相同。

使用两个参数版本的 seekg 和 seekp 时，其基准位置 base 由 ios 类中定义的 3 个常量确定，也代表了定位方向（参见图 8-3），它们的含义是：

（1）ios::beg：代表文件头。

（2）ios::cur：代表位置指针的当前位置。

（3）ios::end：代表文件尾。

显然，常量 ios::beg 要求正的偏移量 off，常量 ios::end 要求负的偏移量 off，而常量 ios::cur 对应的偏移量可正可负。正数表示向文件尾方向偏移，负数表示向文件头方向偏移。

下述代码针对前述程序创建的 a.dat 文件，先对位置指针进行定位，再读出其中的一个点数据：

```
ifstream  ifs("e:\\a.dat", ios::binary);     //创建文件流
Point  p2;
ifs.seekg(sizeof(double)+sizeof(Point));     //跳过第 1 个浮点数和点
ifs.read((char*)&p2, sizeof(point));         //读第 2 个点
cout << p2;                                  //显示点
```

使用 ofstream 类和 ifstream 类打开文件只能实施一种读写操作，而用 fstream 类可以对文件同时进行读写两种操作，但在只执行一种操作时使用 ofstream 和 ifstream 类更安全。

## 8.5　案例七：一个图书管理系统的设计

本案例的目的是创建一个小型图书数据库管理系统。系统提供一个菜单，允许用户选择下述选项并执行对应的操作：①添加一本书的信息；②删除一本书的信息；③打印按作者名排序的书籍列表；④将信息保存到文件；⑤从文件读出所有信息；⑥退出。

在 3.5 节中，曾经定义过一个描述图书的 Book 类，但它采用 C 风格的字符串作为书名，这里重新给出一个采用 string 作为书名的简化设计，且增加了一个定价属性：

```
class  Book
{
    double  price;
    string  caption;
  public:
    Book(const  string  &caption = "", double  price = 0)
        : price(price), caption(caption)
    {
    }
    const string  &getCaption() const { return  caption; }
    double  getPrice() const { return  price; }
    void  setInfos(const  string  &caption, double  price)
    {
      this->caption = caption;
      this->price = price;
    }
};
```

新的 Book 类不再自己维护保存书名的内存，仅提供了最简单的构造器和属性维护方法。

## 8.5.1　对象的输入/输出

Book 类对象自己并没有输入/输出能力，只能整个输入/输出对象的属性，这会破坏对象的完整性。为此，考虑对 Book 类进行改造，以使其成为可流的类。

```
//在 Book 类中增加友元实现，重载插入和提取运算符
friend ostream &operator<<(ostream &sout, const Book &src)
{
  sout << src.caption << '\n' << src.price;
  return sout;
}
friend istream &operator>>(istream &sin, Book &target)
{
  sin >> target.caption >> target.price;
  return sin;
}
```

由于文件流的对象都派生自 ostream 或 istream，因此上述重载的运算符都可以用于文件对象的输入/输出。

## 8.5.2　管理程序

在控制台环境下的管理程序可由一个简单的循环构成。该程序先显示一个选项提示，再循环接收用户的输入，并根据输入执行相应的功能。不过，为了保存输入的数据，这里采用一个 C++定义的向量容器 vector，并假定管理不超过 100 本书，书的插入和删除都在向量末尾进行。为了使用 vector，可以增加如下代码：

```
#include <vector>
typedef  vector<Book>  Vector;              //用 Vector 作为向量类型名
```

这里的 Vector 就是一个专门存储 Book 对象的向量。向量可以像数组一样通过下标来访问。

```
#include <fstream>
#include <iostream>
using namespace std;
int main( )
{
  char  choice;                                      //用户选择
  Vector  v(100);
  int  count = -1;                                   //图书数量
  string  caption;
  double  price;
  const  string  file("d:\\Books.dat");
  ifstream  ifs;                                     //读取文件流
  ofstream  ofs;                                     //写入文件流
  cout << "图书管理系统 v1.0" << endl;
  cout << "1. 输入一本书\n"  << "2. 删除一本书\n" << "3. 显示图书信息\n"
       << "4. 保存图书信息\n" << "5. 读取图书信息\n" << "6. 退出" << endl;
  do
  {
    cout << "请选择 1~6: " << endl;
    cin >> choice;                                   //接收功能选择字符
    switch(choice)
    {
      case '1': if(count >= 100) break;
                cout << "输入书名和价格: " << endl;
                cin >> caption >> price;
                v[++count].setInfos(caption, price); //录入书籍
                break;
      case '2': if(count >= 0)
                  count--;                            //删除书籍
                break;
      case '3': for(int i = 0; i<=count; i++)
                  cout << "书名: " << v[i].getCaption()
                       << ",价格: " << v[i].getPrice() << endl;
                break;
      case '4': ofs.open(file.c_str(), ios::out);
                for(int i = 0; i<=count; i++)
                  ofs << v[i].getCaption() << '\n'
                      << v[i].getPrice() << endl;
                ofs.close();
                break;
      case '5': ifs.open(file.c_str(), ios::in);
                count = -1;
                do
                {
                  ifs >> caption >> price;
                  if(ifs.eof())
                    break;
                  v[++count].setInfos(caption, price);
                }while(true);
                ifs.close();
                break;
```

```
      case '6': return  0;
    }
  }while(true);
  return 0;
}
```

程序中定义了一个长度为 100 的向量 v,并用 count 记录向量中书的数量。当录入一本新书时,count 增 1,而删除一本书只是将 count 减 1。在保存书的信息时,利用输出文件流 ofstream 对象打开文件,并作为实参数传递给 >> 运算符。从文件中读取图书信息则采用了 ifstream 文件流对象。

程序中缺少对文件流对象的测试,采用 vector 也不容易实现有效的插入/删除操作,实际设计中应考虑对其做进一步的改进。

# 思考与练习 8

1. 如何理解 C++的 I/O 操作的流机制?

2. 文本文件和二进制文件是指什么样的文件? 它们与文本和二进制 I/O 操作是同义的吗? 文本和二进制 I/O 操作有什么差异?

3. 如何使一个自定义类能够进行流式 I/O 操作?

4. 下述代码在接收输入字符串时有什么风险? 试将其修改为更安全的方式。

```
char  s[20];  cin >> s;
```

# 实　验　8

1. 从标准输入流读入类型为 string、double、string、int 以及 string 的一个数据序列,检查是否有输入错误发生。

2. 假设有一个由 9 个字符串组成的句子 riverrun from bend of bay to swerve of shore,编写语句分别从输入流、string 对象和 char*数组中读入这些字符串。

3. 重载输出运算符,使下面的类 Date 能按示例要求的格式输出:

```
class  Date
{
  public: Date(int  month = 1,  int day = 1, year = 2015)
            : month(month),  day(day),  year(year) { }
        //...
  private: int  month,  day,  year;
};
```

（1）September 8th, 2015　　　　　　　　（2）9 / 8 / 15

4. 适当增加函数,使第 3 章中定义的 Stack 类和第 7 章中定义的 Vector 类是可流的。

5. 构造适当的例子,体会和说明<iomanip>中的流操控符的功能和用法。

6. 构造适当的例子,体会和说明表 8-2 中的 I/O 模式常量和它们的组合的功能和用法,以及对已存在文件内容的影响,如新的操作是否会删除文件中原有的内容等。

7. 使用思考与练习 3 中的 Date 类定义,编写程序创建一个输出文件,并将一个 Date 数组写入其中。

8. 编写一个程序 MYTYPE.CPP,使得它具有与操作系统的 TYPE 命令同样的语法和作用。

9. 假设文件 A.DAT 和 B.DAT 中的字符都按降序排列,编写程序将这两个文件合并成一个降序排列的文件 C.DAT。

# 第 9 章　类模板、容器与泛型算法

在函数模板中，类型被作为一种参数看待，从而得到了更加"通用"的函数。同样，也可以将类型作为类的参数，从而定制出类模板。函数模板和类模板都是一种"蓝图"，在指定类型以后能够生成具体的函数和类，从而极大地增加了设计的通用性和可重用性。通常，由于类模板对于类型是通用的，故称其为"泛型类"（generic class），而函数模板以及建立在类模板上的函数和函数模板称为"泛型算法"（generic algorithm），基于泛型的程序设计技术称为"泛型编程"。

标准 C++利用类模板定义了很多实用数据结构，如向量、列表、队列和栈等，称为"容器"，并以此为基础建立了大量实用、高效的算法。正是这些抽象容器使得 C++能非常容易地处理复杂的数据结构，快速构建安全和高性能的大型应用程序。本章从类模板入手，概括性地介绍类模板、抽象容器类的语法知识，以及建立在它们之上的相关算法。

## 9.1　类　模　板

### 9.1.1　类模板的定义

很多应用中都会用到两个数的组合，最典型的莫过于一个平面上的点。更一般地，如果需要定义一个能够存储两个数组成的"数据对"结构，称为 Pair，那么 Pair 的定义类似于：

```cpp
class Pair
{
  public:
    Pair(int  x,  int  y) : x(x), y(y){ }
    ~Pair(){}
    int  getx() const { return x; }
    int  gety() const { return y; }
    void  setx(int  x)  { this->x = x; }
    void  sety(int  y)  { this->y = y; }
  private:
    int  x, y;
};
```

不过，这样的 Pair 只能存储"整数对"，如果需要存储其他类型的数据，将不得不定义各种代码几乎完全相同的 Pair，只是要处理的数据类型不同。函数模板给出了一种很好的启示：如果允许类型 int 也是一种参数，就可以得到一种对各种类型都通用的 Pair，这就是类模板。

与函数模板类似，先声明一个或多个类型参数，再用这些类型参数作为类定义中某个数据的类型，就得到了类模板。例如，以下是改写后的 Pair：

```cpp
template<typename  T>
class Pair
{
```

```
public:
    Pair(T  x, T  y) : x(x), y(y){  }          //形式参数是 T 类型的
    ~Pair(){ }
    T getx() const { return  x; }              //返回值是 T 类型的
    T gety() const { return  y; }
    void setx(T  x) { this->x = x; }
    void sety(T  y) { this->y = y; }
private:
    T  x, y;                                   //属性是 T 类型的
};
```

　　这里的类型参数 T 要在将来用一个具体的数据类型来代替。借用函数的观点，类型参数 T 是一种形式参数，可简称为模板形参，具体的数据类型就是模板实参。

　　类模板中的模板类型形参可用于描述属性的数据类型、方法的参数或返回值的数据类型。在需要处理多于一个的可变类型时，可同时使用多个类型模板参数。因此，完整的类模板形式为：

**template<typename Type1, typename Type2, ... typename Type3>**
**class 类模板名**
**{**
　　**//这里使用模板形参**
**};**

　　比如，我们并不能保证 Pair 中的两个属性总有一样的数据类型，因此可以分别采用一个模板形参来描述：

```
template<typename  FirstType, typename  SecondType>
class  Pair
{
  public:
    Pair(FirstType  x, SecondType  y) : x(x),y(y){  }
    ~Pair(){}
    FirstType getx() const { return  x; }
    SecondType gety() const { return  y; }
    void setx(FirstType  x) { this->x = x; }
    void sety(SecondType  y) { this->y = y; }
  private:
    FirstType  x;
    SecondType  y;
};
```

　　不过，在后续的讨论中，除非特殊说明，仍采用只有一个模板形参的版本。事实上，C++在<utility>文件中已经定义了类似这样的模板类 pair，还为 pair 类型重载了 6 种关系运算。

## 9.1.2　使用类模板

　　既然类模板中包含了模板形参，使用类模板时应为每个模板类型形参提供指定的数据类型作为模板实参，语法形式为：

**类模板名<模板实参类型列表>**

这些附在类模板名后尖括号<>内的数据类型就是模板实参数值，这与函数模板是一致的。例如，应该这样使用第一个版本的 Pair：

```
Pair<double>  a(2.0, 3.0), *pa = &a;        //定义模板类的对象和指针
Pair<int>  b(10, 20);
```

要为两个模板形参的 Pair 提供两个对应的类型实参：

```
Pair<int, double>  r(10, 5.0);
Pair<char, int>  s('C', 10);
Pair<string, int>  t("C++", 10);
```

事实上，代码中 Pair<double>、Pair<int>和 Pair<string, int>才是真正的类名，它们都是毫不相干的类。

由类模板到对象生成需要一个过程。例如，对于 Pair<int> b(10, 20)，系统先用实际数据类型匹配模板，生成一个用 int 替换 T 的真正的类，然后再生成该类的对象。可见，只有类对象定义时才能生成类及其实例。图 9-1 可以形象地说明类模板、类和对象之间的关系。类模板定义了类的一般特性，是一种规范描述，规定了如何创建一个类，而且在这样的类中有一个或多个

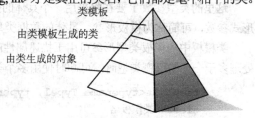

图 9-1　类模板、类及对象之间的关系

类型或值被参数化。一个类模板可以生成中间层的多个具体类，且所有类具有该模板的抽象性。每个类都可以产生各自的实例——对象。

可以说，类模板本身是一个抽象的类。

用类模板构造适合任何类型的通用类。

### 9.1.3　类模板的方法实现

如果类的方法是在类外实现的，则需要对每个方法重新声明模板类型参数。例如：

```
template<typename  T>
class  Pair
{
  public:
    Pair(T  x, T y);
    ~Pair();
    T getx() const;
    T gety() const;
    void  setx(T  x) { this->x = x; }
    void  sety(T  y) { this->y = y; }
    Pair operator+(const Pair& b);
  private:
    T  x, y;
};
template<typename T>                        //语法上 T 可换成其他名字
Pair<T>::Pair(T  x, T y) : x(x), y(y){ }
template<typename T>  Pair<T>::~Pair(){}
template<typename T>
T  Pair<T>::getx() const { return  x; }
```

```
template<typename T> T Pair<T>::gety() const { return y; }
template<typename T>
Pair<T> Pair<T>::operator+(const Pair<T>& b)
{
    return Pair<T>(x+b.x, y+b.y);
}
```

关于模板形参的使用至少需要遵从如下规则：

（1）只要一个方法中使用了类型参数 T，就必须声明一次模板类型参数。

（2）方法实现中的类类型不能仅用 Pair 表示，需要加上模板参数 T，写成 Pair<T>。与函数名<实参列表>是函数标识一样，模板类名<模板形参列表>才是模板类的标识。原则上，方法实现中表示类型的类型名 Pair 都应该加上模板参数列表，尽管某些特殊的场合可以省略，加上模板参数更牢靠些。

（3）构造器名和析构函数名不是类型名，不能写成 Pair<T>。

因为 T 只是一个代表类型形参的标识符，在每个方法前的声明和方法中都可以换成其他名字，但一般很少这样做。

此示例的缺点是没有采用一致的风格，这样做仅是为了说明可能采用的书写形式。

> 检查类模板中的运算是否对指定的实参类型有效。

## 9.1.4　类模板与普通类之间的相互继承

类模板和普通类之间可以相互继承。下述示例采用具有两个模板形参的 Pair 派生一个可以描述三维空间点的类：

```
template <typename FirstType, typename SecondType>
class Pair
{
  public:
    Pair(FirstType x, SecondType y) : x(x),y(y){  }
    //...
};
template <typename T1, typename T2>
class Point3v : public Pair<T1, T2>              //Pair<T1, T2>是真正的类名
{
    int z;
  public:
    Point3v(int a, int b, int c) : Pair<T1, T2>(a, b), z(c) {  }
};
```

直观上，类模板 Pair 派生了一个普通类 Point3v。其实，因为 Pair 是一个含有模板参数 FirstType 和 SecondType 的类模板，在定义类 Point3v 时必须采用 Pair<T1, T2>来表示 Pair 的类名，且 Point3v 也是一个必须指定两个模板实参的类模板。当然，派生的类可以不是类模板，还可以增加或者减少所使用的模板参数个数。例如：

```
template <typename T1, typename T2>
class Point3v_1 : public Pair<T1, double>
{
    T2 z;
  public:
```

```
        Point3v_1(int a, double b, double c) : Pair<T1, double>(a, b), z(c){ }
};
class  Point3v_2 : public Pair<int, int>
{
    double  z;
  public:
    Point3v_2(int a, int b, double c) : Pair<int, int>(a, b), z(c){ }
};
```

这里派生了两个 Point3v 的版本。Point3v_1 虽然有两个模板参数，但只有一个用于定义自己的属性，另一个实例化为 double。Point3v_2 对 Pair 所有的模板形参都指定了模板实参，因此是一个普通类而非类模板。

图 9-2 重新回顾了围绕模板类和模板函数的一些名词的含义。

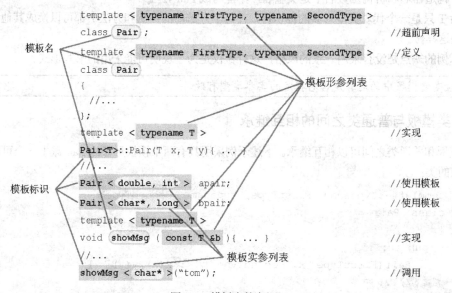

图 9-2　模板中的名词

## 9.1.5　一个模板类实例 complex

C++标准库定义了一个复数类模板 complex，它与 Pair 极其类似，可以由两个浮点数组成一个复数，分别表示复数的实部和虚部。complex 定义于头文件<complex>，提供了取实部和虚部的方法 real() 和 imag()，重载了复数加法、减法、赋值和>>、<<等运算符，重新定义了针对复数的三角函数，使 C++语言能完整地支持复数运算。以下是简化后的 complex 定义：

```
template <class T>
class  complex
{
  public:
    complex(const T& re_arg=0, const T& imag_arg=0)
            : re(re_arg), im(imag_arg){ }
    T imag () const { return im; }
    T real () const { return re; }
    complex<T>& operator=  (const T&);
    complex<T>& operator+= (const T&);
```

```
      complex<T>& operator-= (const T&);
      complex<T>& operator*= (const T&);
      complex<T>& operator/= (const T&);
    private:
      T re, im;
};
```

这里仅给出一个演示复数运算的范例程序:

```
#include <iostream>                       //Example9_1.cpp
#include <complex>
using namespace std;
int main( )
{
   complex<double> a(1.2, 3.4);
   complex<double> b(-9.8, -7.6);
   a += b;
   a /= sin(b) * cos(a);
   b *= log(a) + pow(b, a);             //指数函数 pow(b,a)用于计算 b 的 a 次方
   cout << "a = " << a << ", b = " << b << endl;
   cout << a.real() << ',' << a.imag() << endl;
   return 0;
}
```

程序运行时的输出结果如下。

```
a = <1.42804e-6,-0.0002873>, b = <58.2199,69.7354>
1.42804e-6,-0.0002873
```

## 9.1.6　设计一个队列模板 Queue

这里讨论一个队列类 Queue 的设计。队列与栈 Stack 都是应用广泛的线性结构。栈只允许在栈顶一端进行数据存取,而队列允许在一端存入而从另一端取出,称为先进先出(FIFO,First In First Out)的表。为了能够使队列存储的数据不受限制,这里自然考虑将其设计为类模板。

队列可以采用数组(向量)或列表来存储数据,这里使用了数组。队列需要提供两个位置指示变量 front 和 rear,分别代表队列的头和尾。插入数据总在尾端进行,弹出数据则只在头部进行。构建队列的设计中需要仔细核对 front 和 rear 的变化。在弹出一个元素时,front 加 1,而插入一个元素时,rear 加 1。如果 front 或 rear 超过了数组的最大下标,需要将它们调整到数组的开头,仿佛数组是一个圆圈一样,既充分利用了存储空间,又可以避免数据的大量移动。

如果 front==rear,表明队列是空的;若 rear>front,表明队列有 rear-front 个元素;若 rear<front,则元素的个数为(rear-1)+(capacity-front)个,这里的 capacity 是数组的大小。

队列需要提供的方法与栈类似,主要包括插入元素和弹出元素以及对队列状态的测试。

```
#include <iostream>                       //Example9_2.cpp
using namespace std;
template <typename T>
class  Queue
{
   public:
      Queue (int size = 10);
```

```cpp
        ~Queue ( ) {  delete[] data; }
        bool empty () const { return front == rear; }        //队列是否为空
        bool full() const {  return (size() == capacity); }  //是否已满

        int size () const;                          //队列中元素的个数
        void push (const T&);                       //插入 1 个元素
        T& pop ();                                  //弹出 1 个元素
    private:
        T  *data;                                   //数据区
        int front, rear;                            //首尾位置
        int capacity;                               //数据区容量
};
template <typename T>
Queue<T>::Queue(int size)
{
    if(size == 0)                                   //至少容纳 10 个元素
        size = 10;
    capacity = size;                                //记录容量
    data = new T[capacity];                         //动态分配数组作为存储区
    front = rear = -1;
}
template <typename T>
void Queue<T>::push(const T &element)
{
    if(full())  throw "Queue is full.";             //抛出异常，打断正常执行流程
    else
    {
        ++rear;
        if(rear == capacity)                        //尾部下标调整到数组开头
            rear = 0;
        data[rear] = element;
    }
}
template <typename T>
T& Queue<T>::pop()
{
    if(front == rear)
        throw "Queue is empty.";                    //抛出异常，打断正常执行流程
    else
    {
        ++front;
        if(front == capacity)                       //将头部下标调整到数组开头
            front = 0;
        return data[front];
    }
}
template <typename T>
int Queue<T>::size () const
```

```
{
    int count;                              //元素个数
    if(rear > front)
        count = rear - front;
    else
        count = (rear+1) + (capacity-front);
    return count;
}
int main( )
{
    Queue<int>  q;
    for(int k=1; k<10; k++)                 //10 个元素进入队列
        q.push(k);
    cout << q.pop() << ' ';                 //元素 1 出队列
    cout << q.pop() << ' ';                 //元素 2 出队列
    cout << q.pop() << ' ';                 //元素 3 出队列
    q.push(30);                             //元素入队列
    q.push(40);
    cout << q.pop() << endl;                //元素 4 出队列
    return 0;
}
```

代码中使用第 10 章介绍的 throw 抛出异常，以使程序在发生条件所指明的情况时中断。

# 9.2　容器与泛型

## 9.2.1　抽象容器类模板

为了方便地处理最常用的数据结构，C++提供了一系列的抽象容器类型，实际是具有批量存储和合理组织对象能力的类模板。

容器分为顺序容器（sequence container）和关联容器（associative container）两类。顺序容器是由单一类型元素组成的一个有序集合，包括向量（vector）、列表（list）和双端队列（deque），通过适配器还可以演化出栈（stack）等数据结构。关联容器支持查询一个元素是否存在且可以有效地获取元素，包括映射 map 和集合 set。当然，只有容器还不能发挥太大的效力，需要有工作在这些容器上的算法。C++总结了大量非常实用的通用算法，能够处理一般程序设计中需要频繁面对的工作。无论从效率还是稳定性等方面来考虑，使用这些算法都有极强的优势。但是，要使算法能够通用，适合各种对象和容器，还必须建立起容器和算法之间的关联，实现这种关联的黏合剂是迭代器。

总体上看，C++集成了使过程化程序设计功能更强大、代码更高效、处理更简捷的一整套措施，包括容器、迭代器、通用算法、函数对象和适配器。限于篇幅，这里主要介绍基本容器和算法支持下的泛型程序设计方法和相关的一些必不可少的成分，如容器、算法和迭代器等。

## 9.2.2　泛型编程

这里利用简单的示例来介绍泛型编程。

由于 string 类和数组都能够批量存储和组织对象，如字符，使得它们都被视为容器。因此，可通过一些简单的操作来了解容器及建立在容器上的算法的运用方法。

```cpp
#include <iostream>                          //Example9_3.cpp
#include <algorithm>                         //声明 find、sort 等函数的头文件
#include <iterator>
using namespace std;
int main( )
{
  int a[]={2, 5, 6, 9, 1, 6, 2, 5, -1};
  int* p = find(a, a+8, 9);                  //查找一个范围内是否存在某个值
  if(p != a+8)                               //不存在时指针指向末尾
    cout << "found element is " << *p << endl;
  sort(a, a+8);                              //将容器中的元素排序
  copy(a, a+8, ostream_iterator<int>(cout, " "));
  return 0;
}
```

程序的主要功能是定义一个容器（数组），用通用算法 find 和 sort 完成查找和排序，最后输出排好序的数组元素。如此短小的程序完成了令人难以置信的功能，应归功于 C++对容器、算法和迭代器的分工，其基础则是泛型技术。程序中利用指针（迭代器）将容器（数组 a）与算法（find、sort 和 copy）联系起来，体现了容器的一般使用过程，如图 9-3 所示。

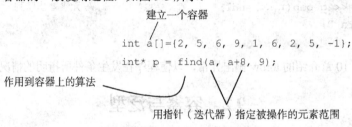

图 9-3　容器的工作方式：建立容器→用迭代器指定范围→执行算法

### 1. 容器

C++中常用的容器有 vector、list 和 deque 等，它们都是类模板，定义在对应类名的头文件中，如<vector>、<list>和<deque>等。数组和 string 也是容器，只不过数组是 C++系统内置的数据类型，而 string 本质上也是定义在<string>文件中的一个模板类。

定义一个容器就是定义一个对象，通常要指定一个以上的数据类型为类模板的类型实参，如：

```cpp
char  a[10];                    //数组容器
vector<int> vec1;               //向量容器
list<string> lst1;              //列表容器
list<Point> lst2;               //列表容器
```

这些语句定义了一个 char 类型的数组 a、一个 int 类型的向量 vec1、一个存储 string 对象的列表 lst1 和一个存储 Point 对象的列表 lst2。

很明显，将容器设计成类模板解决了不同类型对象的存储问题。

> 使用 vector、deque 代替数组，需要使用容器时可优先考虑 vector。

### 2. 泛型算法与泛型编程

如何使用容器呢？考虑建立在各种容器上的一个排序算法 sort。我们很容易在一个具体数组上实现 sort 算法：

```
    void sort(int *first, int *last);
```

这里的 first 和 last 用于指定被排序的元素范围，但它无法作用到其他类型的数组，更不要说 vector 和 list 了。可见，尽管用户能针对一组特定类型的数据建立 sort，也可以建立若干个处理不同数据类型的重载 sort 版本，但彻底解决问题的办法是采用函数模板来处理现有的甚至未知的数据类型。因此，函数 sort 的原型应该像这样：

```
    template<typename Type>
    void sort(Type *first, Type *last);
```

类似 sort 这种能够适合不同数据类型的算法就是泛型算法。自然地，基于泛型算法的程序设计模式就是泛型编程。在 C++系统中，泛型编程就是基于模板的编程。

### 3. 用迭代器指示位置

作用到容器上的算法通常会涉及到处理容器的某个位置或范围的元素，如何指定位置是将泛型算法作用到不同容器上的关键，不妨称之为"位置指示器"。最容易想到的是利用指针来作位置指示器。例如，对于数组、向量这样的容器，使用指针是可能的，但对于一个列表来说，不能希望指向列表元素的指针能够完成元素的随机访问。要想将泛型算法应用于所有不同的容器，需要对容器可能支持的"位置指示器"进行详细的分类和"包装"，才能充分利用位置指示器的能力产生最有效的算法。

经过包装后的位置指示器称为"迭代器（iterator）"。前述程序中的 a、a+8 就是用指针构成的一种迭代器，等价的说法是指针就是一种迭代器。这样一来，sort 函数的原型就应该是：

```
    template<typename Type>
    void sort(iterator first, iterator last);              //使用迭代器
```

上述定义说明，如果将 sort 用于某种类型 type 的数据排序，能够提供 type 类型的指针作为位置标志固然好，但也可以利用功能比指针"弱"的某种数据来说明要操作的元素位置，这可以使算法 sort 的应用范围更广，要求更低。

### 4. 使用函数对象

在考虑元素排序时，不同的应用可能需要升序排序或降序排序。显然，既提供升序排序算法又提供降序排序算法是最低级的做法。一种可以容忍的思路是为 sort 增加一个参数。例如：

```
    void sort(iterator first, iterator last, bool isAscending);
```

在使用 sort 时，如果 isAscending 为 true，就按升序排序，否则为降序排序。

这样的处理方法仍不能令人满意。例如，如果对字符序列进行排序，区分字母大小写问题又如何考虑呢？类似的问题还很多。彻底解决此类问题的方法是由用户指定一个元素大小的比较方法，如：

```
    bool Greater(char a, char b){ return b <= a; }
```

于是，函数 sort 的原型也产生了相应的变化：

```
    void sort(iterator first, iterator last, bool (*comp)(int*, int*));
```

只要将函数指针 Greater 传递给 sort，那么 sort 就可以利用 Greater 进行元素大小的比较，从而实现任何一种用户所期望的排序。不过，由于算法是"泛型的"，Greater 函数必然是以函数模板来实现的：

```
    template<typename Type>
    bool Greater(Type &a, Type &b){ return b <= a; }
```

出于函数对象更胜于函数指针的考虑，C++一般利用运算符重载将函数指针包装成函数对象：

```
template<typename Type>
struct  Greater
{
  bool operator()(Type &a, Type &b){ return b <= a; }
};
```

于是，可以按下面的方式实现一种自己定义的排序：

```
sort(first, last, Greater<int>());              //传递一个无名临时对象
```

C++的<functional>文件预定义了一些常用的函数对象，包括算术运算、关系运算和逻辑运算等。下面列出了一些主要的函数对象声明：

（1）算术函数对象 plus、minus、multiplies、devides 和 modules 等，如：

```
Template<typename T> struct  plus;
```

（2）关系函数对象 equal_to、not_equal_to、greater 和 less 等，如：

```
Template<typename T> struct equal_to;
```

（3）逻辑函数对象 logical_and、logical_or 和 logical_not，如：

```
Template<typename T> struct logical_and;
```

> 通过构造、传递函数或函数对象，可以依据不同的准则去排序和查找。

**5. 区间指定**

大量的算法依赖于指定的范围才能工作。例如，find 在指定范围内查找元素是否存在，sort 对指定范围的元素进行排序。如果将算法中指定范围的两个迭代器记作 first 和 last，则表示的范围是从 first 到 last，但不包括 last 指示的元素，是一个半开半闭的区间[first, last)。例如：

```
find(&a[0], &a[5], x);
```

这里使用指针作为迭代器，它表示在 a[0]~a[4]之间查找 x，不包括 a[5]。在 first=last 时表示空区间，不包含任何有效的迭代器。

# 9.3  迭 代 器

为了使一个泛型算法能够支持任何一种复杂的容器，需要将容器所能支持的迭代器进行分类，以便能正确指出被操作的元素范围，得出效率最高的算法。例如，数组可以利用指针作为迭代器，这种迭代器支持随机的加减运算，但列表 list 虽然可以采用指针指示元素位置，加减运算无效。一般来讲，一种容器的迭代器可能仅支持读操作，也可能仅支持写操作，或者一种容器的迭代器可以进行随机的加减运算，而另一种不支持。对不同操作的支持程度必然影响算法的实现方式和效率，也决定了算法的应用对象。鉴于上述原因，C++将迭代器分为 5 类：输入迭代器、输出迭代器、向前（或称前向）迭代器、双向迭代器和随机访问迭代器。它们之间的关系参见图 9-4，矩形框中指出了这种迭代器所支持的运算。

不同的迭代器是通过它所支持运算的能力不同来区分的。处于图 9-4 中靠前位置的迭代器能力弱而后面的迭代器能力强，后一种迭代器通常也是前一种迭代器，即前向迭代器是一种输入、输出迭代

器，双向迭代器是一种前向迭代器，随机访问迭代器是一种特殊的双向迭代器。因此，算法对迭代器是向后支持的。例如，如果一个算法支持前向迭代器，也必然支持双向迭代器。各种迭代器定义于头文件<iterator>。

总体上，可以认为迭代器是一种"弱化的"指针。事实上，随机存取迭代器与指针已十分接近。

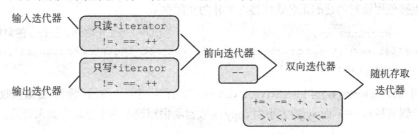

图 9-4　迭代器的包容关系

## 9.3.1　输入迭代器

输入迭代器（InputIterator）支持的运算仅包括!=、==、++和只读形式的间接引用*iterator。定义输入迭代器的目的是使算法可以应用于输入流，进行数据输入。用如下一般形式声明一个输入迭代器：

**istream_iterator<Type>　迭代器名(istream&);**

其中的 Type 表示任意一个已定义了输入操作符<<的数据类型，构造器的实参数可以是一个 istream 类或其公有派生类的对象，如 cin。

下面是最常用的定义起始和结束输入迭代器（对象）的范例：

```
istream_iterator<int> inFirst(cin);              //起始标志
istream_iterator<int> inLast;                    //结束标志
```

为了说明迭代器的用法，这里引入一个<algorithm>中定义的通用函数模板算法 copy，原型为：

```
#include <algorithm>
template <class InputIterator, class OutputIterator>
OutputIterator copy(InputIterator first, InputIterator last,
                    OutputIterator result);
```

算法 copy 的功能是将[first, last)范围内的所有元素复制（输出）到 result 起始的对应位置上。很明显，对于源数据，只要求能够按顺序由 first 逐个遍历到 last–1（加法）和读取，故仅要求其是输入迭代器 InputIterator；对于目的数据，只要求能够按顺序由 result 逐个向后遍历（++）和写入，故仅要求其是输出迭代器 OutputIterator。于是，可以用输入迭代器与 copy 算法从键盘读入数据到容器中：

```
int a[100] = {0};
istream_iterator<int> inFirst(cin);              //起始标志
istream_iterator<int> inLast;                    //结束标志
copy(inFirst, inLast, a);                        //输入数组 a 的值
```

为了结束数据输入应按 Ctrl+Z 键或 F6 键。

程序利用 copy 算法将区间[inFirst,inLast)内的数据*inFirst 逐个复制给数组中的对应元素。

下面的代码建立一个容纳整数的向量，并使用了一个 inserter 函数（参见迭代器适配器部分）使向量根据输入数据的多少自动扩容，按输入顺序把数据插入到向量中：

```
istream_iterator<int> inFirst(cin);          //起始标志
istream_iterator<int> inLast;                //结束标志
vector<int> vect;                            //1 个容纳整数的向量
copy(inFirst, inLast, inserter(vect,vect.end()));
```

也可以直接使用临时创建的无名迭代器对象作为实际参数：

```
vector<string> sv;                                   //1 个容纳 string 的向量
copy(istream_iterator<string>(cin), istream_iterator<string>(),
    back_inserter(sv));
```

代码中的 back_inserter(sv)与 inserter(vect, vect.end())的作用相同。这段代码从键盘接收若干个字符串，顺次保存到向量 sv 中，而 sv 的大小由 copy 函数自动根据输入的字符串个数来调整。

### 9.3.2  输出迭代器

输出迭代器（OutputIterator）仅支持++和只写形式的间接引用*iterator，其目的是使算法可以支持输出操作。可用如下两种形式之一声明标准输出迭代器对象：

```
ostream_iterator<Type> 迭代器名(ostream&);
ostream_iterator<Type> 迭代器名(ostream&,char* delimiter);
```

其中的 Type 是任意一个已定义了输出操作符>>的数据类型，参数"ostream&"部分通常是 cout，表示标准输出。两种形式的差别仅在于前一形式输出的数据是连续的，后一种形式可以指定一个用于数据分隔的字符串。例如，下面的代码采用指针进行数据输出：

```
string a[] = {"hello", "!", "The World"};
copy(a, a+4, ostream_iterator<string>(cout));    //使用了无名对象
```

这里的 copy 算法将 a[0]～a[3]写到"*输出迭代器"上。因为指针是随机存取迭代器，自然也是输出迭代器，满足 copy 的要求。

下述代码建立一个输出迭代器并输出前文代码所生成的 string 向量 sv：

```
ostream_iterator<string> out(cout, " ");         //建立 string 的输出迭代器
copy(sv.begin(), sv.end(), out);                 //输出向量的所有元素
```

代码中的 sv.begin()和 sv.end()分别用于得到 sv 的首、末位置迭代器。

### 9.3.3  前向迭代器

前向迭代器（ForwardIterator）既是输入迭代器，又是输出迭代器，同时支持读、写两种形式的间接引用，当然也包括!=、==和++运算（单向遍历）。<algorithm>中的 replace 算法就是一种对序列既读又写的函数模板，其功能是将序列中的所有 old_value 都替换为 new_value。原型如下：

```
#include <algorithm>
template <class ForwardIterator, class T>
void replace (ForwardIterator first, ForwardIterator last,
              const T& old_value, const T& new_value);
```

例如，指针满足前向迭代器的要求，下面的代码将数组 a 的前 8 个元素中的 1 都换成 3：

```
int a[100]={1, 1, 7, 8, 1, 6, 2, 5};
replace(a, a+8, 1, 3);                           //将前 8 个元素中的 1 都换成 3
```

### 9.3.4 双向迭代器和随机访问迭代器

前向迭代器只是单方向遍历（++），而双向迭代器（Bidirectional Iterator）需要同时能够实现两方向遍历，因此，除了!=、==和++运算外，还必须定义--运算。有些泛型算法，如倒置一个容器的元素的算法 reverse，至少要求双向迭代器，以便从两个方向读或写一个容器。list 容器支持双向迭代器。

随机访问迭代器（Random Access Iterator）是一种支持迭代器与整数加减法和关系运算的双向迭代器，指针就是这样一种迭代器。vector 容器和 deque 容器的迭代器是随机访问迭代器。

### 9.3.5 容器提供的迭代器

了解迭代器的分类之后，还需要知道一种容器到底能够提供什么样的迭代器。例如，数组提供的指针就是一种随机存取迭代器，这说明所有通用算法都可以应用于数组，因为这些算法至多要求随机存取迭代器。事实上，除了数组之外的每种容器都定义了自己的迭代器。如果 container 代表一种容器模板类，定义如下的对象：

```
container<type> object;
```

那么，容器对象 object 提供的迭代器类型为 container<type>::iterator。例如，对于如下定义：

```
vector<int> vect;
list<string> lst;
```

vect 提供的迭代器类型为 vector<int>::iterator，lst 提供的迭代器类型是 list<string>::iterator。

为了得到容器的迭代器，每种容器类模板都定义了如下两个方法，大量算法都要依赖它们才能工作。

（1）iterator begin()：返回容器的首位置迭代器。

（2）iterator end()：返回容器的尾位置（最末元素之后的位置）迭代器。

下述代码演示了迭代器的使用方法，功能是输出 vec 的所有元素：

```
int a[8] = { 1,2,3,4,5,6,7,8};
vector<int> vec(a, a+8);                //用数组元素初始化向量 vec
vector<int>::iterator iter;             //定义迭代器
for(iter=vec.begin(); iter != vec.end(); iter++)
  cout << *iter;                        //用迭代器引用元素
```

作为入门，这里只讨论了几种简单的容器，数组、string 和 vector 支持的是随机访问迭代器，而 list 仅支持双向迭代器。一般情况下，一个容器按图 9-5 的形式借助迭代器实现需要的操作。

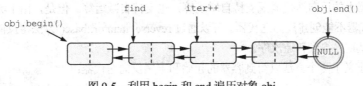

图 9-5　利用 begin 和 end 遍历对象 obj

### 9.3.6 插入迭代器（适配器）

有很多算法是以直接向容器中复制数据的方式工作的，如 copy 和 fill 等。例如，copy 算法的作用是将区间[inFirst, inLast)的数据复制到一个目的起始位置开始的区域内，但如果容器没有足够的空间将会导致不可预料的结果：

```
vector<int> vec;                                // 空向量
int a[8] = {2,5,6,9,1,1,7,8};
copy(a, a+8, vec.begin());                      //异常的代码
```

代码中的向量vec是空的，在以覆盖方式将数据写入vec时会因没有存储空间而失败。为了保证copy算法正确工作，可以事先分配空间，也可以改变它的缺省复制行为，使其以插入的方式进行复制。为此，C++定义了几种作用于普通迭代器或容器的函数模板，用于调整迭代器的缺省行为，称为"迭代器适配器"。

通常，用迭代器给容器元素赋值时，被赋值的是迭代器所指向的元素。插入迭代器是一种可以给容器添加元素的迭代器适配器，以确保算法从容器得到足够的空间存储输出的数据。插入迭代器带有一个容器参数，并生成一个迭代器，用于在指定的容器中插入元素。通过插入迭代器进行复制（赋值）时，迭代器将会扩展空间，以便插入一个新的元素而不是在原位置覆盖。C++语言提供了3种插入迭代器，其差别在于插入元素的位置不同。

（1）back_inserter。使用一个容器（引用）作为实参，生成一个绑定在该容器上的插入迭代器。在通过此迭代器给元素赋值时，赋值运算将调用push_back方法在容器末尾添加一个具有指定值的元素。下面是用back_inserter改写后的复制数组元素到vec向量的代码，可以有效地工作：

```
copy(a, a+8, back_inserter(vec));               //正确的代码
```

（2）front_inserter。类似于back_inserter，该函数能够调用它所关联容器的push_front方法代替赋值操作的迭代器，实现在容器前端的插入。不过，只有当容器提供push_front操作时，才能使用front_inserter（vector就没有这样的方法）。

（3）inserter。产生在指定位置实现插入的迭代器。inserter有两个参数，分别是它所关联容器和指向插入起始位置的迭代器，inserter总是在该起始位置前面插入新元素。

例如，下述代码使列表ilst2和ilst3分别包含元素1、2、3、4和4、3、2、1：

```
list<int> ilst1, ilst2, ilst3;
for(int i = 0; i != 4; ++i)                     //ilst1 包含元素 4 3 2 1
  ilst1.push_front(i+1);
copy(ilst1.begin(), ilst1.end(), front_inserter(ilst2));
copy(ilst1.begin(), ilst1.end(), inserter(ilst3, ilst3.begin()));
```

## 9.3.7  反向迭代器

反向迭代器（reverse_iterator）是一种反向遍历容器的迭代器，用于从最后一个元素遍历到第一个元素。对于反向迭代器，增量运算与普通迭代器相反，++运算将访问前一个元素，而—运算访问后一个元素。标准容器上的反向迭代器既支持自增运算，也支持自减运算。但是，由于流迭代器不能反向遍历流，故流迭代器不能创建反向迭代器。可以通过reverse_iterator::base()方法将反向迭代器转换为普通迭代器，使其从逆序得到普通次序。

标准容器还定义了两个方法以得到容器的起始和末尾反向迭代器：

（1）reverse_iterator rbegin()：返回容器的反向首位置（实际是尾位置）的反向迭代器。

（2）reverse_iterator rend()：返回容器的反向尾位置（最末元素之后的位置，实际是首位置）的反向迭代器。

being()、end()、rbegin()和rend()返回的迭代器位置与容器序列的关系如图9-6所示。

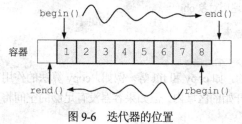

图9-6  迭代器的位置

下面的示例程序演示了容器迭代器及其相关成员函数的用法：

```cpp
#include <iostream>                              //Example9_4.cpp
#include <iterator>
#include <algorithm>
#include <string>
using namespace std;
int main( )
{
  string str = "Helloeveryone";
  cout << "String:" << str << endl;
  string::iterator it1 = find(str.begin(), str.end(), 'e');
  string::iterator it2 = find(++it1, str.end(), 'e');
  cout << "Sub:" << string(it1, it2) << endl;
  string::reverse_iterator rit1 = find(str.rbegin(), str.rend(), 'e');
  string::reverse_iterator rit2 = find(++rit1, str.rend(), 'e');
  cout << "RSub:" << string(rit1, rit2) << endl;
  cout << "Sub:" << string(rit2.base(), rit1.base()) << endl;
  return 0;
}
```

程序运行时的输出结果如下。

```
String:Helloeveryone
Sub:llo
RSub:noyr
Sub:ryon
```

这里再次回顾容器、迭代器和泛型算法的联系，就是迭代器依附于容器且在容器和泛型算法间起桥梁的作用，而泛型算法需要通过迭代器实现容器中数据的高效操作。例如，容器 string 包含的迭代器可以定义为 string::const_iterator、string::const_reverse_iterator、string::iterator 或 string::reverse_iterator，于是，相对 string 的泛型算法不仅可以使用输入迭代器、输出迭代器、前向迭代器、双向迭代器、随机访问迭代器、插入迭代器、反向迭代器，还可以使用这些容器特有的迭代器。

 充分利用迭代器类型，如 list<string>::iterator，避免使用索引元素的指针。

# 9.4  几种主要容器类与类的方法

这里简要介绍 vector、list、deque、stack 和 queue 容器的主要内容和类的一般方法，叙述中的"container"用于指代这些容器名。

## 9.4.1  容器类的主要方法

容器类中常用的主要方法包括如下几类。

（1）容器类对象的构建方法。

container<T>()：构造空的容器对象；

container<T>(length)：构造 length 个元素的容器，元素的值为 0；

container<T> (length, a)：构造 length 个元素的容器，元素的值为 a；

container<T> (vector<T>&)：由已有容器复制构造新容器对象；

container<T> (iterator itFirst, iterator itLast)：由已有容器的部分元素构造新容器对象。

（2）返回迭代器的方法。

container<T>::iterator begin()：返回当前容器对象的正向首元素的迭代器；

container<T>::iterator end()：返回当前容器对象的结束标志迭代器（最末元素之后的位置）；

container<T>::reverse_iterator rbegin()：反方向访问时指向容器对象的反向首元素的迭代器；

container<T>::reverse_iterator rend()：反方向访问时指向容器对象的反向结束标志迭代器。

（3）访问容器容量信息的方法。

int size()：返回容器中已存放的对象个数；

int max_size()：返回容器中最多可存放的对象个数，取决于机器硬件；

bool empty()：当容器为空时，返回 true。

（4）访问容器中对象的方法。

container<T>& front()：返回容器中的第一个元素（引用）；

container<T>& back()：返回容器中的最后一个元素（引用）。

（5）向容器中插入对象的方法。

void push_back(const T&)：向容器尾部插入一个对象；

iterator insert(iterator iter, const T&)：在 iter 指向的容器位置插入一个对象并返回指向插入后对象在容器中的位置的迭代器。

（6）在容器中删除对象的方法。

void pop_back(const T&)：删除容器中最后一个对象；

iterator erase(iterator iter)：删除容器中 iter 指向的一个对象；

iterator erase(iterator itFirst, iterator itLast)：删除容器中[itFirst，itLst)区间内的对象；

void clear()：删除容器中的所有对象。

（7）其他方法。

void reverse()：倒置容器中的元素；

void swap(container 1, container 2)：交换两个容器的元素。

此外，还包括容器间的一些运算，如比较大小等。

### 9.4.2　向量（vector）容器

向量是数组的替代品，差别之处在于向量可以自动调整大小。向量在允许对数据随机访问的同时，能够很好地支持在向量末端的插入和删除操作。如果需要对序列频繁快速地访问可选择向量，而需要频繁在随机位置插入或删除操作时应选择其他容器。

除了容器所共有的一般方法外，向量支持如下特殊方法：

（1）int capacity()：返回无需再次分配空间就能容纳的对象个数。

（2）operator[index]：向量的下标访问。

> vector 改变大小之后，迭代器会改变，重新取得迭代器而不要再使用"过时"的迭代器。

可以按下述示例使用向量容器的基本功能：

```cpp
#include <iostream>                          //Example9_5.cpp
using namespace std;
#include <vector>
```

```
#include <iterator>
int main( )
{
  int a[10] = {1,2,3,4,5,6,7,8,9,10};
  vector<int> ve(a, a+10);                      //用数组建立向量对象
  ostream_iterator<int> iter(cout);             //定义输出迭代器
  vector<int>::iterator beginiter = ve.begin(); //取得位置，也可不使用变量
  vector<int>::iterator enditer = ve.end();
  copy(beginiter, enditer, iter);               //输出向量
  copy(ve.rbegin(), ve.rend(), iter);           //反向输出向量
  ve.pop_back();                                //删除最后元素
  ve.push_back(30);                             //在末端插入一个元素
  copy(ve.begin(), ve.end(), iter);             //输出向量
  return 0;
}
```

## 9.4.3　列表（list）容器

列表是由双向链表构成的可以动态增长的容器，能够很快实现在某个位置的元素插入和删除，可以双向访问，但不支持随机访问。

列表对象的特殊方法包括：

（1）void sort()：采用适合列表的方法对元素排序，可在参数中指定一种比较方法；

（2）pop_front()：删除首元素；

（3）push_front()：插入一个元素作首元素。

需要频繁地在容器的前端或中间插入或删除元素时，使用 list。

以下是一个使用列表的演示程序：

```
#include <iostream>                             //Example9_6.cpp
#include <string>
#include <list>
#include <iterator>
#include <algorithm>
using namespace std;
//重载的打印列表运算符
ostream& operator<<(ostream& out, const list<string>& l)
{
  copy(l.begin(),l.end(), ostream_iterator<string,char>(cout," "));
  return out;
}
int main( )
{
  list<string> lst;                             //定义一个空列表
  lst.insert(lst.begin(),"antelope");           //插入元素
  lst.insert(lst.begin(),"bear");
  lst.insert(lst.begin(),"cat");
  cout << lst << endl;                          //打印列表
```

```
            // 将 cat 修改为 cougar
            *find(lst.begin(),lst.end(),"cat") = "cougar"; //修改 cat
            lst.push_front("zebra");                        //在首端插入元素
            lst.insert(find(lst.begin(),lst.end(),
                        "antelope"),"ocelot");              //在 antelope 前插入元素
            lst.push_back("rat");                           //在末端插入元素
            lst.sort();                                     //元素排序
            cout << lst << endl;
            return 0;
        }
```

注意，代码中对列表 lst 成员的排序调用的是 list 的方法 sort 而不是通用算法，体现了列表与 vector、deque 等容器的差别，这种做法是从效率角度来考虑的。

### 9.4.4　双端队列（deque）、栈（stack）和队列（queue）容器

deque 是一个双端的队列，与向量基本相同，但支持从队列的任何一端添加元素或移除元素。deque 的特殊方法包括：

push_front()：在队列顶端插入一个元素；

pop_front()：在队列顶端删除一个元素；

push_back()：在队列底端插入一个元素；

pop_back()：在队列底端删除一个元素。

栈 stack 将数据操作限制在 deque 的一端，或者说，stack 只能在存储区的顶端插入和删除一个元素。队列 queue 将数据操作分别限制在 deque 的两端，或者说，queue 只能在存储区的顶端删除一个元素和在底端插入一个元素。stack 和 queue 默认为由 deque 实现。严格地说，它们都是一种适配器。

### 9.4.5　映射（map）容器

前几节介绍的容器如 vector、list 和 deque 都是顺序容器，这是指数据能维持其被指定的位置顺序，它们仅存储和处理单一类型的数据。此外，C++还提供了若干关联容器，如 map、multimap 和 set 等，这样的容器会自动维持数据的某种排序，以支持快速查找操作。

关联容器 map 是一个键/值（key/value）对组成的数据结构。键 key 用于查询而值 value 包含了希望使用的数据。这些键/值对可以是<人名，电话号码>、<学号，学生姓名>等。map 容器可以很好地组织值对的存储及快速查询。在实现上，map 内部以一棵红黑树结构来组织和维护数据依据键的自动排序功能，要求所有键是唯一的，不能重复，而值可以重复。这里的键也称为关键字。

map 提供了 6 个构造器，但通常只是按如下方式直接定义一个容器：

```
        map<string, long>  telebook;        //电话簿
        map<long, string>  students;        //学生表
```

这里的 telebook 用于描述一个电话簿，以人名字符串（string）作为键，以电话（long）作为值。学生表 students 以学号（long）作为键，姓名（string）作为值。创建它们的目的是能根据人名和学号快速查找其电话和姓名。当然，要求人名和学号都不能重复。

map 支持 3 种元素插入方式，分别是用 insert 方法插入 pair 对、用 insert 方法插入由 value_type 方法构造的对象和用键进行索引的赋值。以下代码说明了这些方法。

```
        telebook.insert(pair<string, long>("Einstein", 25491011));
```

```
pair<string, long>  hawking("Hawking", 25491012);
telebook.insert(hawking);
telebook.insert(map<string,int>::value_type("Freud", 25491103));
telebook["Newton"] = 25491104;
telebook["Archimedes"] = 25491105;
```

第一个语句直接利用键"Einstein"和值 25491101 构成临时 pair 对象，并插入到 telebook。第二、三个语句先定义 pair 对象再插入到容器。它们体现了第一种插入元素方法。第四个语句利用 map 的 value_type 方法直接构造了 map<string,int>类的临时对象，并插入到容器 telebook。第五、六个语句用键 Newton、Archimedes 作为索引，插入键/值对到 telebook。

采用 insert 方法的两种方式在本质上没有什么不同。telebook 首先检查自己是否已包含了该键，如果没有则插入数据，否则不执行插入操作。以键为索引的赋值方法与 insert 方法不同，如果键不存在则插入数据，如果键存在，原来的键/值对被覆盖。

对 map 的常见操作包括遍历和查找等，以下是一个简单的演示程序。

```cpp
#include <map>                                    //Example9_7.cpp
#include <iostream>
#include <string>
using namespace std;
int  main( )
{
  map<string, long>  telebook;
  telebook.insert(pair<string, long>("Einstein", 25491011));
  pair<string, long>  hawking("Hawking", 25491012);
  telebook.insert(hawking);
  telebook.insert(map<string,int>::value_type("Freud", 25491103));
  telebook["Newton"] = 25491104;
  telebook["Archimedes"] = 25491105;
  map<string, long>::iterator  iter;              //-----------
  iter = telebook.find("Hawking");
  if(iter != telebook.end())
    cout << "Hawking\'s telephone is " << iter->second << endl;
  else
    cout << "not found." << endl;
  cout << telebook.count("Hawking") << endl;//-----------
  cout << telebook.count("hawking") << endl;
  telebook.erase("Newton");                       //-----------
  cout << "count is " << telebook.size() << endl;
  for(iter = telebook.begin(); iter != telebook.end(); iter++)
    cout << iter->first << "," << iter->second << endl;
  return  0;
}
```

程序运行的输出结果为：

```
Hawking's telephone is 25491012
1
0
```

```
count is 4
Archimedes,25491105
Einstein,25491011
Freud,25491103
Hawking,25491012
```

map 容器提供了双向迭代器。程序首先利用 telebook 的 find 方法查找键"Hawking"，返回一个指示位置的迭代器。找到后显示被查找键的值，即电话。map 还提供了另一个方法 count 来查找一个键，但它仅返回是否存在的标志（1/0），无法知道键所处的位置。程序调用 erase 方法删除了一个数据条目。最后输出了容器的元素个数，并通过循环输出了容器中的所有键/值对。

# 9.5  常用的通用算法

标准 C++提供了 100 多种泛型算法，用于对各种容器中对象的查找、排序、复制、置换和求值等运算。使用算法时主要应注意所要求的迭代器。例如，若算法要求双向迭代器，则可以用于支持双向迭代器和随机迭代器的容器，但不能用于仅提供前向迭代器以下迭代器的容器。这些泛型算法主要定义在头文件<algorithm>中，一组泛化的算术算法定义在<numeric>中。

这里主要列出算法的原型并进行扼要的功能说明。

## 9.5.1  只读算法

只读算法正如其名，它们不修改容器的元素，包括：

（1）binary_search。binary_search 用二分查找法在[first, last)区间内查找元素 value。若存在返回 true，否则返回 false。

```
bool binary_search(ForwardIterator first, ForwardIterator last,
                   const T& value, Compare comp)
```

（2）find。find 查找并返回对象 value 在[first, last)区间内出现的首位置，若不出现则返回 last。

```
InputIterator find(InputIterator first, InputIterator last,
                   const T& value)
```

（3）accumulate。accumulate 返回[first, last)范围内所有元素的和。

```
T accumulate(InputIterator first, InputIterator last, T val)
```

（4）count。count 返回[first, last)区间内对象 value 的出现次数。

```
int count(InputIterator first, InputIterator last, const T& value)
```

（5）max。max 返回两元素中的最大值。

```
const T& max(const T& value1, const T& value2, Compare comp)
```

（6）min。min 返回两元素中的最小值。

```
const T& min(const T& value1, const T& value2, Compare comp)
```

（7）max_element。max_element 返回指向[first, last)区间内最大元素的迭代器。

```
ForwardIterator max_element(ForwardIterator first,
                            ForwardIterator last, Compare comp)
```

（8）min_element。min_element 返回指向[first, last)区间内最小元素的迭代器。

```
ForwardIterator min_element(ForwardIterator first,
                    ForwardIterator last, Compare comp)
```

（9）equal。如果[first1, last1)区间内对象与 first2 起始区间内的元素对应相等，那么返回 true，否则返回 false。

```
bool equal(InputIterator first1, InputIterator last1,
        InputIterator first2)
```

（10）for_each。for_each 对[first, last)区间内的每个对象执行 f 操作，即调用一次 f 函数。

```
void for_each(InputIterator first, InputIterator last, Function f)
```

（11）lower_bound。lower_bound 返回 value 对象在[first, last)区间内首次出现的位置，若不出现，则返回指向第一个大于 value 的迭代器。

```
ForwardIterator lower_bound(ForwardIterator first, ForwardIterator last,
                    const T& value, Compare comp)
```

（12）upper_bound。upper_bound 返回 value 对象在[first, last)区间内最后一次出现的位置，若不出现，则返回指向第一个大于 value 的迭代器，无大于元素时返回 last。

```
ForwardIterator upper_bound(ForwardIterator first, ForwardIterator last,
                    const T& value, Compare comp)
```

（13）merge。merge 合并两个有序区间[first1, last1)和[first2, last2)的对象，保存到 result 指向的区域，合并结果仍保持有序，返回值指向 result。

```
OutputIterator merge(InputIterator first1, InputIterator last1,
                InputIterator first2, InputIterator last2,
                OutputIterator result, Compare comp)
```

## 9.5.2　改写元素算法

（1）fill。fill 将指定范围内的每个元素都设定为给定的值。

```
void fill(InputIterator first, InputIterator last, const T& x)
```

（2）copy。copy 向目标迭代器写入未知个数的元素。

```
OutputIterator copy(InputIterator first, InputIterator last,
                OutputIterator result)
```

（3）replace。replace 将[first, last)区间内的所有 old_value 对象替换成 new_value。

```
void replace(ForwardIterator first, ForwardIterator last,
        const T& old_value, const T& new_value)
```

（4）remove。remove 删除[first, last)区间内所有 value 对象，返回删除元素后容器的 last。

```
ForwardIterator remove(ForwardIterator first, ForwardIterator last,
                const T& value)
```

（5）unique。unique 将[first, last)区间内的所有重复对象删除，只保留一份。

```
ForwardIterator unique(ForwardIterator first, ForwardIterator last)
```

（6）swap。swap 交换对象 value1 和 value2 的值。

```
void swap(T& value1, T& value2)
```

### 9.5.3　元素排序算法

（1）sort。sort 将[first, last]区间内的所有对象排序。

```
void sort(RandomAccessIterator first, RandomAccessIterator last,
          Compare comp)
```

（2）reverse。reverse 反序[first, last]区间内的所有对象。

```
void reverse(BidirectionIterator first, BidirectionIterator last)
```

# 思考与练习 9

1. 在类模板中应如何表示当前类的类型？
2. 可以从具体类派生类模板、从类模板派生具体类以及从类模板派生类模板吗？
3. 使用 vector 代替数组有什么好处？vector 有超界的危险吗？
4. vector 与 list 的主要区别是什么？
5. 在作用到容器的通用算法中如何指定一个范围？
6. 什么是迭代器？迭代器有哪几种？互相之间有什么关系？为什么不使用指针而使用迭代器来指定位置呢？
7. C++是如何用迭代器连接容器与通用算法的？
8. vector、list 和 deque 提供随机访问迭代器或者双向迭代器吗？提供 push_back 方法吗？
9. 若向量 v 按顺序包含'a'、'b'、'c'、'd'四个字符，下述代码片段的输出是什么？

```
vector<char>::iterator iter = v.begin();
++iter;
cout << *(iter+2) << endl;
--iter;
cout << iter[2] << endl;
```

10. 在前题的假定下，下述代码片段的输出是什么？

```
vector<char>::reverse_iterator riter = v.rbegin();
++riter; ++riter;
cout << *riter << endl;
--riter;
cout << riter[0] << endl;
```

11. 如果输入 C++ world!，下述程序输出的结果是什么？

```
#include <iostream>
#include <stack>
using namespace std;
int  main( )
{
  stack<char>  s;
  char  cx;
  do
```

```
{
  cin.get(cx);
  if(cx == '\n')
    break;
  s.push(cx);
}while(true);
while(!s.empty())
{
  cout << s.top();  s.pop();
}
cout << endl;
return 0;
}
```

# 实 验 9

1. 完善本章中的 Point 类并将其改造成类模板。

2. 将案例一中的 Stack 类改造成类模板。

3. 将案例五中的 Vector 类改造成类模板，并为其增加一个快速排序的方法。

4. 设 v 是一个 int 类型的向量，编写程序输入 v 的所有元素。

5. 设计一个程序，从键盘输入 10 个 double 数据并存储到 deque 中，调用 sort 算法对其排序并输出排序后的结果。

6. 将实验 3 中第 8 题的学生数据改为 vector 存储，并重新实现题目要求的相关方法。

7. 编写一个函数，将第 6 题中的 vector 拆分为两个 vector，使它们分别包含成绩及格的学生信息和不及格的学生信息。

8. 使用 list 重新实现案例七中的小型图书数据库管理系统。

9. 构造适当的例子，体会和说明 for_each、count、sort、find、copy、remove 及 replace 算法的功能与用法。

10. 构造适当的例子，体会和说明本章中列出的其他通用算法的功能与用法。

# 第 10 章  异 常 处 理

尽管在程序设计中应尽量考虑到各方面的因素和细节，但很多异常情况是无法预料的，也有一些是能够预料但无法避免的，如被 0 除、数组越界访问或空闲内存耗尽等。传统的程序异常处理技术不能很好地解决大型程序中的所有问题，因此 C++语言提供了一种新的异常处理机制，即抛出异常并用 try-catch 结构监测和处理异常的技术。本章从使用的角度简要介绍 try-catch 异常处理机制的基本使用方法。

## 10.1  异常及常规处理方法

任何一个软件系统在运行中都会存在不正常的情况，程序设计时要尽可能对异常情况进行预测并制定好处理措施，确定由谁来处理以及怎样处理。

### 10.1.1  常见的异常

"异常"是指非正常情况，包括错误、故障以及未进行合理限制而产生的例外等。当异常发生时，比较期望得到的结果是能够采取合理的措施进行处理，以使程序流程能够正确执行下去，或者在不引起不期望后果的情况下结束。常见的异常可以归结如下：

（1）用户输入错误。几乎所有软件都需要处理用户输入，但用户输入的数据可能不满足系统的要求。例如，程序要求输入一个尺寸，用户输入时含有非数字字符或不符合实数规范。又如，要求输入一个邮箱地址，但用户的输入缺少"@"字符，不能构成一个合法的邮箱地址等。

（2）代码错误。尽管代码都要经过严格测试，但程序测试只能尽可能多地发现错误，并不能保证一个大型程序不存在设计和编码错误，主要表现在算数运算中 0 作除数、访问数组元素时使用了越界的下标以及从空的堆、栈和队列读取元素等，这些错误是编译器不能察觉的。

（3）设备故障。设备故障是频繁发生的异常。例如，没有插入光盘、文件不存在、打印机没连接好或缺纸、因网址错误或网页已撤销而不能打开一个网页等。

（4）物理限制。这是由物理设备能力的限制而产生的异常，包括磁盘已满、内存已耗尽或无句柄可分配等。

应该说明，异常并非专指出现了错误。理论上，任何一种情况都可以被视为异常，只要设计者希望其可作为一个特殊的事件，且在事件发生时能中断程序的正常流程。

### 10.1.2  常规处理方法

在很长时间里，结构化设计中主要采取对可能的异常进行判定并设置标志，再根据标志采取相应的处理方法，也可以认为它们属于传统的或常规的异常处理方法。

#### 1．遇到错误时程序终止

这是指随时检测异常，如果出现异常就终止程序运行。一些教科书中常出现这样的例子：

```
ifstream ifs("a.txt");
if(!ifs)
```

```
    {
        cerr << "Error,unable to open file a.txt" << endl;
        exit(1);                              //终止程序
    }
```

　　这段代码的功能是打开一个文件 a.txt，如果出现异常则显示错误提示并终止程序。在一些小的程序中这样的处理方式可能没有太大问题，但在大型应用系统中是难以接受的，因为程序中断有可能导致先期工作留下的"痕迹"无法消除，如某些打开的文件不能及时关闭而引起的数据丢失，数据仅被部分改写无法保证完整性等。在实际应用中，正常的异常处理方法不是终止程序，而是能够采取适当的补救措施。

### 2. 返回一个错误标志

　　在设计函数时，如果发生了错误或异常情况，函数返回一个标志，将处理工作交给"上级"是个常用的办法。下面的代码演示了一个操作文件时采取的"多级"异常处理过程。

```
    int openFile()
    {
        ifstream ifs("a.txt");
        if(!ifs) return 1;                   //打不开文件异常
        if(ifs.get() != '#') return 2;       //格式错误异常
        return 0;                            //正常
    }
    int handleFile()
    {
        int error = openFile();
        if(error != 0)
            return error;                    //未得到正常处理
        //此处正常处理业务
        return 0;                            //正常处理
    }
    int main( )
    {
        switch(handleFile())
        {
            case 0:                          //正常处理
            case 1:                          //文件未正常打开的处理
            case 2:                          //文件第一个字符不是#的处理
        }
        return 0;
    }
```

　　函数 openFile 在文件不能打开时返回 1，第 1 字符不是#时返回 2，意味着文件格式错误，否则返回 0。0 通常是未出现异常时的标志。这个异常处理由三级构成，openFile 函数检测异常但不处理，handleFile 函数检测异常可能处理或不处理，main 检测异常完成最终处理。可以想象，在函数调用的层次较多时会形成一个很长的函数调用链，每个函数都需要给出类似的测试，甚至要返回大量的异常标志，效率很低。

### 3. 利用全局变量作为错误标志

　　定义一个专门的标志错误类型的全局变量 errno，每个函数在出错时设置 errno 的值，其他函数根据 errno 的值来确定错误类型并采取相应的处理办法。这种方法的效率较高，但外部变量的缺陷众所周知，这是一种不得已的方法。

#### 4．预先定义错误处理函数，留给出错时调用

理想状态是定义一个公用的错误处理函数，用一个大型的 switch 语句来完成对各种异常的处理，任何函数在出现异常时都调用它来处理。不过，不同函数中面对异常不可能采取同样的处理方法，这样的"通用"函数难以实现。另外，调用错误处理函数后的流程也不容易控制。

总体上说，这些早期的异常处理方法可以有效地解决局部出现的异常，但在大型的应用系统开发中就需要采取更有效的技术。

 如果局部控制机制足以应付，则不要使用异常。在大型程序中，采用 try-catch 异常机制处理程序中的错误和异常问题。

# 10.2    用 try-catch 结构处理异常

## 10.2.1    try-catch 异常处理机制

C++语言采用了一种新的异常处理机制，称为 try-catch 结构，并将其作为内置的语言特性来更有效地发现和处理异常，基本思想如下：

（1）将可能出现错误和异常的代码块构成被监视代码块，代码块在每次发生异常时用 throw 抛出一个异常。

（2）将被监视块放在 try 结构中进行监视。

（3）如果被监视块抛出异常则进入 catch 结构进行处理。

下面的代码模拟了 try-catch 异常处理机制的实现过程：

```
void  watchBlock()
{
  //这里处理正常业务
  if(发生异常情况)
    throw  exception;        //抛出一个异常
  //这里处理正常业务
}
int  main()
{
  //这里处理正常业务
  try
  {
    watchBlock();            //将被监视块 watchBlock()放在 try 结构中
  }
  catch(exception)          //当发生异常时进入 catch 结构处理
  {
    //处理异常
  }
  //这里处理正常业务
  return 0;
}
```

　　观察上述结构可知，程序中要在出现例外时抛出（throw）一个异常，通知系统发生了异常并终止正常流程。系统的其他部分捕捉（catch）该异常，并由预先设计好的异常处理块来处理。

　　try-catch 异常处理机制的最大特点是使正常业务处理和异常处理分离。正常业务仅负责检测并抛出异常，而异常的处理由单独设计的结构负责。因此，程序可以在合适的层次上选择合适的方法来处理不同的异常，即便函数调用链很长，也可以直接将错误交给应该处理它的部分。

## 10.2.2　异常

　　throw exception 语句的作用是抛出一个异常，打断程序的正常流程。任何一种类型的值都可以作为异常，如一个 int、char* 或 double 等类型的表达式，如：

```
throw 0;
throw "error";
throw int;                              //错误，异常是一个值而非数据类型
```

　　不过，这样的异常能携带的信息太少，难以说明产生异常的原因、位置和类别等。为了使后续的异常处理块能得到丰富的信息，甄别并选择合适的处理方法，比较好的做法是将不同种类的异常定义为不同的异常类。例如：

```
struct DataException
{
  int errno;                           //错误号
  string msg;                          //描述信息
  DataException(int no):errno(no){ }
};
throw DataException(1);
```

　　这里的异常类 DataException 就包含了错误号和描述信息。事实上，每个 C++的实现版本都定义了一系列的异常类。

## 10.2.3　抛出异常

　　任何一个函数中，只要发生异常情况（因需要而定，并不一定有错误发生），就可以使用 throw 语句抛出一个异常，语法形式为：

**throw exception;**

这里的 exception 称为"异常表达式"，通常是一个异常类的对象，也可以是一个简单类型的表达式。例如，下面的函数用于计算三角形面积，可能抛出两种异常：

```
double triangleArea(double a, double b, double c)
{
 if(a<0 || b<0 || c<0)
   throw 1;                            //抛出整数 1 表示系数不合理
 if(a+b<c || a+c<b || b+c<a)
   throw 2;                            //抛出整数 2 表示不能组成三角形
 double s = (a+b+c)/2.0;
 return sqrt(s*(s-a)*(s-b)*(s-c));
}
```

在程序执行到 throw 语句时，正常流程立刻被打断，转移到异常处理处，就是包含了 throw 语句

的 try 之后的 catch 子句。特别地，try-catch 结构可能并不在抛出异常的函数体内，或者说，抛出异常的函数本身完全可以只管抛出而不监测和处理。这个异常将导致一个调用链上的函数流程都被打断，直到有一个 try-catch 结构来处理它。

如果执行到某个 throw 语句而没有任何处理它的 try-catch 结构，系统将调用一个特殊的函数 terminate 使程序终止，即没有处理的异常将使程序终止。

## 10.2.4 用 try 结构监视异常

try 结构用于监视可能抛出异常的代码块，形式为：

```
try
{
    //可能抛出异常的代码块
}
```

原则上，一个 throw 语句必然包含在一个 try 结构中，但可以是直接包含，也可能是处于多级的函数调用中。例如：

```
try                    //直接包含 throw 的 try 结构
{
  cout << x;
  if(x<0)
    throw 1;
 //...
}
try                    //函数调用的"深处"——triangleArea 中包含 throw 的 try 结构
{
  print(convert(triangleArea(x,y,z), 1.5));
 //...
}
```

无论如何，只要程序执行到一个 throw 语句，流程立刻跳出包含它的最内层 try 结构，转移到紧随在该 try 结构之后的 catch 结构中，参见图 10-1。一般可以认为 try 结构为异常的监视块或捕捉块，但 catch 结构才真正处理了抛出的异常。

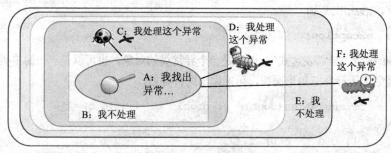

图 10-1　不同层级的异常消除

⚠️ 抛出异常前应释放动态分配的内存。

## 10.2.5 用 catch 结构处理异常

catch 结构也称为 catch 子句，是异常处理部分，不能单独使用，必须紧跟在一个 try 结构之后。任何一个 try 结构之后也至少应该有一个 catch 结构，形式为：

```
catch(异常参数)
{
    //异常处理部分
}
```

可以将 catch 结构中的异常参数视为形式参数，其实参数就是 throw 抛出的异常值，在产生异常时由系统传入。通常，如果程序中出现异常，应该有适当的补救措施而不是终止程序，更多地是将处理方法交由用户决定。例如，下面的代码视输入一个负数为异常，询问用户是否重新输入：

```cpp
#include <iostream>                          //Example10_1.cpp
#include <math>
using namespace std;
double inputData( )
{
  double  x = -1;
  do
  {
   cin >> x;
   try
   {
     if(x<0)
       throw  1;                          //抛出异常
     cout << sqrt(x);                      //正常业务
     return  x;
   }
   catch(int e)                            //处理异常
   {
    cout << "Error, input again?(y/no) " << endl;    //询问是否继续输入
    char  answer;
    cin >> answer;
    if(answer == 'n' || answer == 'N')   //不重新输入时终止
       return  -1;
   }
   cout << "Input a positive integer: " << endl;
  }while(x < 0);
  return  x;
}
int  main( )
{
  double  x = inputData();
  cout << x << endl;
  return 0;
}
```

函数 inputData 将输入设计为一个循环，如果得到负的输入值则抛出异常。catch 子句显示提示并询问是否继续输入，如果输入为 n 或 N（表示 No）则停止输入，否则重新进入输入 x 的循环。必须注意的问题是，程序执行完 catch 结构之后会继续执行后续的语句，输出重新输入提示，除非在 catch 结构中使流程转移到他处。

这里的 catch 子句采用了一个变量 e 作参数，但更多的是一个异常类对象的引用，以防止在传递大型类对象时产生不必要的复制操作，也为在 catch 结构中修改异常对象提供方便，如：

```
catch(DataException& e) { /*处理*/ }
```

当系统检测到 throw 语句抛出 DataException 类型的异常时就会将其作为实参数传递给 e。

在简单情况下可以不使用异常的具体值，这时的 catch 结构中的参数可以仅指明要处理的异常类型，如：

```
catch(int) { /*处理*/ }
```

这样的用例相对少见，但无论如何，catch 子句不能没有参数。此外，try 结构和 catch 结构都是一个复合语句，所定义的变量、数据类型等仅局部可见。

# 10.3　合理处理异常

## 10.3.1　异常类设计

在 10.2 节中已经简要说明了什么是异常。在设计大型软件系统时，总会涉及到各种各样的异常，而合理的异常规划和设计是一个优秀软件必备的工作，也是处理好异常的基础。通常，要根据可能出现的异常进行分类，并按合理的层次定义异常类，再确定相应的异常捕捉和处理办法。一个较通用的方法是：定义一个异常基类，再将其他异常按不同层次进行规划并使之从基类派生。

作为示例，这里主要解决第 3 章案例一的 Stack 类中 push 方法和 pop 方法的异常处理问题。在此案例中，我们虽然考虑了异常情况，但仅给出了提示并返回了一个标志值：

```
void  Stack::push(double element)
{
  if(top == size) { cout << "Stack overflow." << endl;  return;  }
  data[top++] = element;
}
double  Stack::pop()
{
  if(top == 0) {  cout << "Stack empty." << endl;  return -1;  }
  return  data[--top];
}
```

事实上，由于使用 Stack 的应用对象不同，作为一种通用的数据结构，这样的输出肯定是不合适的，因为它仅把提示输出到控制台（想想图形界面的程序）。另外，为了将–1 作为 pop 函数的出错标志，栈内只能允许存放非负数，这是无任何理由而人为强加的限制。

### 1. 异常基类

为了能够包含一些最基本的信息并提供必要的管理能力，标准 C++已经定义了一个异常类 exception 作为所有自定义异常类的基类，示例代码如下：

```
class  exception
{
    public:
      exception();
      exception( const exception& );
```

```
exception& operator=(const exception&);
virtual ~exception();
virtual const char *what() const { return "class exception"; }
};
```

该类封装了一些基本信息，允许派生类重新定义自己的销毁方式，一般并不需要理解该类的内容。

### 2. 自定义异常类

假设程序涉及到的异常可能产生自栈操作、队列操作、数学运算和用户输入，可以从 exception 派生如下异常类：

```
class StackException: public exception { /*定义*/ };
class QueueException: public exception { /*定义*/ };
class MathException: public exception { /*定义*/ };
class InputException: public exception { /*定义*/ };
```

由于 Stack 类的异常只可能产生自 push 和 pop 操作，我们继续派生两个专门的异常类，分别对应着栈满入栈异常和栈空出栈异常：

```
class PushOnFull: public StackException { /*定义*/ };
class PopOnEmpty: public StackException { /*定义*/ };
```

为了简化代码，这里的 StackException 没做任何工作，可按如下方式实现这 3 个类的定义：

```
class StackException : public exception { };
class PushOnFull: public StackException
{
   double _value;              //出现异常时的被入栈对象
 public:
   PushOnFull(double value) : _value(value) { }
   double value() { return _value; }
   const char *what() const { return "stack push on full."; }
};
class PopOnEmpty: public StackException
{
 public:
   PopOnEmpty(){ }
   const char *what() const { return "stack pop on empty."; }
};
```

PushOnFull 类增加了一个保存被压栈元素值的属性及读取它的方法 value。PushOnFull 类和 PopOnEmpty 类都重载了 what 方法，用于返回产生异常的原因描述。

> ⚠ **CAUTION** 库不应该生成面向最终用户的错误信息，而应该抛出异常，由调用者自己决定该怎么做。

现在，我们修改 Stack 的 push 方法和 pop 方法，使它们能够在适当时抛出异常：

```
void Stack::push(double element)
{
  if(top == size)
    throw PushOnFull(element);
  data[top++] = element;
```

```
    }
    double Stack::pop()
    {
      if(top == 0)
        throw PopOnEmpty();
      return data[--top];
    }
```

下述测试程序体现了处理异常的方法：

```
    int main( )
    {
      Stack  stk(10);                          //一个容量为 10 的栈
      try
      {
        for(int k=0; k<10; k++)                //10 个元素压栈
          stk.push(k*k+2.0);
        stk.push(100);                         //再入栈引发异常
      }
      catch(PushOnFull& e)
      {
        cout << '\n' << e.what() << endl;
        cout << "value " << e.value() << " push option error." << endl;
      }
      cout << "stack size is " << stk.getSize() << endl;
      try
      {
        while(!stk.empty())                    //所有元素出栈
          cout << stk.pop() << " ";
        cout << stk.pop() << endl;             //再出栈引发异常
      }
      catch(PopOnEmpty& e)
      {
        cout << '\n' << e.what() << endl;
      }
      cout << "stack empty." << endl;
      return 0;
    }
```

程序定义了一个容量为 10 的栈 stk。在已经有 10 个元素入栈后，继续将元素 100 压栈会引发异常，进入第一个 catch 块处理，输出下述提示：

```
    stack push on full.
    value 100 push option error.
```

在所有元素已经出栈后，继续执行一个出栈操作时，引发异常并进入第二个 catch 块处理，输出下述提示：

```
    stack pop on empty.
```

上述示例体现了异常处理机制在处理异常情况时的优势，不仅消除了原来设计中的限制，还可以由精心设计的异常类反映更多的信息。通常可以将异常类也设计为类模板，以应付数据类型的适应性问题。

### 10.3.2 多 catch 结构组成的异常捕捉网

#### 1. catch-all 子句

一个 catch 子句仅能够处理一个或者说一种异常，由于大型程序中的各种模块、对象都可能抛出异常，很难完全弄清这些异常的种类和抛出它们的结构。因此，一般不可能保证针对每种（个）异常都添加一个对应的 catch 结构进行处理。为此，C++ 提供了一个能够处理任何类型异常的 catch 结构，语法形式如下：

```
catch(...)                          //使用 3 个点表示与所有类型匹配
```

这里的 3 个点不是文中叙述用的省略符，而是一种固定写法，用在 catch 结构中表示可以与任何一种异常类型匹配。这就保证了不会存在没有得到处理的异常。

#### 2. 异常捕捉网

由于一个 catch 结构只能处理一种异常，C++ 允许在一个 try 结构后面紧跟多个 catch 结构，以便能够处理足够多的异常类型，从而构成一张"异常捕捉网"。例如，假设一个函数 memoExp 可能抛出多种异常，如果都需要立刻得到处理，可以按如下方式进行设计：

```cpp
void memoExp(int x)
{
 //...
 switch(error)
 {
   case 0: throw  exception();
   case 1: throw  StackException();
   case 3: throw  MathException();
   case 6: throw  PushOnFullException(100);
 }
}
try
{
 //...
 memoExp(x);
 //...
}
catch(PushOnFullException & e) { /*处理*/ }
catch(MathException& e) { /*处理*/ }
catch(StackException& e) { /*处理*/ }
catch(...){ /*处理*/ }                 // "..." 表示匹配任何一种异常
```

当 try 结构中抛出一个异常时，程序顺次检查 try 之后的 catch 结构中的参数，只有参数类型与实际抛出的异常值类型完全匹配时，才能进入该 catch 结构，实现对异常的处理。因此，当 memoExp 函数中抛出 MathException 异常时，第一个 catch 结构无效，第二个 catch 结构才是它的异常处理代码块。

处理所有异常的 catch(...)结构总是放在所有 catch 结构的最后，以解决前面的 catch 结构没有捕捉到的剩余异常。在连续设置多个 catch 结构时，各结构中的异常参数类型不能重复。

### 10.3.3 捕捉自己应该处理的异常

异常的处理机制实现了很好的分工，让每个模块可以捕捉自己应该处理的异常，使程序的结构和流程更为合理，也使代码得到简化。

**1. 函数调用链上的异常处理**

在一个实际应用中，可能从函数中抛出多种异常，这些异常也并不都由函数自身来处理。由于函数可能处于一个深调用链的底层，因此，一个非常重要的问题是调用链上的每个函数应分清自己的职责，各自处理属于自己管辖范围的异常。下述程序模拟了这种情况，函数 memoExp 抛出多种异常，部分在调用链上分别得到处理，而 main 函数处理了可能没有处理的其他异常。

```cpp
void invoke1( )
{
  //...
  try
  {
    memoExp(x);                //可能抛出异常的函数调用
  }
  catch(PushOnFullException&)
  {
    //只处理了 PushOnFullException 类型的异常，还剩余两种异常未处理
  }
  //...
}
int invoke2( )               //不处理任何异常，还剩余三种异常未处理
{
  invoke1();
}
void invoke3( )
{
  //...
  try
  {
    invoke2();
  }
  catch(StackException&)
  {
    //只处理了 StackException 类型的异常，还剩余三种
  }
  //...
}
int main( )
{
  try
  {
    invoke3();
```

```
      }
      catch(...)
      {
          //处理所有剩余的两种异常
      }
      return 0;
  }
```

可见，不论异常从调用链中的哪个级别产生，都可以直接跳转到相应级别上得到处理。

并不是每个函数都要处理所有可能的错误。

应该注意的问题是异常类型的处理顺序。例如，程序在靠近抛出异常的底层 invoke1 中处理 PushOnFullException 类异常，在相对高层次 invoke3 中处理 StackException 类异常。这种顺序不能颠倒。否则，如果在底层处理 StackException 类异常，PushOnFullException 类的异常就没有机会被处理，因为 PushOnFullException 类的对象一定是 StackException 类的对象。

### 2. 重新抛出异常

如果异常与自己无关，一个函数可以不处理异常，类似于函数 invoke2。不过，更好的方法是意识到可能存在的异常并予以简单处理，如：

```
  int invoke2()
  {
    try
    {
      invoke1();
    }
    catch(...)
    {
      throw;                              //重新抛出异常
    }
  }
```

这种做法表明 invoke2 已经意识到代码中可能存在异常，但它应交由上级来处理而不是自己解决。这里采用了一种特殊的语法形式：

**throw;**

它的作用是重新抛出捕捉到的异常。不过，也可以在重新抛出之前对异常做适当的修改，如：

```
  catch(int& e)
  {
    e = 1;
    throw;
  }
```

这种需求也是采取引用作为 catch 子句参数的原因之一。

## 10.3.4  申明异常

为了增加代码的透明性并保证其被安全调用，函数定义中可以明确表明自己可能抛出的异常，以使函数的使用者能够清楚地了解函数的状态，这种函数的语法形式如下：

> **type** 函数名**(形参说明表)** **throw(异常类型列表)**;

由于异常声明属于函数原型的一部分，因此函数的声明和定义中都要含有 throw 部分，否则会发生类型不匹配错误。例如，下面的代码给出了一个函数 proc 的声明和定义示例，表明该函数可能抛出 4 类异常：

```
void proc() throw(int, char*, double, exception&);
void proc() throw(int, char*, double, exception&) { /*实现*/ }
```

函数原型中只要列出抛出异常的数据类型列表即可。如果异常类型列表为空，表示函数不抛出任何异常。没有 throw 部分的函数可以抛出任何类型的异常。

> 从构造函数中抛出异常表明构造失败，但避免从析构函数中抛出异常。

# 思考与练习 10

1. 传统的错误处理有哪些方法？
2. 异常处理机制包括哪几部分？这种机构是如何实现异常处理的？
3. 在程序进入一个 catch 结构并执行完它所包含的代码后，流程转移到何处？
4. catch 结构中参数的实际值来源于何处？
5. 什么样的 catch 结构可以捕捉到所有的异常？使用这样的结构有什么缺点？
6. 重新抛出异常的含义是什么？应采取什么样的语法形式？

# 实　验　10

1. 构造适当的程序，观察并总结发生异常时局部对象的析构过程。
2. 根据 7.3 节重载的 String 类成员访问运算[ ]，构造适当的例子测试和处理下标访问异常。
3. 完善本章中利用异常跳出多重循环的例子，进一步体会异常机制的执行过程。
4. 了解 C++异常类的定义，编写程序，构造自己的异常类层次，并进行相应的测试。

# 附录 A　C++Builder 集成化环境的使用

## A.1　C++Builder 集成化环境

目前个人电脑上多采用 Windows 操作系统，可以很容易找到一些 Windows 环境下专门的集成化 C++编程环境，如 Borland 公司的 C++ Builder 6.0（以下简称 CB6）、Microsoft 公司的 Visual C++ 6.0、开源的 Dev-C++等，甚至一些非专门的编程环境如 Eclipse、Code Blocks 和 Code Insight 等也都可作为 C++语言的学习和开发环境。当然，还有微软公司的 Visual Studio 各版本提供的 C++开发环境。我们在这里主要推荐前三种专门的 C&C++编程环境，因为初学者基本不需要对它们做额外的设置，系统本身也不是十分庞大。同时，它们主要是以标准 C++语法为基础的，较少需要添加额外的扩展或需要考虑综合应用等复杂因素。

选择这几款开发环境的出发点首先是易用性，其次是对标准 C++的支持，还包括系统提供的程序调试、纠错功能。按我们的测试和经验，建议初学者首选的学习环境是 CB6，主要原因是 CB6 对标准 C++的支持比较全面，系统提供的程序调试器功能强而且十分易用。同时，对于初学者来说，CB6 是一款可视化程度比 VC 更高也更容易用的不可多得的优秀产品。还有一个重要理由，就是 CB6 对待使用者是温和而非强制的。例如，你可以选择自己的显示式样，可以在仅需要保存时才给程序起一套名字，根据自己的需要定制快捷工具条等，维持自己的个性在 VC 中显得比较困难。

不过，由于这里的介绍仅以学习 C++语法为目的，只讨论控制台程序的设计，各种环境的差异并不十分明显。

此外，直接安装 CB6 环境后，程序的编译速度会有些慢，尤其是多文档组成的项目，建议到网上搜索并安装一个名为 bcc32pchSetup 的编译器加速器。

### A.1.1　建立一个项目

首先，启动 CB6 集成化环境，如图 A-1 所示。屏幕最上方是系统菜单和功能窗口，所有的操作都可以通过菜单项选择或单击功能图标（快捷按钮）实现。初看上去这里项目有点多，其实主要就是由 4 个工具条组成。最上面的是主菜单，只是被放在工具条中了，其次是与文本编辑有关的工具条和与窗口控制有关的工具条，最后是一个以 Standard 开始的多页标签式的工具条，仅用于窗口（Form）程序设计，在编写控制台程序时不用。如果不喜欢这种摆放次序，可以随意拖动一个工具条左侧的竖线把手，将其拖曳到自己喜欢的地方。

选择菜单项 File→New→Other，系统弹出一个新建项目选择窗口，如图 A-2 所示。

单击 "Console Wizard"（控制台向导）图标和 OK 按钮，或双击 Console Wizard 图标，表示创建控制台项目，系统弹出如图 A-3 所示的对话窗口。

如果弹出窗口与图 A-3 不同，按图 A-3 所示设置，就是只在 Console Application 上打钩选中，然后单击 OK 按钮。系统会生成一个缺省的项目，如图 A-4 所示。

这里所说的 "项目（Project）" 也称为工程，是指 CB6 对一个应用的管理方式。即便只是编写一个简单的程序，CB6 也要求将其容纳到一个项目中，并在上述过程中自动生成一个缺省的项目文件，如 Project1.bpr 和一个程序文件 Unit1.cpp。

图 A-1　CB6 启动后的主界面图

图 A-2　新项目选择窗口

图 A-3　控制台项目向导

图 A-4　缺省程序框架

　　通常应该先保存这个项目，以防止发生意外情况导致程序丢失。单击工具条上的"![icon]"快捷图标，或者选择菜单项 File→Save Project As，系统弹出如图 A-5 所示的对话窗口。

　　由于一个项目至少包含两个文件，分别是程序单元文件（cpp）和项目管理文件（bpr），此窗口先保存程序文件。选择一个文件夹，输入文件名如 UTest.cpp，单击"保存"按钮，系统会重新弹出一个与图 A-5 类似的窗口，用于保存整个项目。在同样的位置输入项目文件名，如 PTest.bpr，单击"保存"

按钮。注意，项目文件的扩展名是".bpr"。实际上，一个项目至少会产生 4 个文件，分别是.bpr、.res、.bpf 和.cpp 文件，只是 res 和 bpf 都是自动生成的，主文件名都是 PTest。

再次打开此项目时，应选择菜单项 File→Open Project，并选择或输入此项目文件名。

图 A-5　保存 cpp 文件窗口

## A.1.2　编写程序

在由系统生成的缺省程序框架（图 A-4）中，除了一个 main 函数外还有两行代码#pragma hdrstop 和#pragma argsused，它们是对编译器的指示，原样保留即可。在学习 C++语法基本语法时，一般可以在此单元中实现所有的程序。通常，可以将类和函数定义在 main 函数之前，利用 main 函数进行测试。这些自己编写的代码可以直接插入到 main 函数的函数体中，return 语句之前。

图 A-6 是一个简单的程序示例。

图 A-6　一个加暂停语句的示例程序

当程序在集成化环境中运行时，系统会调用控制台输出信息，但程序运行结束后控制台窗口也被立即关闭。在程序需要输出计算结果时，为了使输出屏幕能够停顿一下，程序在 return 语句之前增加了一个如下的语句：

```
    system("pause");                        //暂停
```

这个语句的作用是调用 system 函数（定义于 stdlib 头文件的库函数）执行操作系统的 PAUSE 命令使程序运行暂停。在出现暂停提示时，可以按任意键返回编辑环境。

当然，也可以通过在程序中安插输入语句的方式使其能够等待与用户的交互。

### A.1.3　编译和运行

编写好程序后，有几种处理程序的方法。

（1）最简单的方法是单击工具条上的""图标，系统将按编译、链接和运行 3 个步骤处理程序，简单说就是直接运行程序。

（2）如果只是为检查语法错误可以单独编译程序或项目中的某个单元，可以选择菜单项 Project→Compile。

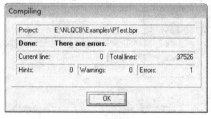

图 A-7　编译结果

（3）如果需要检查链接错误可以单独执行链接功能，这需要选择菜单项 Project→Make 或 Project→Build。

除了工具条上的编译、运行程序快捷按钮外，还可以选择菜单项 Run→Run 运行程序。

如果仅是编译或链接程序，系统会出现类似图 A-7 所示的提示。如果在编译或链接过程中出现错误，系统也会显示相应的提示。此时，需要修改源程序后再重新编译和运行程序。

# A.2　CB6 环境下的程序调试

软件设计涉及计算机语言、程序设计方法和程序调试方法等多方面的知识。在实际上机编程或进行程序调试时，首先要基于语言的语法知识和必要的程序设计方法编制程序，还要熟悉所使用的软件环境，更要熟练运用编程环境所能提供的调试技术，掌握常用的程序调试技巧，才能既快又准地发现程序中的错误，得到正确的程序。

通常，在编制完程序以后，除了简单地浏览一下代码，尽量找出一些明显的错误之外，可以通过编译和链接进行纠错，此时所能发现的错误大多是语法错误和未定义模块错误，后者通常意味着函数名拼写错误或不能找到应该被链接的程序块等。在修改了此类错误之后，就可以形成可执行文件并运行程序。

事实上，在编译和链接时可以发现的错误主要是因对语法知识的掌握程度不够造成的，相对来说容易修正。真正要应付的复杂问题来自于程序运行结果不正确的情况。初学者常常只通过逐字逐句地分析代码进行纠错，或在程序中增加暂停和输出语句来观察中间的计算结果，这些初级方法的效率和质量不高。如果能够熟练掌握软件环境所提供的跟踪调试工具和调试方法，对软件开发工作将是十分有益的。

### A.2.1　配置程序调试环境

为了使用上的方便，可以先配置一下程序的调试环境，将常用功能以快捷图标方式集成到工具条 ToolBar 上，避免总是在菜单中查找。

在 CB6 系统中选择菜单项 View→Toolbars→Customize，系统弹出一个定制（Customize）窗口。选择其中的 Commands 页，如图 A-8 所示，可针对与程序运行、调试有关的命令项进行设置。单击左窗格中的 Run 项，右窗格就会列出与其相关的命令项，如图 A-9 所示。

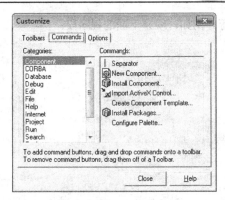
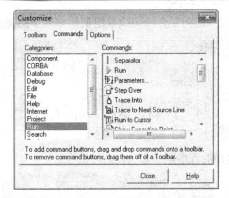

图 A-8   快捷命令图标定制          图 A-9   与程序运行、调试相关的命令

在这里，可以直接将右窗格中的任意一个命令图标拖动到系统顶端与程序运行有关的工具条上（也可以是其他工具条）。例如：

这里包括部分系统缺省安装的快捷图标和几个定制安装的快捷图标，其功能如下：

▶：运行当前项目，包括编译和链接过程。

▥：运行到光标处，程序处于跟踪状态。

▵、▵：单步执行程序，程序处于跟踪状态。

▣：取消跟踪状态，结束程序运行。

▤：求值与修改，用于查询表达式的值和修改内存变量的值。

▥：设置监视表达式。

应该将上述所有功能都集成在 Run 菜单中，包括自己通过拖曳添加的功能。

## A.2.2   源程序的编译、链接及错误修正

在输入程序代码之后，可先编译程序，以检查代码中的语法错误。编译程序需要利用菜单项 Project→Compile Unit，如图 A-10 所示。也可以选择菜单项 Project→Make PTest 或 Project→Build PTest（其中的 PTest 随项目名变动）来创建项目，它包括编译和链接两个过程。其中，Make 选项只编译和链接变动过的文件，Build 选项会重新编译和链接所有文件。当然，还可以选择某一种方式直接运行程序，包括 Run、Run to Cursor、Trace into 和 Step over，此时会包括代码的编译和链接过程。

编译和链接出现的错误提示显示在屏幕底部的窗格里，可以通过鼠标或光标控制键（↑、↓、←、→）移动窗格中的亮条，以浏览这些错误信息。双击某条错误信息，系统自动将文字光标移至检测到的错误代码处，以便进行观察和修改。

C++语言的编译错误分为警告（Warning）和错误（Error）两大类，且将错误更详细地划分成了许多类，用户可以自己决定某些类型的错误信息是否显示。警告（Warning）主要包括定义了变量但未使用、未初始化变量和指针、不可到达代码和恒为真的表达式等，是初学者易产生的问题。尽管这样的问题并不会阻止系统生成可执行文件和程序运行，但通常反映了设计者对某些概念不够清楚，很可能使程序存在隐患。编译时的错误（Error）主要是语法错误，如"missing }"意味着缺少配对的右括号}，"}'

图 A-10   Project 菜单

expected"说明复合语句或数组初始化缺少结尾括号等。例如，观察下面的程序段：

```
int  main( )
{
    int  x;
    x = 2;
    for(x=1; x<3; ++x)
}
```

这样的程序至少会引发两种错误：

```
E2379 Statement missing ;
E2134 Compound statement missing }
```

前者说明 for 语句后面遗失了分号";"，从而使"}"变成了 for 语句的一部分，无法与 main 后的"{"配对，致使后者认为复合语句缺少了右括号"}"。

### A.2.3　跟踪调试

集成化环境提供了功能很强的跟踪调试工具，应熟练掌握其使用方法，综合使用这些功能将会使程序查错变得容易。其中，Run to Cursor、Trace into 和 Step over 负责运行、跟踪程序代码，或者说使程序处于被跟踪的运行状态。Evaluate/Modify（及 Inspect）功能用于计算、显示表达式的值，或者为变量临时赋上一个新值。Add Breakpoint 和 Add Watch 中的选项可以设置程序断点、增加监视表达式以随时显示某变量或表达式的值等。

#### 1. 分段执行程序

程序并不是一定要一次性执行完所有代码，调试者可以指定其执行到某处，即一个指定的行，也可以逐行执行程序代码。为了调试方便，应记住这些功能所对应的快捷键。

（1）Run to Cursor（⚏，快捷键 F4）

此功能使程序执行到光标所在行。首先，将文字光标移动到某行（该行应该是可执行语句）后选择此功能，则程序运行到该行暂停。此时，程序执行完该行之前，但不包括当前行的所有代码，处于"跟踪状态"，并有蓝色亮条显示在暂停处，此时可以查询变量及表达式的值等。这里应该说明如下几个概念：

① 跟踪状态：是指程序仅执行了部分代码、驻留在内存并且仍可继续执行的运行状态。

② 一行或一个语句：是一个可执行语句，也可称为一步，这是指能够引发运算的一个语句而不包括那些说明性质的语句，如变量定义和声明等。当程序单步执行时，说明语句和括号及空行等被跳过。

③ 变量及表达式的值：这是指程序执行到光标所在行之前的变量与表达式的当前值，与在此行直接使用输出语句输出的结果相同。

（2）Step over（⚏，快捷键 F8）

此为单步执行。选择此功能使程序仅执行一步暂停，程序处于跟踪状态。

（3）Trace into（⚏，快捷键 F7）

也是单步执行，或称为跟进。选择此功能也可使程序仅执行一步暂停，且程序处于跟踪状态。Trace into 与 Step over 的差别仅在于：对于一次自定义函数调用，Step over 当作是一个步骤执行，而 Trace into 将其展开，跟踪到函数内部。

以上 3 种功能都是运行程序的一种方式，也可以在程序已经处于跟踪状态时再次使用它们。

（4）Program reset（回，快捷键 Ctrl+F2）

此为程序重置。在程序不需要跟踪时，选择此功能结束跟踪状态，返回到编辑模式。

## 2．中间结果的查询与计算

在程序处于跟踪状态时，内存中会维持程序的执行状态，包括当前使用的变量等，故可以查询并重新指定变量的当前值。这里主要使用的功能是菜单项 Run→Evaluate/Modify，作用是查询或更新变量或表达式的值。

选择菜单项 Run→Evaluate/Modify（圖，快捷键为 Ctrl+F7）后，系统弹出如图 A-11 所示的对话框，包括 3 个区域。Expression 域可以输入一个目前代码中（程序暂停区的作用域内）正在使用的变量名，或含变量的表达式，或常量表达式。按回车键后，系统将在下面的 Result 域中显示变量或表达式的当前值。如果在编辑状态下将光标移到某个变量或表达式处，再选择 Run→Evaluate/Modify 功能，光标处的变量或表达式会被自动加入到 Expression 域中。

如果在调试程序时发现 Result 域显示的某变量的当前值不正确，并能够估计出其正确的当前值，可以将该值输入到 New value 域。然后，继续执行程序，目的是为了肯定错误发生处是否在当前的位置之前。如果新输入的当前值能够使程序继续执行完毕并得到正确结果，就说明在暂停处之前已经发生了错误。

即使程序没有处于跟踪状态，Evaluate 选项也是一个很好的"计算器"，它几乎允许使用 C++语言中的任何运算，可以方便地对数据进行计算和核对。

単击空白处设置或取消一个断点

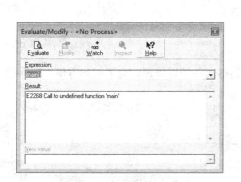

图 A-11　Evaluate/Modify 窗口

图 A-12　设置断点

## 3．设置断点与监视表达式

Add Breakpoint 功能主要用于设置监视表达式，也是查询相关结果的一种重要手段。如果事先想要程序执行到某行或某几行处暂停，以便能够查询变量等的值，可以先将光标移到这些行，然后选择 Source Breakpoint 功能（或直接单击编辑区左侧的空白处）将其设置成断点，其效果与 Run to cursor 功能相同，如图 A-12 所示。对于程序中的重要变量或表达式，如循环控制变量，观察它们的值是否正确变化常常是解决问题的关键。除了可以使用 Evaluate/Modify 功能进行查询外，也可以在程序执行前先设置一个监视表达式。一旦程序处于跟踪状态并且运行到该变量的作用域内，此监视表达式的值就会随着程序执行的步骤而变化，并显示在监视窗口内，可以有效地辅助对错误的查找和判定。

选择 Add Watch 功能，系统弹出如图 A-13 所示的对话框。在 Watch Expression 输入域内输入一个变量名或表达式并按回车键，系统将弹出一个总是浮在其他窗口之前的"Watch List"窗口，其中显示了所有监视变量或表达式的值。

总是调出 Evaluate 窗口来查询一个表达式的值会有点慢，当程序处于调试状态时，CB6 还提供了一个重要功能，就是将鼠标移到一个变量上查看它们的当前值。

总体上说，为了调试一个程序，一般需要完成如下一些工作。

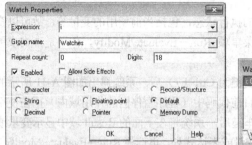
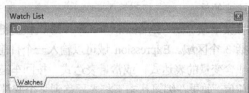

图 A-13 增加一个监视表达式（右侧图为程序跟踪时的状态）

（1）观察程序代码。尽管不一定要在短时间内弄清楚代码中的每一个细节，但总要了解程序采用的方法和主要代码块的作用及各部分之间的相互联系。

（2）观察程序的运行情况。包括程序运行的过程和最后结果，以便判断大致的出错方向，指导后续的调试工作。

（3）设置断点与监视。除了凭经验应付一些极简短的代码外，应该熟练掌握程序的跟踪与调试技术才能有效地处理复杂的程序，如设置断点可以使程序执行到某处暂停并查看相关的数据，连续监视一个变量或表达式可以清楚地了解其变化的规律及正确性等。

### A.2.4　程序调试案例

下述程序的功能是实现字符串的连接，试找出代码中的错误并予以修正。为了叙述方便，程序的左边附加了行号。

```
        #include <iostream>
        using namespace std;
1       int  main( )
2       {
3         char  s1[20] = "This  is", *s2 = "  a  box";
4         char  *p = s1, k = 0;
5         for(; *p++; );
6         while(s2[k])
7         {  *p = s2[k];
8            p++; k++;
9         }
10        *p = '\0';
11        cout << s1 << endl;
12        system("pause");          //用于暂停
13        return 0;
        }
```

可以考虑按如下步骤进行程序调试。

（1）运行程序。发现程序的输出是：This  is（也可能是 This  is 之后跟随着其他字符，不确定），但程序中被连接的字符串是"This  is"和"a  box"，连接后的字符串应该是"This  is  a  box"。

（2）分析。观察程序，主要由 for 和 while 两个循环组成。就本例来说，实现的方法应该是先用一个循环查找第一个字符串的结束符'\0'所在的位置，然后将第二个字符串复制到第一个字符串末尾，且覆盖掉第一个字符串的结束符。

（3）推敲运行结果。从程序运行结果看，第一个字符串显示正确，证明第一个字符串处理没有问题。但第二个字符串没有连接上，很可能是在 for 循环后指针 p 的指向位置不正确，一般可能是多加了 1 或少加了 1。事实上，在 for 循环后，p 应该指向结束符处，即变量*p 的值应该为'\0'，或者说整数 0。

（4）跟踪程序。将光标移到第 6 行，目的是检查第一个循环结束后*p 的值。

按<F4>键，程序执行到第 6 行并处于跟踪状态，但注意第 6 行尚未执行。单击 图标激活 Evaluate/Modify 窗口，输入*p 并回车，发现 Result 域中显示 "\0"，再输入*(p-1)，其显示结果仍为'\0'，参见图 A-14。由此可见，for 循环结束时，指针 p 确实没有指向字符串末尾。

图 A-14   跟踪状态下查询表达式的值

由于表达式*(p-1)的值是'\0'，已初步断定循环结束使指针已经后移，但后移的位置还不能确定。再输入*(p-2)，Result 域中显示 "s"，恰好是第一个字符串的最后一个字符。至此可以肯定，当 for 循环结束时，指针 p 指向结束符的后一位置。单击 Program reset 图标 撤销跟踪。

（5）修改错误。此程序比较简单，观察 for 循环，发现每次测试的条件是*p++，那么即便*p 的值为'\0'，p 仍被加 1。故可以将 for 循环改为：

```
for(; *p; p++);
```

（6）运行程序。再次运行程序，显示结果正确，调试完毕。当然，再用几个字符串的例子来测试修改后的程序会更为稳妥。

限于篇幅，这里只介绍了一个极为简单的调试示例，实际调试时也可能或不需要按例中所述的步骤进行。一个复杂程序的调试是综合运用这些技术的结果，而有经验的程序员也十分注重从已显示的结果中去分析产生问题的原因所在。此外，如果执行程序时发生的现象不定，或结果十分荒谬，甚至程序发生 "死锁"，通常与数组超界、使用未初始化的指针等问题有直接关联，应慎重检查这些代码。

在长期的实践中，人们逐渐积累了以下一些有用的程序调试技巧，是值得学习和借鉴的。

（1）充分利用编译系统的警告错误选项，并尽量消除所有的警告。

（2）先调试程序中较小的块，然后调试较大的块。

（3）连续观察数据的变化。

（4）正确地缩小存在错误的范围。

此外，无论编写代码还是调试程序，都应先确定整体，再推敲细节，由大范围到小范围的 "逐步求精" 总是值得推荐的办法。

# 附录 B    DEV–C++与 Visual C++ 6 编程环境

## B.1    利用 DEV-C++环境编写 C++程序

Dev-C++是一个 C&C++开发工具，使用 Delphi/Kylix 开发，是一款自由软件，遵守 GPL 协议，可以从很多网站下载，还可以从工具支持网站上取得最新版本的各种工具支持。与庞大的可视化编程环境不同，DEV-C++是一个纯依赖编码而非生成工具设计程序的环境，不需要引入类似其他语言环境中的额外支持。单独的 C、C++语言源程序文件可直接编译执行，而不是一定要建一个项目去包含它。

这里采用的环境是 5.11 版本，有对应的汉化版，压缩包不足 50MB，非常短小，可以在互联网上利用关键字搜索和下载。压缩包只有一个安装文件，直接执行此文件，设置安装路径即可安装到系统中。

### B.1.1    在 DEV-C++环境中建立一个项目

找到安装目录下的 DEVCPP.EXE 程序，双击启动该程序。也可以双击桌面上的 DEV-C++快捷图标启动 DEV-C++环境，参见图 B-1。

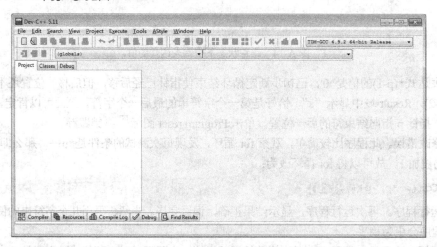

图 B-1    DEV-C++的主界面

DEV-C++ 可 以 支 持 单 文 件 程 序， 也 可 以 按 项 目 来 组 织 一 个 应 用。 如 果 选 择 菜 单 项 File→New→Source File，则系统生成一个空白代码页，可以直接输入源程序。如果按项目方式来组织，选择菜单项 File→New→Project，系统显示如图 B-2 所示的对话框。单击 Console Application 图标，在 Name 域中输入项目名或者使用其缺省名，单击 OK 按钮，系统将弹出一个新的对话框，要求确认项目名。输入项目名后，生成一个包含 main.cpp 源文件的项目，参见图 B-3。

自动生成的项目和单元文件可以通过菜单项 File→Save Project As 和 File→Save As 重新调整名称并存盘。文件 main.cpp 单元中已经填写了一个标准 I/O 流的文件包含指令和一个 main 函数框架，用户可以直接输入和编辑自己的程序。

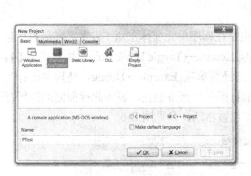

图 B-2　新建项目对话框

图 B-3　生成一个项目

## B.1.2　DEV-C++环境下的程序运行与调试

与其他环境一样，DEV-C++环境也提供了程序编辑、编译、连接、运行和调试等功能。

### 1. 编译与运行

DEV-C++中与编译和运行相关的功能集成在"Execute"菜单，参见图 B-4。选择 Compile 可单独编译项目，Compile&Run 可编译并运行项目，Run 可直接运行项目。对修改过的程序系统会询问是否重新编译。

上述功能在工具条上都有相应的快捷按钮　、　、　和　，它们分别对应着编译、运行、编译加运行和编译连接所有的项目，对应的快捷键分别是 F9、F10、F11 和 F12。

图 B-4　Execute 菜单

图 B-5　设置增加调试信息的选项

### 2. 设置调试器

DEV-C++提供了必要的调试功能，但使用前应该先对环境进行简单的设置，因为 DEV-C++缺省的安装方式是不生成调试信息的。

选择菜单项 Tools→Compile Options，并在图 B-5 所示的弹出对话窗口中的两个"Add ..."项上打钩选中。

### 3. 程序调试

程序调试需要先设置好断点，其方法与 CB6 相同，也是在程序单元窗体左侧（用数字表示的行号上）用鼠标单击，也可以用鼠标单击某个行，再选择菜单项 Execute→Toggle Break Point，快捷键为 F4。设置好断点后，可以单击窗口工具条上的 ✓ 按钮，或者选择菜单项 Execute→Debug，使程序运行到第一个断点处，并处于调试状态。此时，程序执行的当前行用一个蓝条加亮，表明此行前面的语句行已经被执行。同时，窗口底部窗格中与程序调试有关的按钮被激活，参见图 B-6。

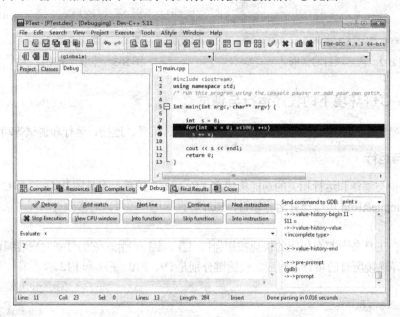

图 B-6　处于调试状态的程序

窗口底部窗格中包括了增加监视表达式 Add Watch、执行下一行 Next Line 等按钮，还包括一个计算与显示表达式的窗口 Evaluate。例如，可以在 Evaluate 域中输入 x 并回车，系统就会显示出变量 x 的当前值。

如果设置了监视表达式，它们将被显示在左侧的 Debug 标签中。

当程序处于调试状态时，将鼠标移到一个变量上同样可以查看它们的当前值。

与 CB6 相比，DEV-C++的程序调试功能要弱一些，方便性也稍差，这是该环境的弱点。

## B.2　利用 Visual C++ 6.0 编写 C++程序

Visual C++ 6.0（以下简称 VC6）是微软公司 1998 年推出的基于 MFC 类库的 C++编程环境，集成了较完善的程序设计与调试功能，具有良好的操作界面。尽管对于 Windows 程序设计采用的模型有一定差异，但与 CB6 一样，对网络、数据库等方面的编程都提供了较好的支持，有相当大的用户群。

这里以一个简单程序为例，简要说明利用 VC6 进行 C++程序设计的过程。

### B.2.1　项目（Project）组织

与 CB6 中的程序管理方式一样，VC6 也以多文档形式组织程序，无论程序大小，都以完整项目的方式组织在一起。与一个项目有关的所有文档被存储在一个文件夹内。在处理一个项目时，VC6 会打开一个工作间 Workspace。这样，每个工作间与项目形成对应关系，各工作间之间互不干扰。

启动 VC6 会出现一个主界面窗口。窗口上部为主菜单和快捷图标，下部为提示信息区，中部左窗格用来显示当前打开的工作间，右窗格为视图区，显示被编辑的程序文件。

## B.2.2    生成一个控制台项目

选择菜单项 File→New，系统会弹出如图 B-7 所示的新项目创建窗口。在 Projects 页中，系统事先准备了多种类型的项目。当用户单击选择一种项目后，系统会逐步引导和要求用户选择并输入一些必要的信息，进而生成与所选项目相关的缺省文档，这就是所谓的"向导（Wizard）"。这里选择的是 Win32 控制台类型的项目。

单击"Win32 Console Application"，在右侧的 Location 域中输入或单击 ⋯ 图标选择一个文件夹，如"E:\NLQVC\"。在 Project name 域中输入一个项目名，如"HelloWorld"，单击"OK"按钮。此时，系统会弹出一个只有几个简单选项的窗口。在窗口

图 B-7    创建新项目对话框

中可以选择生成空的项目（An empty project）或包含简单代码的应用（A "Hello World" application），这里选择后者。单击"Finish"按钮，系统弹出一个窗口，显示根据用户选择所生成的项目的简短提示，询问是否接受这些设置。单击"OK"按钮表示接受，系统自动生成一个称为 HelloWorld 的简单项目，并在左侧中增加了一个名为 HelloWorld classes 的树。单击将树展开，会显示一个 main 函数。双击 main 函数就会调出相应的单元文件，进入如图 B-8 所示的工作环境。在幕后，VC6 生成了组成一个项目的最基本文档，并保存在 E:\NLQVC\HelloWorld 文件夹下，包括若干与项目有关的文件，如与工作间描述相关的文件（.dsw）、项目文件（.dsp）、选择信息文件（.opt）和源程序文件（HelloWord.cpp、HelloWord.h、StdAfx.cpp、StdAfx.h），还包括一个目录 Debug，用于保存编译和连接所生成的 obj 和 exe 文件。

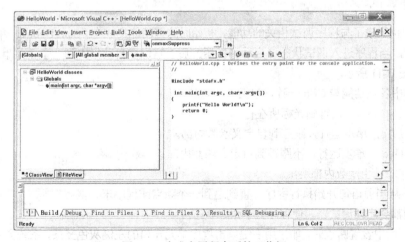

图 B-8    生成应用程序后的工作间

## B.2.3    工作间

在生成项目后，系统自动打开"HelloWorld"工作间。当然，也可以在以后利用菜单项 File→Open Workspace 并指定 HelloWorld.dsw 文件重新打开工作间。

工作间左窗格含有两个页框，其一是 ClassView，用于显示当前项目中所有类的信息以及外部函数和变量信息，此处只有一个 main 函数。另一个是 FileView 页，用于显示项目所包含的所有源文件信息，是一种树状的层次结构，可以单击"+"图标展开，参见图 B-9。

图 B-9　部分展开的 FileView 页

展开 HelloWorld files 树的分枝后，包括 3 个文件夹，分别是 Source Files、Header Files 和 Resoure Files，各自包含了项目中的源文件、头文件和资源文件，这里的资源是指项目中使用的位图、加速键、字符串等信息，是 Windows 程序特有的组成部分，编写控制台程序时不涉及这些内容。

窗口右侧显示的是由系统自动生成的源程序文件。在简单情况下，可以通过修改和添加代码完成设计。如果需要向项目中添加新文件，可以选择菜单项 Project→Add to Project（增加到工程）→New，再选择所添加的文件类型，输入文件名，就生成了一个空文件，还可以使用菜单项 Project→Add to Project→Files 向项目中添加已存在的文件。

# B.3　VC6 环境下的程序运行与调试

## B.3.1　编译、链接与运行程序

程序的编译、链接等命令集中在"Build（组建）"菜单中，如图 B-10 所示。菜单中的第一项用来编译当前文件，第二项用于生成.exe 文件，包括编译和链接两个步骤。若程序中含有错误，系统会在下部的窗格中输出错误信息，可根据提示进行修改。在没有错误时，显示"HelloWorld.exe - 0 error(s), 0 warning(s)"形式的通知信息。通常，可以直接选择菜单项"Execute HelloWorld.exe"运行程序，它包括了对程序的编译、链接和运行。

## B.3.2　程序调试

VC6 环境也集成了与程序调试相关的功能，初始时这些功能集成在"Start Debug（开始调试）"菜单的子菜单中，当程序进入调试状态（启动调试器）后，它们被自动集中到一个新菜单"Debug（调试）"中，如图 B-11 所示。

调试菜单中各项功能与 CB6 一致，包括：

（1）Run To Cursor：运行到光标所在行。

（2）Step InTo：单步运行，跟踪到自定义函数内部。

（3）Step Over：单步运行，不跟踪到自定义函数内部。

（4）Step Out：由函数内部跳出。

（5）Go：从当前语句开始执行程序，直到遇到一个断点或程序末。

以上功能都会启动调试器，使程序处于跟踪状态。

在 VC6 环境中设置断点时，如果用右键单击程序单元窗口的左侧灰色竖条，系统会弹出一个右键菜单。选择 Insert/Remove Breakpoint 选项就插入了一个断点。不过，当程序跟踪时，再用鼠标右键单击程序窗口的任意空白处，系统也会弹出右键菜单，且菜单中包含了与调试相关的功能，可以移除一个断点。总之，右键菜单会随着环境（称为上下文）变化而不同。

在程序处于调试状态时，系统会自动增加两个新的窗格，分别用于显示各种变量和监视表达式的值。在 Name（名称）下面的空行上单击即可输入一个监视表达式，如图 B-12 所示。

　　另外，VC6 会将调试功能的快捷键集成到图 B-12 所示的一个悬浮的小窗体上，以帮助程序员快速执行一项功能（如果记住快捷键会更快）。

图 B-10　工程菜单　　　　　　　　　　　　　　图 B-11　调试菜单

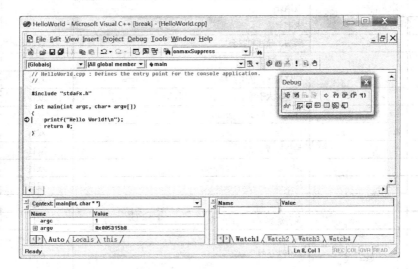

图 B-12　跟踪状态

# 附录 C　运算符的优先级与结合性

| 优先级 | 运 算 符 | 含 义 | 类 型 | 结合方向 |
|---|---|---|---|---|
| 1 | :: | 域解析符（类限定、外部变量限定） | 双目<br>单目 | 从左到右 |
| 2 | ( ) | 函数或优先运算 | | 从左到右 |
| | [] | 数组下标引用 | 单目 | |
| | -> | 结构、共用体指针成员引用 | | |
| | . | 结构、共用体成员引用 | | |
| 3 | + - | 取正、取负 | | |
| | ! | 逻辑非 | | |
| | ~ | 按位取反 | | |
| | ++ -- | 自加、自减 | 单目 | 从右到左 |
| | (类型) | 强制类型转换 | | |
| | * | 指针间接引用 | | |
| | & | 取地址 | | |
| | sizeof | 求字节数 | | |
| 4 | * / % | 乘法、除法和取余 | 双目 | 从左到右 |
| 5 | + - | 加法、减法 | 双目 | 从左到右 |
| 6 | << >> | 按位左移、按位右移 | 双目 | 从左到右 |
| 7 | > >= < <= | 大于、大于等于、小于、小于等于 | 双目 | 从左到右 |
| 8 | == != | 等于、不等于 | 双目 | 从左到右 |
| 9 | & | 按位与 | 双目 | 从左到右 |
| 10 | ^ | 按位异或 | 双目 | 从左到右 |
| 11 | \| | 按位或 | 双目 | 从左到右 |
| 12 | && | 逻辑与 | 双目 | 从左到右 |
| 13 | \|\| | 逻辑或 | 双目 | 从左到右 |
| 14 | ?: | 条件运算 | 三目 | 从右到左 |
| 15 | = += -=<br>*= /= %=<br>>>= <<= &=<br>^= \|= | 赋值类运算 | 双目 | 从右到左 |
| 16 | throw | 抛出异常 | 单目 | 从右到左 |
| 17 | , | 逗号运算 | 双目 | 从左到右 |

# 参 考 文 献

[1] Stanley B. Lippman, Josée Lajoie, Barbara E. Moo. C++ Primer 中文版（第 4 版）[M]. 李师贤，蒋爱军，梅晓勇，等译. 北京：人民邮电出版社，2006.

[2] Bjarne S. The C++ Programming Language, Special Edition（中文版）[M]. 裘宗燕，译. 北京：机械工业出版社，2002.

[3] Tom S. Tom Swan' Code Secrets（中文版）[M]. 宋建云，王理，陈晓明，等译. 北京：电子工业出版社，1994.

[4] Stanley B.Lippman. Essential C++（中文版）[M]. 侯捷，译. 武汉：华中科技大学出版社，2001.

[5] 牛连强. 标准 C++程序设计[M]. 北京：人民邮电出版社，2008.

[6] 刘璟，周玉龙. 高级语言 C++程序设计[M]. 北京：高等教育出版社，2004.

[7] 钱能. C++程序设计教程[M]. 北京：清华大学出版社，2005.

[8] Scott M. Effective C++（中文版，第三版）[M]. 侯捷，译. 北京：电子工业出版社，2006.

[9] Stephen C. Dewhurst. C++必知必会[M]. 荣耀，译. 北京：人民邮电出版社，2006.

[10] 张基温，张伟. C++程序开发例题与习题[M]. 北京：清华大学出版社，2003.

[11] Plauger P J, Alexander A. Stepanov 等. C++STL 中文版[M]. 王昕，译. 北京：中国电力出版社，2002.

[12] ISO/IEC 14882. International Standard（Standard C++ 98）[S]. American National Standards Institute，1998.

[13] Rumbaugh J, Jacobson I, Booch G. UML 用户指南[M]. 孟祥文，邵维忠，麻志毅，等译. 北京：机械工业出版社，2001.

[14] 牛连强，冯海文，侯春光. C 语言程序设计——面向工程的理论与应用[M]. 北京：电子工业出版社，2013.

[15] Bruce Eckel. C++编程思想（第二版）[M]. 刘宗田，袁兆山，潘秋菱，等译. 机械工业出版社，2002.